"十三五"普通高等教育包装本科规划教材

包装色彩学

（第三版）

主　编　吕新广
编　著　庞冬梅　刘岱安　李亦非
主　审　王志伟

文化发展出版社
Cultural Development Press

内容提要

包装工程是一门综合学科，具有“艺术”和“工艺”相结合的鲜明特点。本书系统地反映包装色彩的现象与规律，形成了包装工程专业“艺、工”结合的一个重要结合点，是一本专业基础教材。

本书分4篇共9章，从包装色彩的物理理论、视觉理论、描述理论、心理理论、设计应用、复制理论等方面，系统地反映包装色彩形成与表述、设计和再现的现象与规律，是色彩构成、色度学及印刷色彩学等相关内容的有机结合，是对包装色彩感性认识和理性分析的有机结合。

本书内容丰富，并附有大量的图片，实现图文并茂；具有系统性强、针对性强、科学性强的特点。本书可作为高等院校包装工程专业学生的专业基础教材，也可作为从事包装设计、印刷人员及高等院校其他相关专业师生的参考用书。

图书在版编目（CIP）数据

包装色彩学/吕新广主编；庞冬梅，刘岱安等编著.–3版.–北京：文化发展出版社，2011.6（2021.2重印）
“十三五”普通高等教育包装本科规划教材
ISBN 978-7-5142-0093-5

I.包…II.①吕…②庞…③刘…III.装潢包装印刷–印刷色彩学–高等学校–教材 IV.TS851

中国版本图书馆CIP数据核字(2011)第085213号

包装色彩学（第三版）

主　编：吕新广
编　著：庞冬梅　刘岱安　李亦非
主　审：王志伟

责任编辑：李　毅　　责任校对：郭　平
责任印制：邓辉明　　责任设计：侯　铮
出版发行：文化发展出版社（北京市翠微路2号 邮编：100036）
网　址：www.wenhuafazhan.com
经　销：各地新华书店
印　刷：天津嘉恒印务有限公司

开　本：787mm×1092mm　1/16
字　数：300千字
印　张：11.875
印　次：2021年2月第3版第8次印刷
定　价：69.00元
I S B N：978-7-5142-0093-5

◆ 如发现印装质量问题请与我社发行部联系　发行部电话：010-88275710

出版说明

包装工业是国民经济产业体系的重要组成部分，在生产、流通、消费活动中发挥着不可或缺的作用。随着我国工业化与城市化进程的快速发展和人民物质文化生活水平的不断提高，包装工业也获得了强大的发展动力，取得了长足的进步。近年来，中国包装工业总产值一直呈现大幅度的递增趋势。2009年，中国包装工业总产值突破了1万亿元，包装产品的品种和质量已基本满足了国民经济发展的需要。

为了满足社会对新型人才的需要和适应包装新材料、新技术、新设备的更新和应用，作为包装工业发展支撑点和推动力的包装教育，必须与时俱进、不断更新和升级，努力提高教育质量。高等教育、教学的三大基本建设是师资队伍、教材和实验室建设，而教材是提升教育、教学的基础配套条件。

近20多年来，中国包装学科教育的兴起、发展，始终紧扣包装工程专业的教材建设。1985年首次开创高等学校适用教材建设，出版了第一套12本开拓性教材；1995年为推进全国包装统编教材建设，又出版了第二套12本探索性教材；跨入21世纪，2005年在中国包装联合会包装教育委员会与教育部包装工程专业教学指导分委员会联合组织、规划，全国包装教材编审委员会指导下，规划出版了第三套23本包装工程专业教材。印刷工业出版社作为国内唯一一家以印刷包装为特色的专业出版社，一直致力于包装专业教材的建设，积极推动教材的发展与更新，先后承担了三套包装工程专业教材的出版工作，并取得了可喜的成果。许多包装专业教材经过专家的审定，获得了国家级精品教材、国家级规划教材等荣誉称号，并得到了广大院校、教学机构和读者的认可。

目前，全国已有近70所高等学校开设包装工程专业。近年来，西安理工大学、上海大学、北京印刷学院、陕西科技大学、浙江理工大学、湖南工业大学等高校在相近专业以学科方向的形式开展包装工程专业硕士研究生教育，这给我国包装教育的发展注入了新的活力。

随着产业技术的发展，原有的包装工程专业教材无论在体系上还是内容上都已经落后于产业和专业教育发展的要求。因此，印刷工业出版社作为“教育部普通高等学校包装教学分指导委员会”的委员单位，根据教育部《全面提高高等教育教学质量的若干意见》的指导思想，紧密配合教育部 “十二五”国家级规划教材的建设，在十二五期间对包装工程专业教材不断进行修订和补充，出版了一套新的包装工程专业教材。本套教材具有以下显著特点：

1.时代性。教材引用了大量当今国际、国内包装工业的科技发展现状和实例，以及当前科技研发的成果和学术观点，内容较为先进。

2.科学性。教材以科学发展观为统领，从理论的高度，全面总结了包装工业发展的成功经验，读者可以从中得到启发和借鉴。同时坚持以科学的态度，分析和判断了包装工业发展的趋势和方向。

3.实用性。教材紧扣包装工业实际，并注重联系相关产业的基本知识和发展需求，实现知识面广、工理渗透，强调基础知识、技能素质的协调发展和综合提高。

4.规范性。教材体系更符合教学实际，同时紧扣教育部新制定的普通高等学校包装工程专业规范，教材的内容涵盖了新专业规范中要求学生需要掌握的知识点与技能。

5.实现立体化建设。本套教材大部分将采用“教材+配套PPT课件”的新模式，其中PPT课件免费供使用本套教材的院校教师使用。

“普通高等教育包装工程专业教材”已陆续出版并稳步前进，我们真诚地希望全国相关院校的师生及行业专家将本套教材在使用中发现的问题及时反馈给我们，以利于我们改进工作，便于作者再版时对教材进行改进，使教材质量不断提高，真正满足当今包装工程专业教育、教学发展的需求。

印刷工业出版社
2011年5月

前言

包装色彩学是研究并阐明自然色彩现象的基本规律、色彩美的规律以及色彩在人们生理和心理上所产生的视觉效果的科学；同时还是研究色彩描述理论、色彩设计方法和色彩复制技术的科学。

本书共9章，从包装色彩的物理理论、视觉理论、描述理论、心理理论、设计应用、复制理论等方面，系统地反映包装色彩形成与表述、设计和再现的现象与规律，是色彩构成、色度学及印刷色彩学等有关内容的有机结合，是对包装色彩感性认识和理性分析的有机结合。

包装工程是一门综合学科，具有“艺术”和“工艺”相结合的鲜明特点，本书系统地反映包装色彩的现象与规律，形成了包装工程专业“艺工”结合的一个重要结合点，可以作为《包装装潢与造型设计》、《包装设计及CAD》、《包装印刷》等专业主干课程学习的基础课程教材，具有很强的针对性。

《包装色彩学》第三版除了继承前两版系统性强、针对性强、科学性强的特点外，在包装色彩设计、色彩心理理论等章节增加了大量的应用实例和插图，以利于读者更好地理解和应用。本书多处内容（例如三原色及其单位量，间色混合现象，色光加色法和色料减色法的关系，专色配色等）的表述，体现了作者在色彩学研究中的独到见解，具有一定的参考价值。

本书由吕新广主编。其中第一章、第二章、第四章、第五章、第六章、第九章由吕新广执笔；第三章由庞冬梅执笔；第七章由刘岱安执笔；第八章由李亦非执笔。

本书在编写、出版过程中，得到暨南大学及印刷工业出版社等多方的支持和帮助。王志伟教授对本书提出了宝贵的修改意见，在此表示衷心感谢！本书由国务院侨务办公室立项，彭磷基外招生人才培养改革基金资助，并被评为华侨华人留学生高等教育精品教材。

由于作者编写水平有限，书中难免存在错误和缺点，欢迎广大读者批评指正。

编著者

2011年4月

目 录

第一部分 包装色彩的认识

第二部分 包装色彩的描述

第三部分　包装色彩的设计

第四部分 包装色彩的复制

包装

第一部分

色彩的认识

第一章 概 论

五光十色、绚丽缤纷的大千世界里，色彩使宇宙万物充满情感显得生机勃勃。色彩作为一种最普遍的审美形式，存在于我们日常生活的各个方面。衣、食、住、行、用，人们几乎无时不在地与色彩发生着密切的关系。色彩现象是一种变化万千的自然景象。没有色彩就没有花红柳绿，没有色彩就没有碧海蓝天，没有色彩就没有诗，没有音乐，没有艺术，没有色彩的世界无疑是个黑暗死寂的世界。人的一生自始至终都处在绚丽的色彩包围之中，并在这包围之中感受到时光的美好，时间的温馨，人生的愉悦。色彩现象是客观存在的，而且永恒。

包装这面时代的镜子，从其特有的角度，映照出人类社会物质及精神文明进步、发展的面貌；而包装色彩更是鲜明强烈地给人的视觉以“先色夺人”的第一印象，从而成为包装设计诸因素中的重要组成部分。在包装设计中，色彩显然要担负起至关重要的使命。

第一节 色彩的意义

色彩是一种视觉感受，客观世界通过人的视觉器官形成信息，使人们对它产生认识，所以，视觉是人类认识世界的开端。根据现代科学研究的资料表明，一个正常人从外界接受的信息，百分之九十以上是由视觉器官输入大脑的。来自外界的一切视觉形象，如物体的形状、空间、位置以及它们的界限和区别都由色彩和明暗关系来反映，因此，色彩在人们的社会活动中具有十分重要的意义。

人类长期生活在色彩环境中，逐步对色彩发生兴趣，并产生了对色彩的审美意识。因此，有史以来人们就以美术、宗教、文学、哲学、音乐以及诗歌等形式，用直接或间接的方法来赞美色彩，称颂色彩的美感以及色彩的哲理作用。在建筑、雕塑、绘画、工艺领域都能直观地表现出色彩的美感，是人们欣赏色彩美的直接手段，其中尤以美术及宗教的方法最为普遍，使色彩美学广泛流传到世界各地。色彩通过文学、哲学、音乐、诗歌等形式的传播也是相当广泛的，是人们间接欣赏色彩美感的主要方法，音韵可以促进通感作用，深入体验色彩的意境，使人们陶醉在美丽的世界里；诗文能使人产生联想，享受色彩的各种感受，沉浸在统一的感情境界中。例如，“日出江花红胜火，春来江水绿如蓝”、“两个黄鹂鸣翠柳，一行白鹭上青天”、“日色冷青松，空翠湿人衣”等诗句所表现的意境，都是作者运用了色彩视觉的特殊作用，以及它们的审美特征，使诗句更能表达出作者的思想感情，也更有助于人们对诗意的理解和分析。

色彩既是一种感受，又是一种信息。在我们生活的这个多姿多彩的世界里，所有的物体都具有自己的色彩，尤其树木和花草，色彩随四季变化。因此，春秋的更换及寒暑的不同，除皮肤可感觉外，自然界还会用美丽的色彩来告诉人们。

在视觉艺术中，色彩作为给人第一视觉印象的艺术魅力更为深远，常常具有先声夺人的力量。人们观察物体时，视觉神经对色彩反映最快，其次是形状，最后才是表面的质感和细节，所以在实用美术中常有“远看色彩近看花、先看颜色后看花、七分颜色三分花”的说法，生动地说明了色彩在艺术设计中的重要意义。随着时代的进步，人们的精神生活和物质生活获得不断提高之后，将越来越追求色彩的美感。色彩美已成为人们物质和精神上的一种享受。因此，艺术家总是运用色彩这一手段在设计作品中赋予特定的情感和内涵。

第二节 色彩感觉

感觉是认识的开端。客观世界的光和声作用于感觉器官，通过神经系统和大脑的活动，我们就有了感觉，就对外界事物与现象有了认识。

色彩是与人的感觉（外界的刺激）和人的知觉（记忆、联想、对比……）联系在一起的。色彩感觉总是存在于色彩知觉之中，很少有孤立的色彩感觉存在。

人的色彩感觉信息传输途径是光源、彩色物体、眼睛和大脑，也就是人们色彩感觉形成的四大要素。这四个要素不仅使人产生色彩感觉，而且也是人能正确判断色彩的条件。在这四个要素中，如果有一个不确实或者在观察中有变化，就不能正确地判断颜色及颜色产生的效果。

光源的辐射和物体的反射是属于物理学范畴的，而大脑和眼睛却是生理学研究的内容，但是色彩永远是以物理学为基础的，而色彩感觉总包含着色彩的心理和生理作用的反映，使人产生一系列的对比与联想。

美国光学学会（Optical Society of America）的色度学委员会曾经把颜色定义为：颜色是除了空间的和时间的不均匀性以外的光的一种特性，即光的辐射能刺激视网膜而引起观察者通过视觉而获得的景象。在我国国家标准 GB 5698—85 中，颜色的定义为：色是光作用于人眼引起除形象以外的视觉特性。根据这一定义，色是一种物理刺激作用于人眼的视觉特性，而人的视觉特性是受大脑支配的，也是一种心理反映。所以，色彩感觉不仅与物体本来的颜色特性有关，而且还受时间、空间、外表状态以及该物体的周围环境的影响，同时还受个人的经历、记忆力、看法和视觉灵敏度等各种因素的影响。

在人类发展的漫长岁月里，人们无时无刻地不与色彩打交道。色彩作为自然界的客观存在，本身是不体现思想感情的，但是，在人类对客观世界的认识和改造过程中，自然景物的色彩却逐步给人造成了一定的心理影响，产生了冷暖、软硬、远近、轻重等感受，以及由色彩所产生的种种联想。例如，从红色联想到火焰，蓝色联想到大海，这种联想便产生了明确的概念，使人对不同的色彩产生不同的感觉。总之，我们看到的色彩，是光线的一部分经有色物体反射刺激我们的眼睛，在头脑中所产生的一种反映。

第三节 包装色彩学研究的内容

包装色彩学是研究并阐明自然色彩现象的基本规律、色彩美的规律以及色彩在人们生理和心理上所产生的视觉效果的科学；同时还是研究色彩描述理论、色彩设计方法和色彩复制技术的科学。

一、包装色彩是写实色彩与装饰色彩的有机统一

把自然色彩真实地再现于画面，称为写实色彩，而装饰色彩则是根据由自然色彩所获得的深刻感受，按照设计者自己的思想感情，运用各种艺术手法与技巧，对自然色彩进行重新组合，使色彩的艺术感染力得到充分的发挥，以达到更为理想的效果，从而更好地表现出设计作品的主题。

写实色彩与装饰色彩是由于人们生活中的不同需要而长期发展起来的色彩应用的两大分支，而它们的共同基础则是自然色彩。写实色彩要求科学地、客观地去观察和分析自然景物的光源色、环境色、物体色的相互关系和变化规律。装饰色彩则着重于发现和研究自然色彩的形式美，研究自然色调中各种色相、明度、饱和度之间的对比及调和规律。

包装色彩是写实色彩与装饰色彩的有机统一，包装色彩必须以实际商品的色彩作为描绘的依据，但并不受商品色彩的限制和束缚，可以在商品色彩的基础上进行概括、提炼，也可以根据装饰美的需要，大胆地进行主观想象和创造，从而赋予商品包装特定的情感和内涵。

二、包装色彩是自然色彩、社会色彩和艺术色彩的有机统一

包装色彩涉及到了自然色彩、社会色彩和艺术色彩。

自然色彩研究包括对色彩的自然美与色彩自然现象的研究、光的现象与光谱、色料的研究、色觉与生理等问题的研究。

光的现象和光谱的研究，是了解自然色彩的本质所不可缺少的关键所在。光是认识一切视觉现象的要素之一。对光与光谱方面知识的掌握，能直接影响对色彩观察的能力，这是因为光是色彩发生的原因，色彩只是其感觉的结果。

对色料的研究，包括对染料与颜料的深入探讨，是一项比较专门性的学科。不仅涉及到色料呈色的基本原理，还包括色料的发色本质和色料的化学合成等问题。

色觉与生理是属于视觉现象方面的一项特殊的研究课题，探讨色觉的起源与特性、视觉器官的机能、结构与作用等问题。色彩美是透过眼睛而产生的。随着时代的发展，色觉与生理的研究范围还在不断扩大。

社会色彩包括色彩的文化史与色彩史、环境与色彩、设计色彩学或企业与色彩、商业色彩理论以及城市色彩学等内容。

色彩文化史包括色彩美术史、建筑史、工艺史、装饰史等。这些历史可供现代用色作

借鉴，对于色彩配合、色彩和谐、色彩美感等方面的理论与实施都有很大的参考价值。

环境色彩学是研究环境与色彩问题的学科。人们在选择色彩时必须考虑周围环境与背景，在不同的环境条件下，对色彩有不同的嗜好和要求。

设计色彩学、企业色彩学等，是有关建筑设计、工艺品、装饰品等在大量生产时如何适应人类生活需求的一门学问。包括色彩调查、色彩情报处理、拟定色彩政策以及色彩计划等。

商业色彩又称市场色彩，是重要的现代色彩学。色彩与广告、包装是商品与消费者之间重要的桥梁。商业色彩一方面具有社会色彩的性质，另一方面又带有满足人们美感的需要，即艺术色彩的特征。

艺术色彩包括色彩的组织与表述、色彩心理学、色彩的配合，色彩美学和色彩调和论，光的艺术与照明设计以及色彩的表现技术等。

色彩的组织是系统地利用色彩组合，典型的是色立体。早期利用色彩三属性，组织成第一个色彩的立体，从而开创了用代号表示色彩的方法。这对于配色思想的形成，研究色彩美学、色彩配合的秩序美等方面都有极大的指导作用。目前的孟塞尔颜色系统是使用得最为广泛的一种色彩组织。

色彩心理学是十分重要的学科，在自然欣赏、社会活动方面，色彩在客观上是对人们的一种刺激和象征；在主观上又是一种反应与行为。色彩心理透过视觉开始，从知觉、感情再到记忆、思想、意志、象征等，其反应与变化是极为复杂的。色彩的应用，很重视这种因果关系，即由对色彩的经验积累而变成对色彩的心理规范，当受到什么刺激后能产生什么反应，都是色彩心理所要探讨的内容。

色彩的配合，是研究实用色彩的题材。它主要追求色彩的和谐与色彩的美感。

纯粹色彩科学称为色彩工程学，包括表色法、测色法、色彩计划设计、色彩调节、色彩管理等。包装色彩学是色彩工程学在包装色彩设计与色彩复制等方面的具体应用，是自然色彩、社会色彩和艺术色彩的有机统一。包装色彩学从包装色彩出发，系统地反映色彩形成与表述、色彩设计与再现的现象与规律，是色彩构成、色度学及印刷色彩学等有关内容的有机结合，是对包装色彩感性认识和理性分析的有机结合。

1. 简述色彩的意义。
2. 色彩感觉形成的四大要素是什么？
3. 简述包装色彩学研究的内容。

第二章 色彩的物理理论

第一节 光源的色度学

一、色与光的关系

我们生活在一个多彩的世界里。白天，在阳光的照耀下，各种色彩争奇斗艳，并随着照射光的改变而变化无穷。但是，每当黄昏，大地上的景物，无论多么鲜艳，都将被夜幕缓缓吞没。在漆黑的夜晚，我们不但看不见物体的颜色，甚至连物体的外形也分辨不清。同样，在暗室里，我们什么色彩也感觉不到。这些事实告诉我们：没有光就没有色，光是人们感知色彩的必要条件，色来源于光。所以说：光是色的源泉，色是光的表现。

为了了解色彩产生的原因，首先必须对光作进一步的了解。

二、光的本质

人们对光的本质的认识，最早可以追溯到 17 世纪。从牛顿的微粒说到惠更斯的弹性波动说，从麦克斯韦的电磁理论，到爱因斯坦的光量子学说，以至现代的波粒二象性理论。

光按其传播方式和具有反射、干涉、衍射和偏振等性质来看，有波的特征；但许多现象又表明它是有能量的光量子组成的，如放射、吸收等。在这两点的基础上，发展了现代的波粒二象性理论。

光的物理性质由它的波长和能量来决定。波长决定了光的颜色，能量决定了光的强度。光映射到我们的眼睛时，波长不同决定了光的色相不同。波长相同能量不同，则决定了色彩明暗的不同。

在电磁波辐射范围内，只有波长 380 ~ 780nm（$1\text{nm} = 10^{-6}\text{mm}$）的辐射能引起人们的视感觉，这段光波叫做可见光。如图 2 - 1 所示。在这段可见光谱内，不同波长的辐射引起人们的不同色彩感觉。英国科学家牛顿在 1666 年发现，把太阳光经过三棱镜折射，然后投射到白色屏幕上，会显出一条像彩虹一样美丽的色光带谱，从红开始，依次接临的是橙、黄、绿、青、蓝、紫七色。如图 2 - 2 所示。这是因为日光中包含有不同波长的辐射能，在它们分别刺激我们的眼睛时，会产生不同的色光，而它们混合在一起并同时刺激我们的眼睛时，则是白光，我们感觉不出它们各自的颜色。但是，当白光经过三棱镜时，由于不同波长的折射系数不同，折射后投影在屏上的位置也不同，所以一束白光通过三棱镜便分解为上述七种不同的颜色，这种现象称为色散。从图 2 - 2 中可以看到红色的折射率最小，紫色最大，这条依次排列的彩色光带称为光谱。这种被分解过的色光，即使再一次通过三棱镜也不会再分解为其他的色光。我们把光谱中不能再分解的色光叫做单色光。由单色光混合而成的光叫做复色光，自然界的太阳光，白炽灯和日光灯发出的光都是复色光。色散所产生的各种色光的波长如表 2 - 1 所示。

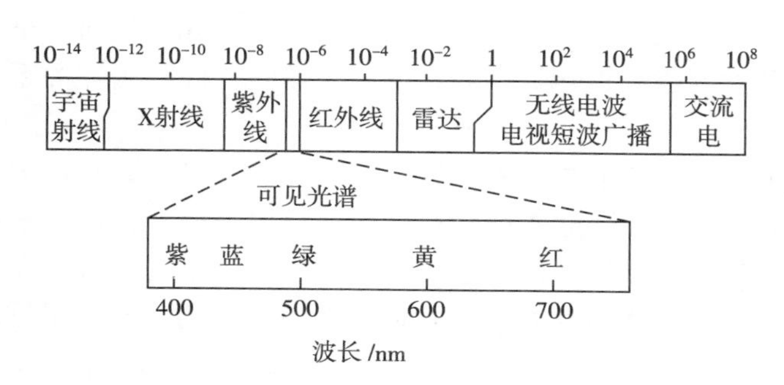

图 2 - 1　电磁波及可见光波长范围

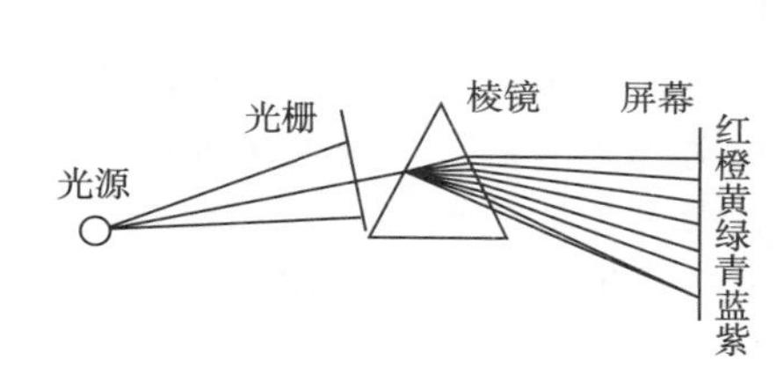

图 2 - 2　色散现象

表 2 - 1　各色光的波长

光　色	波长/nm	代表波长
红（Red）	780 ~ 630	700
橙（Orange）	630 ~ 600	620
黄（Yellow）	600 ~ 570	580
绿（Green）	570 ~ 500	550
青（Cyan）	500 ~ 470	500
蓝（Blue）	470 ~ 420	470
紫（Violet）	420 ~ 380	420

三、相对光谱能量分布

一般的光源是不同波长的色光混合而成的复色光，如果将它的光谱中每种色光的强度用传感器测量出来，就可以获得不同波长色光的辐射能的数值。图 2 - 3 就是一种用来测量各波长色光的辐射能仪器的简要原理图，这种仪器称为分光辐射度计。

如图 2 - 3 所示，光源经过左边的隙缝和透镜变成平行光束，投向棱镜的入射平面，当入射光通过棱镜时，由于折射，使不同波长的色光，以不同的角度弯折，从棱镜的入射平面射出。任何一种分解后的光谱色光在离开棱镜时，仍保持为一束平行光，再由右边的透镜聚光，通过隙缝射在光电接收器上转换为电能。如果右边的隙缝是可以移动的，就可以把光谱中任意一种谱色挑选出来，所以，在光电接收器上记录的是光谱中各种不同波长

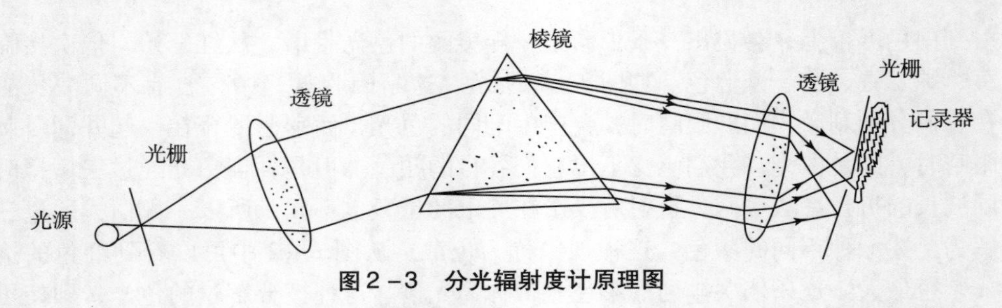

图2－3 分光辐射度计原理图

色光的辐射能。若以 ϕ_e 表示光的辐射能，λ 表示光谱色的波长，则定义：在以波长 λ 为中心的微小波长范围内的辐射能与该波长的宽度之比称为光谱密度。写成数学形式：

$$\phi_e(\lambda) = d\phi_e / d\lambda \quad (W/nm)$$

光谱密度表示了单位波长区间内辐射能的大小。通常光源中不同波长色光的辐射能是随波长的变化而变化的，因此，光谱密度是波长的函数。光谱密度与波长之间的函数关系称为光谱分布。

在实用上更多的是以光谱密度的相对值与波长之间的函数关系来描述光谱分布，称为相对光谱能量（功率）分布，记为 S(λ)。相对光谱能量分布可用任意值来表示，但通常是取波长 λ=555nm 处的辐射能量为 100，作为参考点，与之进行比较而得出的。若以光谱波长 λ 为横坐标，相对光谱能量分布 S(λ) 为纵坐标，就可以绘制出光源相对光谱能量分布曲线。

知道了光源的相对光谱能量分布，就知道了光源的颜色特性。反过来说，光源的颜色特性，取决于在发出的光线中，不同波长上的相对能量比例，而与光谱密度的绝对值无关。绝对值的大小只反映光的强弱，不会引起光源颜色的变化。从图 2－4 中可以看到：正午的日光有较高的辐射能，它除在蓝紫色波段能量较低外，在其余波段能量分布较均匀，基本上是无色或白色的。荧光灯光源在 405nm、430nm、540nm 和 580nm 出现四个线状带谱，峰值为 615nm，而后在长波段（深红）处能量下降，这表明荧光光源在绿色波段（550～560nm）有较高的辐射能，而在红色波段（650～700nm）辐射能减弱。对比之下，白炽灯光源，它在短波蓝色波段，辐射能比荧光光源低，而在长波红色区间，有相对高的能量。因此，白炽灯光源，总带有黄红色。红宝石激光器发出的光，其能量完全集中在一个很窄的波段内，大约为 694nm，看起来是典型的深红色。在颜色测量计算中，为了使其测量结果标准化，就要采用 CIE 标准光源（如 A、B、C、D_{65} 等）。CIE 标准光源将在第 12 页介绍。

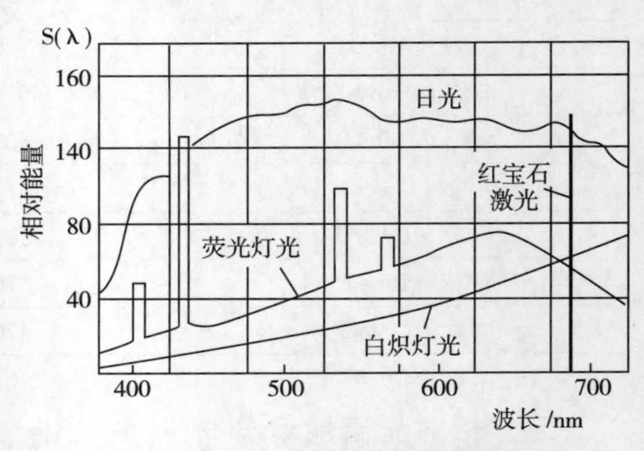

图2－4 一些光源相对光谱能量分布

根据对图 2－4 中各曲线的分析表明，没有一种实际光源的能量分布是完全均匀一致的，也没有一种完全的白光；然而，尽管这些光源（自然光或人造光）在光谱分布上有很大的不同，在视觉上也有差别，但由于人眼有很大的适应性，因此，习惯上这些光都称为“白光”。但是在色彩的定量研究中，1931 年国际照明委员会（缩写 CIE）建议，以等能量光谱作为白光的定义，等能白光的意义是：以辐射能作纵坐标，光谱波长为横坐标，则它的光谱能量分布曲线是一条平行横轴的直线。即：S(λ) = C（常数）。等能白光分解后得到的光谱称为等能光谱，每一波长为 λ 的等能光谱色色光的能量均相等。

四、光源色温

能自行发光的物体叫做光源。光源的种类繁多，形状千差万别，但大体上可分为自然光源和人造光源。自然光源受自然气候条件的限制，光色瞬息万变，不易稳定，如最大的自然光源太阳。人造光源有各种电光源和热辐射光源，如电灯光源等。

不同的光源，由于发光物质不同，其光谱能量分布也不相同。一定的光谱能量分布表现为一定的光色，对光源的光色变化，我们用色温来描述。

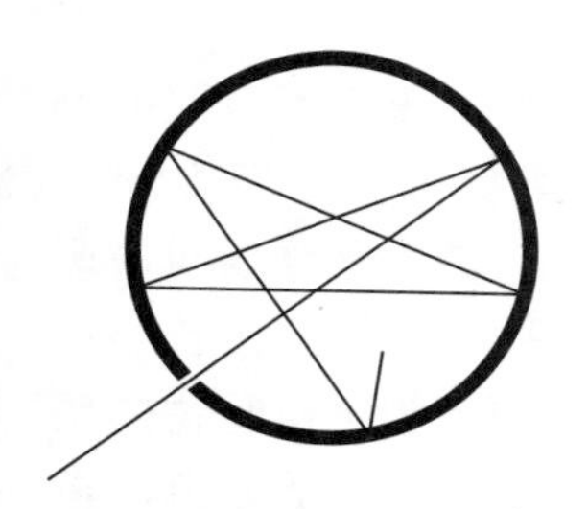
图2－5　绝对黑体示意图

根据能量守恒定律：物体吸收的能量越多，加热时它辐射的本领愈大。黑色物体对光能具有较大的吸收能力。如果一个物体能够在任何温度下全部吸收任何波长的辐射，那么这个物体称为绝对黑体。绝对黑体的吸收本领是一切物体中最大的，加热时它辐射本领也最大。天然的、理想的绝对黑体是不存在的。人造黑体是用耐火金属制成的具有小孔的空心容器，如图 2－5 所示，进入小孔的光，将在空腔内发生多次反射，每次反射都被容器的内表面吸收一部分能量，直到全部能量被吸收为止，这种容器的小孔就是绝对黑体。

黑体辐射的发射本领只与温度有关。严格地说，一个黑体若被加热，其表面按单位面积辐射光谱能量的大小及其分布完全决定于它的温度。因此我们把任一光源发出的光的颜色与黑体加热到一定温度下发出的光的颜色相比较，来描述光源的光色。所以色温可以定义为："当某一种光源的色度与某一温度下的绝对黑体的色度相同时，绝对黑体的温度就是色温。"因此，色温是以温度的数值来表示光源颜色的特征。在人工光源中，只有白炽灯灯丝通电加热与黑体加热的情况相似。对白炽灯以外的其他人工光源的光色，其色度不一定准确地与黑体加热时的色度相同。所以只能用光源的色度与最相接近的黑体的色度的色温来确定光源的色温，这样确定的色温叫相对色温。

色温用绝对温度"K"表示，绝对温度等于摄氏温度加 273。如正午的日光具有色温为 6500K，就是说黑体加热到 6500K 时发出的光的颜色与正午的颜色相同。其他如白炽灯色温约为 2600K。表 2－2 列出了一些常见的光源色温。

表 2－2　常见光源色温

光　源	色温/K	光　源	色温/K
晴天室外光	13000	昼光色、荧光灯	6500
全阴天室外光	6500	氙灯	5600
白天直射日光	5550	炭精灯	5500～6500
45°斜射日光	4800		

色温是光源的重要指标，一定的色光具有一定的相对能量分布：当黑体连续加热，温度不断升高时，其相对光谱能量分布的峰值部位将向短波方向变化，所发的光带有一定的

颜色，其变化顺序是红—黄—白—蓝。

五、光源显色性

人类在长期的生产生活实践中，习惯于在日光下辨认颜色。尽管日光的色温和光谱能量分布随着自然条件的变化有很大的差异，但人眼的辨认能力依然是准确的。这是人们在自然光下长期实践对颜色形成了记忆的结果。

随着照明技术的发展，许多新光源的开发利用，人们经常在不同的环境下辨认颜色。有些灯光的颜色与日光很相似如荧光灯、汞灯等，但其光谱能量分布与日光却有很大的差别。这些光谱中缺少某些波长的单色光成份。人们在这些光源下观察到的颜色与日光下看到的颜色是不同的，这就涉及到光源的显色性问题。

什么是光源的显色性？由于同一个颜色样品在不同的光源下可能使人眼产生不同的色彩感觉，而在日光下物体显现的颜色是最准确的。因此，可以用日光标准（参照光源），将白炽灯、荧光灯、钠灯等人工光源（待测光源）与其比较，显示同色能力的强弱叫做该人工光源的显色性。我国国家标准“光源显色性评价方法 GB 5702—85”中规定用普朗克辐射体（色温低于 5000K）和组合日光（色温高于 5000K）作参照光源。为了检验物体在待测光源下所显现的颜色与在参照光源下所显现的颜色相符的程度，采用“一般显色性指数”作为定量评价指标。显色性指数最高为 100。显色性指数的高低，就表示物体在待测光源下“变色”和“失真”的程度。例如，在日光下观察一幅画，然后拿到高压汞灯下观察，就会发现，某些颜色已变了色。如粉色变成了紫色，蓝色变成了蓝紫色。因此，在高压汞灯下，物体失去了“真实”颜色，如果在黄色光的低压钠灯底下来观察，则蓝色会变成黑色，颜色失真更厉害，显色指数更低。光源的显色性是由光源的光谱能量分布决定的。日光、白炽灯具有连续光谱，连续光谱的光源均有较好的显色性。

通过对新光源的研究发现，除连续光谱的光源具有较好的显色性外，由几个特定波长色光组成的混合光源也有很好的显色效果。如 450nm 的蓝光，540nm 的绿光，610nm 的桔红光以适当比例混合所产生的白光，虽然为不连续光谱，但却具有良好的显色性。用这样的白光去照明各色物体，都能得到很好的显色效果。

光源的显色性以一般以显色性指数 Ra 值来区分：

① Ra 值为 100 ~ 75，光源的显色优良；

② Ra 值为 75 ~ 50，光源的显色一般；

③ Ra 值为 50 以下，光源的显色性差。

光源显色性和色温是光源的两个重要的颜色指标。色温是衡量光源色的指标，而显色性是衡量光源视觉质量的指标。假若光源色处于人们所习惯的色温范围内，则显色性应是光源质量的更为重要的指标。这是因为显色性直接影响着人们所观察到的物体的颜色。

六、光源三刺激值

在定量研究中我们发现，某种光源所发出的光，可以通过红、绿、蓝三种单色光按不同比例混合匹配产生。这种用来匹配某一特定光源所需要的红、绿、蓝三原色的量叫做该光源三刺激值。光源的红、绿、蓝三刺激值分别用 X_0、Y_0、Z_0 来表示。关于三刺激值的相关内容，可参看第五章。

七、标准光源

我们知道，照明光源对物体的颜色影响很大。不同的光源，有着各自的光谱能量分布及颜色，在它们的照射下物体表面呈现的颜色也随之变化。为了统一对颜色的认识，首先必须要规定标准的照明光源。因为光源的颜色与光源的色温密切相关，所以 CIE 规定了四种标准照明体的色温标准：

标准照明体 A：代表完全辐射体在 2856K 发出的光（$X_0=109.87$，$Y_0=100.00$，$Z_0=35.59$）；

标准照明体 B：代表相关色温约为 4874K 的直射阳光（$X_0=99.09$，$Y_0=100.00$，$Z_0=85.32$）；

标准照明体 C：代表相关色温大约为 6774K 的平均日光，光色近似阴天天空的日光（$X_0=98.07$，$Y_0=100.00$，$Z_0=118.18$）；

标准照明体 D_{65}：代表相关色温大约为 6504K 的日光（$X_0=95.05$，$Y_0=100.00$，$Z_0=108.91$）；

标准照明体 D：代表标准照明体 D_{65} 以外的其他日光。

CIE 规定的标准照明体是指特定的光谱能量分布，是规定的光源颜色标准。它并不是必须由一个光源直接提供，也并不一定用某一光源来实现。为了实现 CIE 规定的标准照明体的要求，还必须规定标准光源，以具体实现标准照明体所要求的光谱能量分布。CIE 推荐下列人造光源来实现标准照明体的规定：

标准光源 A：色温为 2856K 的充气螺旋钨丝灯，其光色偏黄。

标准光源 B：色温为 4874K，由 A 光源加罩 B 型 D－G 液体滤光器组成。光色相当于中午日光。

标准光源 C：色温为 6774K，由 A 光源加罩 C 型 D－G 液体滤光器组成，光色相当于有云的天空光。

CIE 标准光源 A、B、C 的相对光谱能量分布曲线如图 2－6 所示。

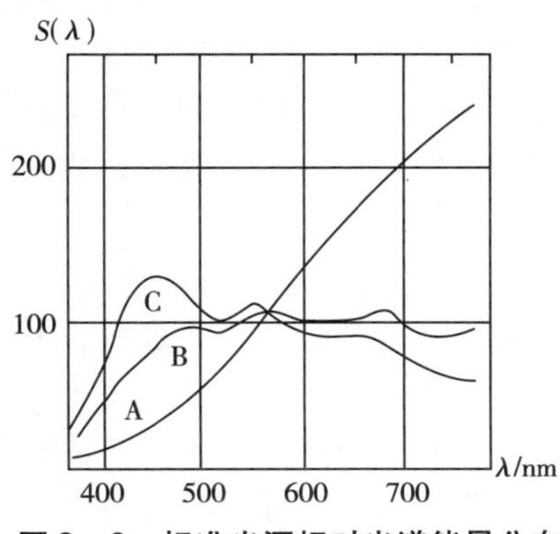

图 2－6　标准光源相对光谱能量分布

CIE 标准照明体 A、B、C 由标准光源 A、B、C 实现，但对于模拟典型日光的标准照明体 D_{65}，目前 CIE 还没有推荐相应的标准光源。因为目前它的光谱能量分布还不能由真实的光源准确地实现。当前国际上正在进行着与标准照明体 D_{65} 相对应的标准光源的研制工作。

现在研制的三种模拟 D_{65} 人造光源分别为：带滤光器的高压氙弧灯、带滤光器的白炽灯和荧光灯。它们的相对光谱能量分布与 D_{65} 有所符合，带滤光器的高压氙弧灯提供了最好的模拟，带滤光器的白炽灯在紫外区的模拟尚不太理想，荧光灯的模拟较差。为了满足精细辨色生产活动的需要，还有采用荧光灯和带滤光器的白炽灯组成的混光光源，称为 D_{75} 光源。其色温可达 7500K，主要运用在原棉评级等精细辨色工作中。

第二节　色光加色法

一、色光三原色的确定

三原色的本质是三原色具有独立性，三原色中任何一色都不能用其余两种色彩合成。另外，三原色具有最大的混合色域，其他色彩可由三原色按一定的比例混合出来，并且混合后得到的颜色数目最多。

在色彩感觉形成的过程中，光源色与光源、眼睛和大脑三个要素有关，因此对于色光三原色的选择，涉及到光源的波长及能量、人眼的光谱响应区间等因素。

从能量的观点来看，色光混合是亮度的叠加，混合后的色光必然要亮于混合前的各个色光，只有明亮度低的色光作为原色才能混合出数目比较多的色彩，否则，用明亮度高的色光作为原色，其相加则更亮，这样就永远不能混合出那些明亮度低的色光。同时，三原色应具有独立性，三原色不能集中在可见光光谱的某一段区域内，否则，不仅不能混合出其他区域的色光，而且所选的原色也可能由其他两色混合得到，失去其独立性，而不是真正的原色。

在白光的色散试验中，我们可以观察到红、绿、蓝三色比较均匀地分布在整个可见光谱上，而且占据较宽的区域。如果适当地转动三棱镜，使光谱由宽变窄，就会发现：其中色光所占据的区域有所改变。在变窄的光谱上，红（R）、绿（G）、蓝（B）三色光的颜色最显著，其余色光颜色逐渐减退，有的差不多已消失。得到的这三种色光的波长范围分别为：R（600～700nm），G（500～570nm），B（400～470nm）。在色彩学中，一般将整个可见光谱分成蓝光区，绿光区和红光区进行研究。

当用红光、绿光、蓝光三色光分别进行混合时，可得到黄光、青光和品红光。品红光是光谱上没有的，我们称之为谱外色。如果我们将此三色光等比例混合，可得到白光；而将此三色光以不同比例混合，就可得到多种不同色光。

从人的视觉生理特性来看，人眼的视网膜上有三种感色锥体细胞——感红细胞、感绿细胞、感蓝细胞，这三种细胞分别对红光、绿光、蓝光敏感。当其中一种感色细胞受到较强的刺激，就会引起该感色细胞的兴奋，则产生该色彩的感觉。人眼的三种感色细胞，具有合色的能力。当一复色光刺激人眼时，人眼感色细胞可将其分解为红、绿、蓝三种单色光，然后混合成一种颜色。正是由于这种合色能力，我们才能识别除红、绿、蓝三色之外的更大范围的颜色。

综上所述，我们可以确定：色光中存在三种最基本的色光，它们的颜色分别为红色、绿色和蓝色。这三种色光既是白光分解后得到的主要色光，又是混合色光的主要成分，并且能与人眼视网膜细胞的光谱响应区间相匹配，符合人眼的视觉生理效应。这三种色光以不同比例混合，几乎可以得到自然界中的一切色光，混合色域最大；而且这三种色光具有独立性，其中一种原色不能由另外的原色光混合而成，由此，我们称红、绿、蓝为色光三原色。为了统一认识，1931 年国际照明委员会（CIE）规定了三原色的波长 $\lambda_R = 700.0\text{nm}$，$\lambda_G = 546.1\text{nm}$，$\lambda_B = 435.8\text{nm}$。在色彩学研究中，为了便于定性分析，常将白光看成是由红、绿、蓝三原色等量相加而合成的。

二、色光加色法

（一）色光加色法

由两种或两种以上的色光相混合时，会同时或者在极短的时间内连续刺激人的视觉器官，使人产生一种新的色彩感觉。我们称这种色光混合为加色混合。这种由两种以上色光相混合，呈现另一种色光的方法，称为色光加色法。

国际照明委员会（CIE）进行颜色匹配试验表明：当红、绿、蓝三原色的亮度比例为1.0000∶4.5907∶0.0601 时，就能匹配出中性色的等能白光，尽管这时三原色的亮度值并不相等，但 CIE 却把每一原色的亮度值作为一个单位看待，所以色光加色法中红、绿、蓝三原色光等比例混合得到白光。其表达式为（R）+（G）+（B）=（W）。红光和绿光等比例混合得到黄光，即（R）+（G）=（Y）；红光和蓝光等比例混合得到品红光，即（R）+（B）=（M）；绿光和蓝光等比例混合得到青光，即（B）+（G）=（C），如图 2－7 所示。如果不等比例混合，则会得到更加丰富的混合效果，如：黄绿、蓝紫、青蓝等。

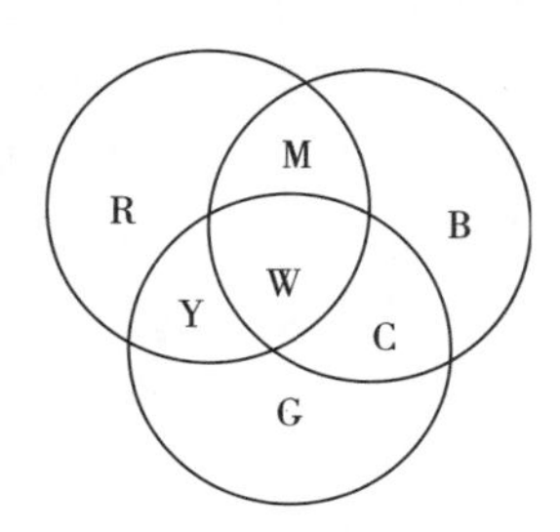

图 2－7　加色混色图

从色光混合的能量角度分析，色光加色法的混色方程为：

$$C=\alpha(R)+\beta(G)+\gamma(B) \quad (2-1)$$

式中　C——混合色光总量；

（R）、（G）、（B）——三原色的单位量；

α、β、γ——三原色分量系数。

此混色方程十分明确地表达了复色光中的三原色成分。

从人眼对色光物理刺激的生理反应角度分析，色光加色混合的数学形式为：

$$C=\bar{x}(R)+\bar{y}(G)+\bar{z}(B) \quad (2-2)$$

式中　C——混合色觉；

$\bar{x}$、$\bar{y}$、$\bar{z}$——光谱三刺激值。

自然界和现实生活中，存在很多色光混合加色现象。例如太阳初升或降落时，一部分色光被较厚的大气层反射到太空中，一部分色光穿透大气层到地面，由于云层厚度及位置不同，人们有时可以看到透射的色光，有时可以看到部分透射和反射的混合色光，使天空出现了丰富的色彩变化。

（二）加色法实质

加色法是色光与色光混合生成新色光的呈色方法。参加混合的每一种色光都具有一定的能量，这些具有不同能量的色光混合时，可以导致混合色光能量的变化。

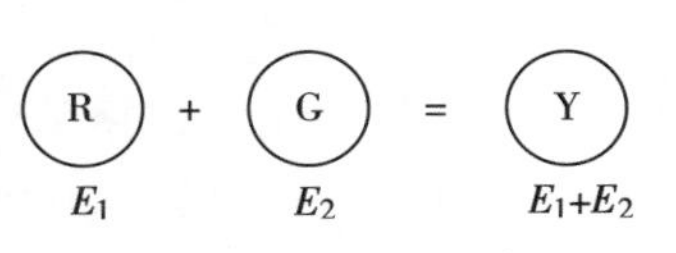

图 2－8　色光混合

色光直接混合时产生新色光的能量是参加混合的各色光的能量之和。如图 2－8 所示，照射面积相同的两种色光——红光与绿光混合，混合后的面积依然与混合前单色光的面积相同，但光的能量却增大了，所以导致了混合后色光亮度的增加。

（三）加色混合种类

色光混合的实现方法主要分为两类：一类是视觉器官外的混合，另一类是视觉器官内的混合。

1. 视觉器官外的加色混合

视觉器官外的加色混合是指色光在进入人眼之前就已经混合成新的色光。色光的直接匹配就是视觉器官外的加色混合。光谱上各种单色光形成白光，是最典型的视觉器官外的加色混合，这种加色混合的特点是：在进入人眼之前各色光的能量就已经叠加在一起，混合色光中的各原色光对人眼的刺激是同时开始的，是色光的同时混合。

2. 视觉器官内的加色混合

视觉器官内的加色混合是指参加混合的各单色光，分别刺激人眼的三种感色细胞，使人产生新的综合色彩感觉，它包括静态混合与动态混合。

（1）静态混合

静态混合是指各种颜色处于静态时，反射的色光同时刺激人眼而产生的混合，如细小色点的并列与各单色细线的纵横交错，所形成的颜色混合，均属静态混合，各色反射光是同时刺激人眼的，也是色光的同时混合。细小色点并列的加色混合如图 2－9 所示。

（a）双色静态混合

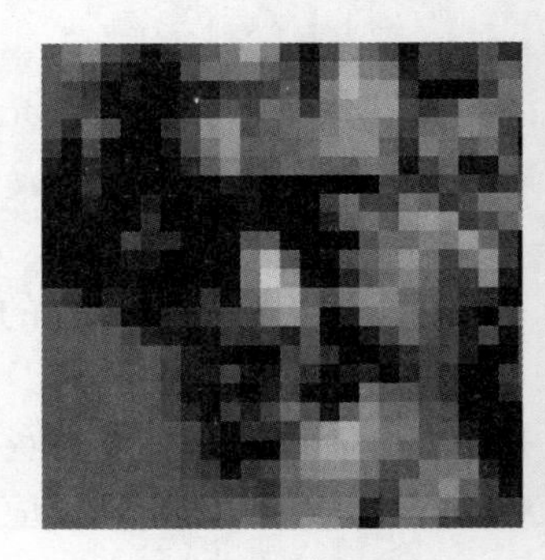

（b）多色静态混合

图 2－9　色光的静态加色混合

由于视锐度所限，人们不能将相隔太近，且面积又很小的色点或色线分辨开来，而将它们视为一种混合色。图 2－9（a）是黄色块与青色块并列时的放大图，黄色与青色的反射光同时刺激人眼的感色细胞，使人产生的色彩感觉既不是单纯的黄色，也不是单纯的青色，而是青色与黄色的混合色—绿色，这是由于色点相距太近，人眼的感色细胞无法区分开，从而产生了综合色觉。

（2）动态混合

动态混合是指各种颜色处于动态时，反射的色光在人眼中的混合，如彩色转盘的快速转动，各种色块的反射光不是同时在人眼中出现，而是一种色光消失，另一种色光出现，先后交替刺激人眼的感色细胞，由于人眼的视觉暂留现象，使人眼产生混合色觉。

人眼之所以能够看清一个物体，是由于该物体在光的照射下，物体所反射或透射的光进入人眼，刺激视神经，引起了视觉反应。当这个物体从眼前移开，对人眼的刺激作用消失时，该物体的形状和颜色不会随着物体移开而立即消失，它在人眼还可以做一个短暂停留，时间大约为 1/10s。物体形状及颜色在人眼中这个短暂时间的停留，就称为视觉暂留现象。正因为有了这种视觉暂留现象，人们才能欣赏到电影、电视的连续画面。视觉暂留现象是视错觉的一种表现。

人眼的视觉暂留现象是色光动态混合呈色的生理基础，如图 2－10 所示的彩色转盘。

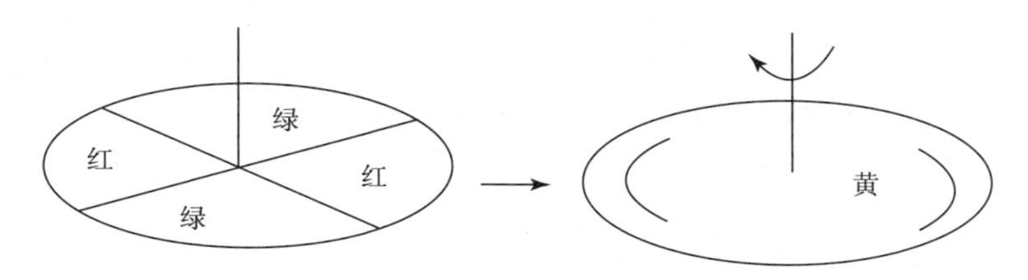

图 2－10　色光动态加色混合

在转盘上以 1∶1 的比例间隔均匀地涂上红、绿两种颜色。快速转动转盘，可以看到转盘上已不再是红、绿两种颜色，而是一个黄色。这是因为：当转盘快速转动时，如果红色反射光进入人眼，就会刺激感红细胞。当红色转过，绿色反射光进入人眼，就刺激了感绿细胞。此时，感红细胞所受刺激并没有消失，它继续停留 1/10s 时间。在这个瞬间，感红细胞与感绿细胞同时兴奋，就产生了综合的黄色感觉。彩色转盘转动地越快，这种混合就越彻底。

动态混合是由参加混合的色光先后交替连续刺激人眼，因此又称为色光的先后混合。

通常情况下，人眼可以正确地观察及判断外界事物的状态，如大小、形状、颜色等，但如果商品包装的颜色分布太杂，颜色面积太小或多种颜色的交替速度过快，人眼的分辨能力就受到影响，使所观察到的颜色与实际有所差别。

三、色光混合规律

（一）色光连续变化规律

由两种色光组成的混合色中，如果一种色光连续变化，混合色的外貌也连续变化。可以通过色光的不等量混合实验观察到这种混合色的连续变化。红光与绿光混合形成黄光，若绿光不变，改变红光的强度使其逐渐减弱，可以看到混合色由黄变绿的各种过渡色彩，反之，若红光不变，改变绿光的强度使其逐渐减弱，可以看到混合色由黄变红的各种过渡色彩。

（二）补色律

在色光混合实验中可以看到：三原色光等量混合，可以得到白光。如果先将红光与绿光混合得到黄光，黄光再与蓝光混合，也可以得到白光。白光还可以由另外一些色光混合得到。如果两种色光混合后得到白光，这两种色光称为互补色光，这两种颜色称为补色。

补色混合具有以下规律：每一个色光都有一个相应的补色光，某一色光与其补色光以适当比例混合，便产生白光，最基本的互补色有三对：红—青，绿—品红，蓝—黄。

补色的一个重要性质：一种色光照射到其补色的物体上，则被吸收。如用蓝光照射黄色物体，则呈现黑色。如图 2－11 所示。

利用这个道理，我们可以用某一色光的补色控制这一色光。例如控制绿色，可以通过

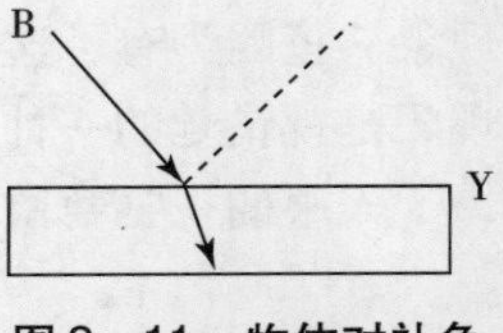

调节品红颜料层的浓度来控制其反射（透射）率，以达到合适的强度。

B

Y

图2－11 物体对补色光的吸收

（三）中间色律

中间色律的主要内容是：任何两种非补色光混合，便产生中间色。其颜色取决于两种色光的相对能量，其鲜艳程度取决于二者在色相顺序上的远近。

任何两种非补色光混合，便产生中间色，最典型的实例是三原色光两两等比例混合，可以得到它们的中间色：（R）+（G）=（Y）；（G）+（B）=（C）；（R）+（B）=（M）。其他非补色混合，都可以产生中间色。颜色环上的橙红光与青绿光混合，产生的中间色的位置在橙红光与青绿光的连线上。其颜色由橙红光与青绿光的能量决定：若橙红光的强度大，则中间色偏橙，反之则偏青绿色。其鲜艳程度由相混合的两色光在颜色环上的位置决定：此两色光距离愈近，产生的中间色愈靠近颜色环边线，就愈接近光谱色，因此，就愈鲜艳；反之，产生的中间色靠近中心白光，其鲜艳程度下降。

（四）代替律

颜色外貌相同的光，不管它们的光谱成分是否一样在色光混合中都具有相同的效果。凡是在视觉上相同的颜色都是等效的。即相似色混合后仍相似。

如果颜色光 A＝B、C＝D，那么：A＋C＝B＋D

色光混合的代替规律表明：只要在感觉上颜色是相似的便可以相互代替，所得的视觉效果是同样的。设 A＋B＝C，如果没有直接色光 B，而 X＋Y＝B，那么根据代替律，可以由 A＋X＋Y＝C 来实现 C。由代替律产生的混合色光与原来的混合色光在视觉上具有相同的效果。

色光混合的代替律是非常重要的规律。根据代替律，可以利用色光相加的方法产生或代替各种所需要的色光。色光的代替律，更加明确了同色异谱色的应用意义。

（五）亮度相加律

由几种色光混合组成的混合色的总亮度等于组成混合色的各种色光亮度的总和。这一定律叫做色光的亮度相加律。色光的亮度相加规律，体现了色光混合时的能量叠加关系，反映了色光加色法的实质。

以上五个规律是色光混合的基本规律。从这些规律中可以看出：以各种比例的三原色光相混合，可以产生自然界中的各种色彩。熟悉了色光混合的基本规律，就可以大体知道一个比较复杂的色光，是由哪几个原色光组成的，或者几个比较单纯的色光混合起来，会形成什么样的色光。这对于我们在包装色彩的设计和彩色原稿的分析中，都有着十分重要的意义。

第三节 色料减色法

一、色料三原色

在光的照耀下，各种物体都具有不同的颜色。其中很多物体的颜色是经过色料的涂、染而具有的。凡是涂染后能够使无色的物体呈色、有色物体改变颜色的物质，均称为色料。色料可以是有机物质，也可以是无机物质。色料有染料与颜料之分。

色料和色光是截然不同的物质，但是它们都具有众多的颜色。在色光中，确定了红、绿、蓝三色光为最基本的原色光。在众多的色料中，是否也存在几种最基本的原色料，它们不能由其他色料混合而成，却能调制出其他各种色料。通过色料混合实验，人们发现：采用与色光三原色相同的红、绿、蓝三种色料混合，其混色色域范围不如色光混合那样宽广。红、绿、蓝任意两种色料等量混合，均能吸收绝大部分的辐射光而呈现具有某种色彩倾向的深色或黑色。从能量观点来看，色料混合，光能量减少，混合后的颜色必然暗于混合前的颜色。因此，明度低的色料调配不出明亮的颜色，只有明度高的色料作为原色才能混合出数目较多的颜色，得到较大的色域。

从色料混合实验中，人们发现，能透过（或反射）光谱较宽波长范围的色料青、品红、黄三色，能匹配出更多的色彩。在此实验基础上，人们进一步明确：由青、品红、黄三色料以不同比例相混合，得到的色域最大，而这三色料本身，却不能用其余两种原色料混合而成。因此，我们称青、品红、黄三色为色料的三原色。

需要说明的是，在包装色彩设计和色彩复制中，有时会将色料三原色称为红、黄、蓝，而这里的红是指品红（洋红），而蓝是指青色（湖蓝）。

二、色料减色法

颜色是物体的化学结构所固有的光学特性。一切物体呈色都是通过对光的客观反映而实现的。所谓“减色”，是指加入一种原色色料就会减去入射光中的一种原色色光（补色光）。因此，在色料混合时，从复色光中减去一种或几种单色光，呈现另一种颜色的方法称为减色法。

我们以色光照射理想滤色片为例来说明。当一束白光照射品红滤色片的情况，如图2－12（a）所示。根据补色的性质，品红滤色片吸收了R、G、B三色中G，而将剩余R和B透射出来，从而呈现了品红色。图2－12（b）为青和品红二原色色料等比例叠加的情况，当白光照射青、品红滤色片时，青滤色片吸收了R，品红滤色片吸收了G，最后只剩下了B，也就是说，青色和品红色色料等比例混合呈现出蓝色，表达式为：(C)+(M)=(B)。同样，青、黄二原色色料等比例混合得到绿色，即（C)+(Y)=(G)；品红、黄二原色色料等量混合得到红色，即（M)+(Y)=(R)；而青、品红、黄三种原色色料等比例混合就得到黑色，即（C)+(M)+(Y)=(Bk)。三原色料等比例混合可由图2－13表示。

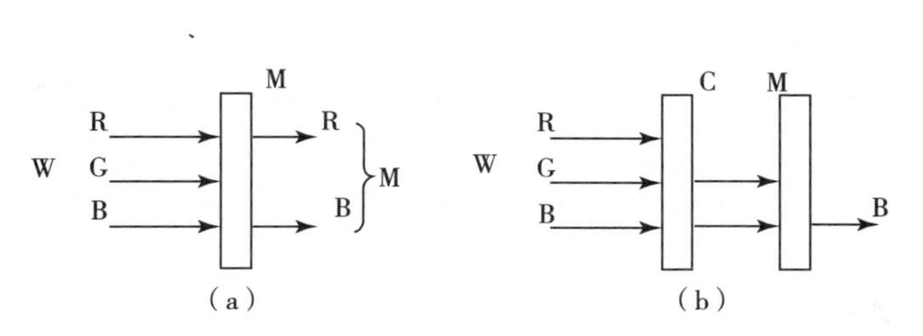

图2－12 色料减色法呈色机理示意图

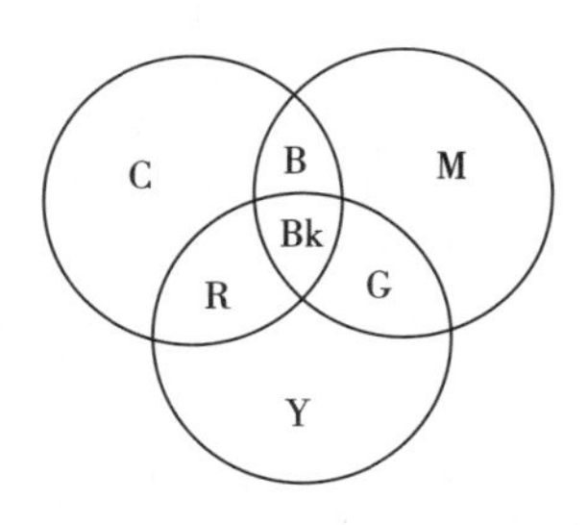

图2－13 减色混色图

青、品红、黄是色料中用来配制其他颜色的最基本的颜色，称之为原色或第一次色。间色是由两种原色料混合而得到的，称为第二次色。对于红色色料可以认为是黄色色料和品红色料的混合，即 (R) = (M) + (Y)；同理，绿色色料有 (G) = (C) + (Y)；蓝色色料有 (B) = (C) + (M)。这样在对间色呈色原理进行分析时，色料的间色就可以用原色来表示。复色是由三种原色料混合而得到的颜色。

色料的呈色是由于色料选择性地吸收了入射光中的补色成分，而将剩余的色光反射或透射到人眼中。减色法的实质是色料对复色光中的某一单色光的选择性吸收，而使入射光的能量减弱。由于色光能量下降，使混合色的明度降低。

三、色料混合变化规律

（一）三种原色的混合

三种原色料等比例混合，可以得到黑色，即：

$$(Y) + (M) + (C) = (Bk) \Rightarrow (W) - (R) - (G) - (B)$$

式中 "⇒"——表示色料混合后反射（透射）出的色光。

三种原色料不等量混合时，可以得到复色，其一般形式为：

$$C_{减} = \alpha(Y) + \beta(M) + \gamma(C) \tag{2-3}$$

式中 $C_{减}$——混合色料；

(Y)、(M)、(C)——色料三原色的单位量；

α、β、γ——三原色料份量系数。

通过混色方程，可以了解各种混合色中三原色料的比例关系，为正确调制颜料提供依据。

（二）原色与间色混合

1. 互补色料

三原色料等比例混合可以得到黑色，即：(Y) + (M) + (C) = (Bk)。若先将黄色与品红色混合得到其间色红色，然后再与青色混合，上式可以写成：(R) + (C) = (Bk)。

像这样两种色料相混合成为黑色，我们称这两种色料为互补色料，这两种颜色称为互补色。其意义在于给青色补充一个红色可以得到黑色；反之，给红色补充一个青色也可成为黑色。除了红、青两色是一对互补色外，在色料中，品红与绿，黄与蓝也各是一对互补色。

由于三原色比例的多种变化，构成补色关系的颜色有很多，并不仅限于以上几对，只要两种色料混合后形成黑色，就是一对互补色料。任何色料都有其对应的补色料。

色料混合中，补色的应用是十分广泛的。如在绘画中，画面上某处色彩需要加暗时，并不一定要使用黑色，只要在该处涂以原色彩的补色即可。彩色印刷过程中，调配专用墨色时，应特别注意补色的使用。当调配较鲜艳的浅色时，如不恰当地加入了补色，则会使墨色变得灰暗。

2. 间色与其非互补色的原色混合

间色与其互补色色料混合呈现黑色，而间色与非互补色的原色色料混合呈色现象则较为复杂。为了更好地解释这一现象，假设 1 个单位厚度的原色色料能将 1 个单位的补色光完全吸收。以理想的红滤色片和黄滤色片叠合为例，当1个单位的白光入射时，呈色过程如图2－14所示，表达式如下：

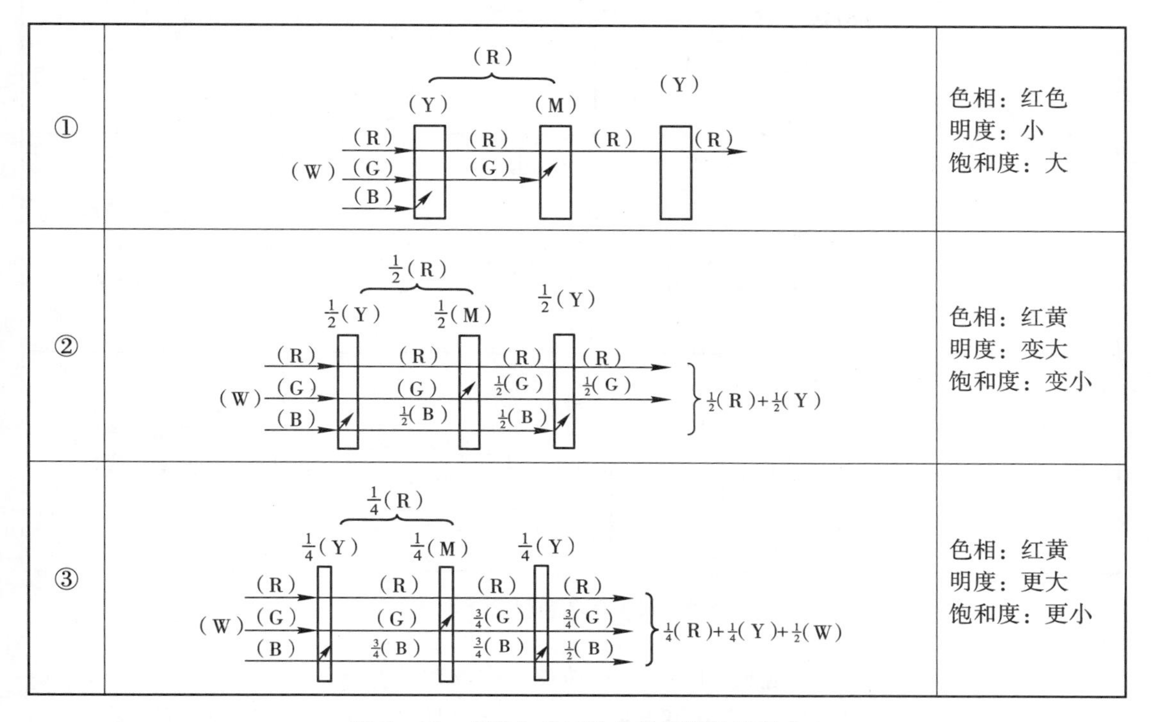

图2－14 间色与非互补色的原色色料混合

①1个单位厚的红滤色片和1个单位厚的黄滤色片叠合：

$$\{(Y)+(M)\}+(Y)=2(Y)+(M)\Rightarrow(R)$$ 红色

②1/2个单位厚的红滤色片和1/2个单位厚的黄滤色片叠合：

$$\{1/2(Y)+1/2(M)\}+1/2(Y)=(Y)+1/2(M)\Rightarrow1/2(R)+1/2(Y)$$ 红黄

③1/4个单位厚的红滤色片和1/4个单位厚的黄滤色片叠合：

$$\{1/4(Y)+1/4(M)\}+1/4(Y)=1/2(Y)+1/4(M)\Rightarrow1/4(R)+1/4(Y)+1/2(W)$$ 淡红黄

间色与非互补色的原色混合，随着浓度的不同，不仅明度和饱和度发生变化，而且色相也产生了变化。混合色料浓度（厚度）大时，呈现出间色的色相；当浓度减小时，变为间色和原色的混合色相。

3. 间色与间色混合

两种间色色料混合，随着色料的浓度的不同，呈现的色彩出现了很大的变化。将理想红滤色片和绿滤色片叠合在一起，当1个单位的白光入射时，随着滤色片厚度的变化，会呈现出不同的颜色。呈色过程如图2－15所示，表达式如下：

①1个单位的红滤色片和1个单位的绿滤色片叠合：

$$\{(Y)+(M)\}+\{(Y)+(C)\}=2(Y)+(M)+(C)\Rightarrow(Bk)$$ 黑色

②1/2个单位厚的红滤色片和1/2个单位厚的绿滤色片叠合：

$$\{1/2(Y)+1/2(M)\}+\{1/2(Y)+1/2(C)\}=(Y)+1/2(M)+1/2(C)\Rightarrow1/2(Y)$$ 黄色

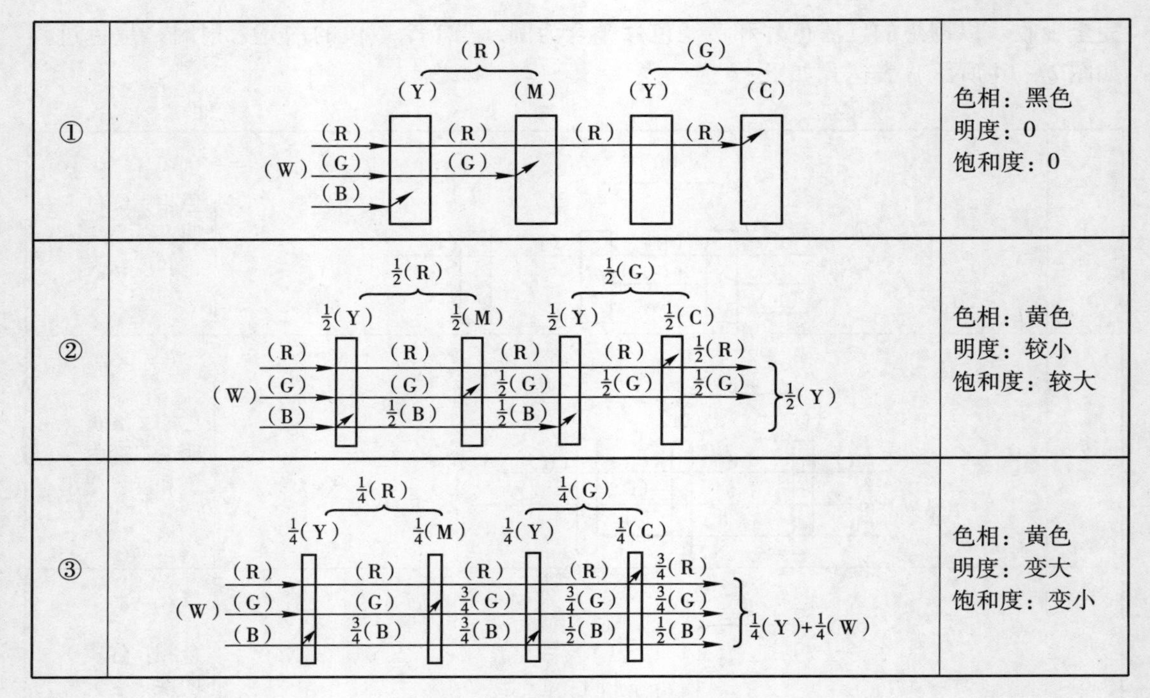

图2－15 间色色料混合呈色

③ 1/4 个单位厚的红滤色片和 1/4 个单位厚的绿滤色片叠合：

$$\{1/4(Y)+1/4(M)\}+\{1/4(Y)+1/4(C)\}=1/2(Y)+1/4(M)+1/4(C)\Rightarrow 1/4(Y)+1/2(W)$$

淡黄色

间色色料混合颜色较深，当色料浓度（厚度）较大时呈现黑色，饱和度为0，随着浓度（厚度）的减小，逐渐呈现出色彩、明度变大，饱和度迅速增加，达到一定程度后逐渐减小。

这种间色混合现象，常出现于光源亮度改变的情况下，对于某一间色混合色样（颜料层厚度不变），当照明光源的亮度改变时，同样会出现色相、明度和饱和度的变化，这对印刷色彩的再现及包装色彩的设计具有一定的指导意义。

以上是复色的几种基本混合方法。此外还有原色与复色、间色与复色、原色与黑色的混合方法，均可以得到新的复色。无论哪种混合方法，实质上都是三原色料等比例或不等比例的混合。由此，可以进一步证明：三原色料可以混合出现各种颜色，这是绘画或印刷中，用少数几种色料调制出各种色彩的理论依据。

四、加色法与减色法的关系

（一）色光加色法与色料减色法的区别与联系

加色法与减色法都是针对色光而言，加色法指的是色光相加，减色法指的是色光被减弱。

加色法与减色法又是迥然不同的两种呈色方法。加色法是色光混合呈色的方法，色光混合后，不仅色彩与参加混合的各色光不同，同时亮度也增加了；减色法是色料混合呈色的方法，色料混合后，不仅形成新的颜色，同时亮度也降低了。加色法是两种以上的色光混合刺激人的视神经而引起的色效应；而减色法是指从白光或其他复色光中吸收了某些色光，剩余的色光刺激人的视神经而引起的色效应。从互补关系来看，有三对互补色：R—C；G—M；B—Y。在色光加色法中，互补色相加得到白色；在色料减色法中，互补色混合得到黑色。

色光三原色是红（R）、绿（G）、蓝（B），色料三原色是青（C）、品红（M）、黄（Y）。人眼看到的永远是色光，色料三原色的确定与三原色光有着必然的联系。在对人眼的视觉研究中表明，视网膜上的中央窝内，有三种感色细胞，即感红、感绿、感蓝锥体细胞。自然界的各种色彩，可以认为是这三种锥体细胞受到不同刺激所产生的反映，因此，我们只要有效地控制进入人眼的三原色光的刺激量，也就相对控制了自然界各种物质的表面颜色。在色光相加混合中，通过红、绿、蓝三原色光能混合出较多的颜色，有最大的色域，为此我们选择青色来控制红光，青色是红色的补色它能最有效地控制（吸收）红光；同理，选择绿色的补色品红来控制绿光；选择蓝色的补色黄色来控制蓝光。因为青、品红、黄通过改变自身的厚度（或浓度），能够很容易地改变对红、绿、蓝三原色光的吸收量，以完成控制进入人眼的三原色光的数量。

利用青、品红、黄对反射光进行控制，实际上是利用它们从照明光源的光谱中选择性吸收某些光谱的颜色，以剩余光谱色光完成相加混色作用，同时也是对色光三原色红、绿、蓝的选择和认定。色光三原色红、绿、蓝和色料三原色青、品红、黄是统一的，具有共同的本质，是一个事物的两个方面。它们都能得到较大的色域是必然的，因为照射到人眼的是色光。

色光加色法与色料减色法的主要区别，如表2－3所示。

表2－3　色光加色法与色料减色法的区别

项　目	色光加色法		色料减色法	
三原色	R、G、B		Y、M、C	
呈色基本规律	(R)+(G)=(Y) (R)+(B)=(M)	(G)+(B)=(C) (R)+(B)+(G)=(W)	(Y)+(M)=(R) (Y)+(C)=(G)	(M)+(C)=(B) (Y)+(M)+(C)=(Bk)
实质	色光相加，加入原色光，光能量增大		色料混合，减去原色光，光能量减小	
效果	明度增大		明度减小	
呈色方法	视觉器官外：空间混合 视觉器官内：静态混合；动态混合		色料掺合 透明色层叠合	
补色关系	补色光相加，愈加愈亮，形成白色		补色料相加，愈加愈暗，形成黑色	
主要应用	彩色电影、电视、测色计		彩色绘画、摄影、印刷、印染	

（二）设计软件中三原色的明度关系

在Photoshop（或CorelDRAW）中，我们给出RGB值便可观察到$L^*a^*b^*$值（见图2－16），结果如表2－4所示。

从表2－4心理明度L^*值的大小可以看出在设计软件中色彩的明度顺序是：白、黄、青、绿、品红、红、蓝、黑。RGB模式为加色法模式，色光混合亮度增加，RGB的值相加数值越大色彩越明亮。CMY模式为减色法模式，色料混合光能量减小，CMY的值相加数值越大色彩越深暗。

表2－4　色彩的明度

序号	色彩	RGB模式			CMY模式			$L^*a^*b^*$模式		
		R	G	B	C	M	Y	L^*	a^*	b^*
1	青	0	255	255	255	0	0	90	－23	－7
2	品红	255	0	255	0	255	0	60	44	－29
3	黄	255	255	0	0	0	255	97	－7	44
4	红	255	0	0	0	255	255	54	38	32
5	绿	0	255	0	255	0	255	87	－37	38
6	蓝	0	0	255	255	255	0	30	33	－54
7	白	255	255	255	0	0	0	100	0	0
8	黑	0	0	0	255	255	255	0	0	0

从组成的六色色相环（见图2－17）中可以看出，加色法模式中，红、绿、蓝为色光三原色明亮度（与相邻的相比）较低的，混合后光能量增大，得到明亮度相对较高的黄光、青光和品红光；减色法模式中，青、品红、黄为色料的三原色明度（与相邻的相比）较高的，混合后光能量减小，得到明度相对较低的红色、绿色和蓝色。在六色色相环中，红、绿、蓝在其区域内明度最低，青、品红、黄在其区域内明度最高。

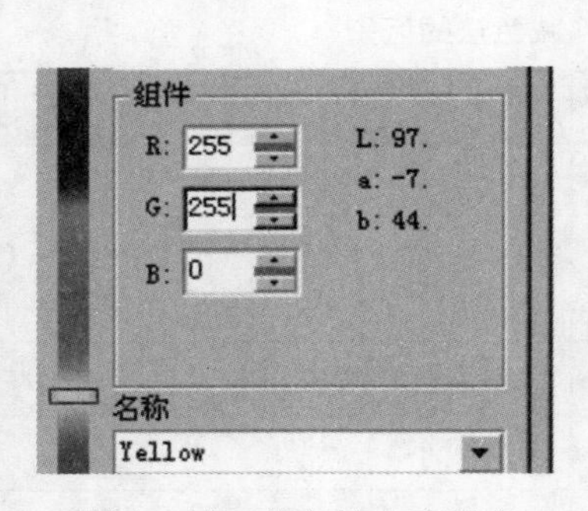

图2－16　黄色的心理明度

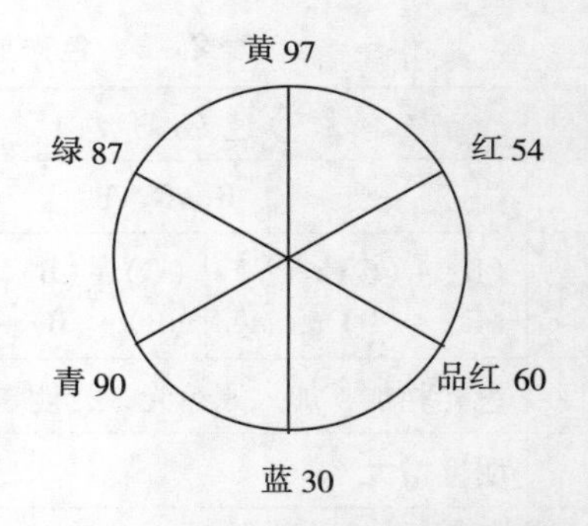

图2－17　色相环中色彩的明度

第四节　物体呈色机理及影响因素

一、物体色

物体对光的选择性吸收是物体呈色的主要原因。我们说“花是红色的”，是因为它吸收了白色光中400～500nm的蓝色光和500～600nm的绿色光，仅仅反射了600～700nm的红色光。花本身没有色彩，光才是色彩的源泉。如果红色表面用绿光来照射，那么就呈现黑色，因为绿光波长的辐射能被全部吸收了，它不包含可反射的红光波长。可见，物体在不同的光谱组成的光的照射下，会呈现出不同的色彩。所以，“色彩”并不是物质本身的物理性实体，只有光波波长才是物理性现实存在，物体的固有性质只是它对可见光谱中某些波段吸收或反射的能力。从这个意义上讲，世界上一切物体本身都是无色的，只是由于它们对光谱中不同波长的光的选择性吸收，才决定了它的颜色。无光则无色，是光赋予了自然界丰富多彩的颜色。

显然，物体颜色是受光源的光谱组成（光源光谱能量分布）所决定的，所以物体的颜色可以这样解释：该物体本身不发光，而是从被照射的光里选择性吸收了一部分光谱波长的色光，而反射（或透过）剩余的色光，我们所看到的色彩是剩余的色光，这就是物体的颜色，简称物体色。

二、固有色

长期以来，人们习惯于在日光下辨认物体的颜色。人们对物体呈现的颜色记忆和称呼随着历史的发展而固定下来。因此，我们把物体在标准日光下的颜色，称为固有色。

自然界中的一切物体都有其固有的本征频率，对入射的白光都有固定的选择吸收特性，也就具有固定的反射率和透射率。因此人们在标准日光下看到的物体颜色是稳定的。固有色给人的印象最深刻，形成了记忆，又称为记忆色。

三、光源色对物体颜色的影响

光源所呈现的颜色为光源色。各种光源都有其特定的光谱能量分布，可以发出不同颜色的色光。光源色是影响物体颜色的重要因素。光源色的变化，势必影响物体的颜色。由于光源自身结构和传播空间的影响，使光源色时常在变化着。表现在以下几方面：

（一）亮度的变化

自然光源受气候条件的影响，时刻发生亮度的变化，很不稳定。如晴天和阴天的太阳光强度相差很大。人造光源比自然光源稳定，但也有亮度的变化。例如白炽灯，亮度增大时，颜色趋向于白；亮度减弱时，颜色趋向于红。光源的亮度变化对物体颜色有直接的影响。物体的固有色在入射光亮度适中的时候表现最充分。太亮的强光会使固有色变浅，太暗则会使固有色灰暗乃至消失。

（二）距离的变化

光源与观察者距离的变化，会使光源色发生改变。如白炽灯光，随着距离的推远，其颜色由黄逐渐向橙、橙红、红色变化。

（三）传播媒质的变化

光传播媒质的变化也会改变光源色。由于大气厚度不断改变，太阳光的颜色也时刻在变化着。早晨、傍晚太阳光投射角度为15°左右，阳光要穿透较厚的大气层才能到达地面，由于光的散射，使光谱中红、橙光透过较多，此时光源色为橙红色；白天太阳光投射角度为60°~90°，太阳光的散射作用比较均匀，透到地面的光源色为白色。

物体表面的色彩与光源的光谱成分有极大的关系。用于照明的光源色往往是极复杂的。可能是单色光，也可能是复色光。就复色光而言，其光谱成分也可能不相同。物体对入射光的吸收、反射、透射的光学特性虽然不受光源的影响，但当光源的光谱成分发生变化时，必然影响到物体的反射或透射光的光谱成分，从而使物体的表面颜色随着光源色的变化而变化。消色物体在彩色光源的照射下，会呈现彩色。白色物体，在红光照射下呈现红色；在红光和蓝光的同时照射下呈现品红色。彩色物体在特定光源照射下，会呈现消色。例如，在白光下为绿色的物体，在暗室的红灯照射下就几乎成为黑色的物体了，因为绿色物体只反射绿光，而红灯中没有绿光的成分，物体表面在红光照射下不能反射出绿色的光来，红光又都被吸收了，因此显出黑色，如图2-18所示。

图2-18 同一物体在不同光源下呈现不同颜色

同理，在自然光或接近日光光谱的人造光源下观察一张黄色的印样，能很清楚地看出墨色深浅和层次的传递情况。因为在标准照明条件下，黄色的图文容易与白纸区分开。如果在普通白炽灯下观察这张印样，白纸上的黄墨层就看不太清楚了，很难判别油墨的深浅和层次的好坏。这是因为白炽灯的光谱中蓝色成分较缺乏，而使灯光偏黄，在这样的灯光照明下，黄色图文和白色纸张不容易分清，因此，图文的深浅，层次很难看清。

光源色对物体色的影响主要表现在物体的光亮部位。不同的光源色对物体色彩变化的影响程度各不相同，大致以红光最强、白光次之、再次为绿、蓝、青、紫等。

（四）环境色对物体颜色的影响

一般地讲，物体的固有色是不变的。但是任何物体若放在其他有色物体中间，必然会受到周围邻近物体的颜色（即环境色）的影响。

环境色对物体色的影响在物体的暗部表现得比较明显。环境色对物体的颜色的影响取决于环境色的强弱，邻近物体与被观视物体的距离，被观视物体表面粗糙程度和颜色等性质。一般地说，邻近物体与被观视物体靠得越近，被观视物体表面越光滑，反射光线越强，则环境对被观视物体的颜色所施加的影响也越大。反之，与邻近物体距离越远，表面越粗糙，颜色越浅，物体受环境色的影响越小。

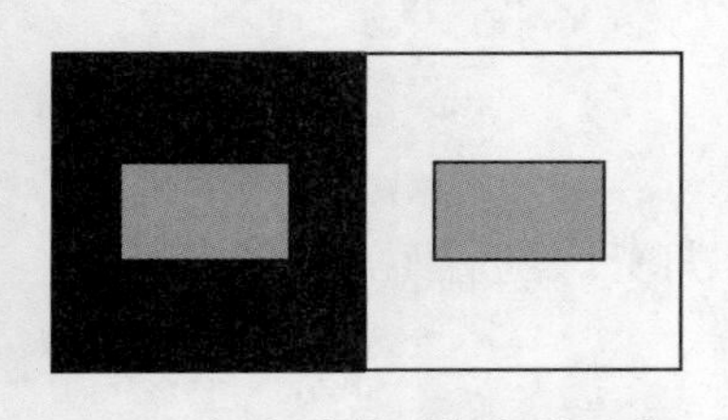
图2-19 背景对颜色的影响

环境对颜色的影响还有另一种形式，如图2-19所示，中央的小方块都具有同样的灰度，但由于受到周围的颜色的影响，使人对每一块色块有着不同感受。因此，如果不把观视条件确定下来，无法把同一色块的物理性质和它所引起的视觉感受统一起来的。为此国际标准照明委员会（CIE）推荐了一套标准观视条件。

综上所述，物体的基本颜色特征是固有色，但由于光源色与环境色的影响使物体表面的色彩丰富多变。在特定的光源与环境下物体呈现的颜色称为条件色。每一物体的颜色都是物体的固有色与条件色的综合体现。

一般说来，物体的固有色很容易确认，而条件色却很复杂，一幅好的艺术作品，恰恰是通过条件色来充分体现其复杂的空间关系的。因此，包装设计和色彩复制工作者，应更好地掌握条件色的变化规律，才能更真实、更准确地做好包装色彩的设计和复制工作。

1. 对光源的描述有哪些方法？
2. 什么是光源色温？什么是光源显色性？
3. 为什么色光三原色是红、绿、蓝？
4. 下列色光等比例混合呈现什么颜色？

① (R) + (G) =　　② (R) + (B) =

③ (B) + (Y) =　　④ (R) + (G) + (B) =

5. 简述加色法混合的种类。
6. 色光混合有哪些规律？
7. 下列色料等比例混合呈现什么颜色？

① (Y) + (M) =　　② (Y) + (B) =

③ (C) + (M) =　　④ (R) + (G) =

8. 什么是间色混合现象？
9. 什么是补色？补色有什么性质？
10. 减色法中的“色”指的是什么？加色法和减色法有什么区别？
11. 设计软件中各种色彩的明度顺序是怎样的？
12. 什么是固有色？固有色与光源色、物体的光谱反射率及环境色有没有关系？
13. 仅当波长 $\lambda = 700$nm 的光照射到一黄色物体上时，该物体呈现什么颜色？

第三章 色彩的视觉理论

第一节 眼 睛

色彩的生成不仅需要呈现色彩实体的客观必备条件——光和物体，更需要感知色彩现象的主体生理机制——眼睛。因为只有借助一对正常的能够获取光的视觉接收器，人们才能准确而完整地体验到外部色彩世界的奇妙与美丽。为此，研究眼睛的生理构造、功能及其特性是十分必要的。

一、人眼的生理构造

人的眼睛近似球状体，前后直径约为 23 ~ 24mm，横向直径约为 20mm，通常称为眼球。眼球是由屈光系统和感光系统两部分构成的，如图 3 – 1 所示。

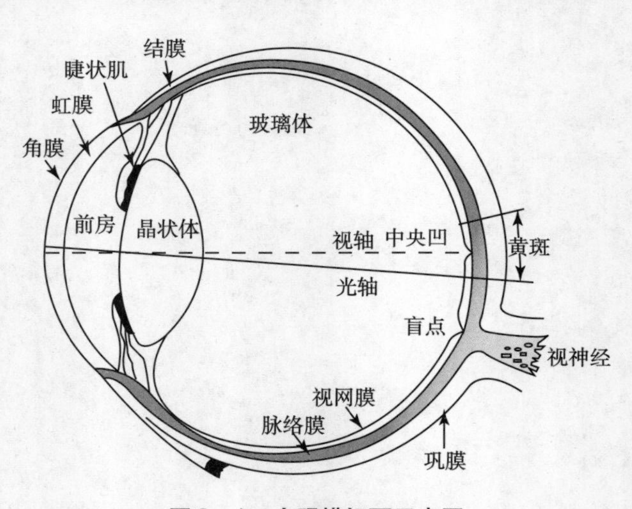

图 3 – 1 人眼横切面示意图

1. 眼球壁

眼球壁由三层质地不同的膜组成。

（1）角膜和巩膜

眼球壁的最外层是角膜和巩膜。角膜在眼球的正前方，约占整个眼球壁面积的1/6，是一层厚约1mm的透明薄膜。折射率为1.336。角膜的作用是将进入眼内的光线进行聚焦。即使光线折射并集中进入眼球。巩膜是最外层中、后部色白而坚韧的膜层，约占整个眼球壁面积的5/6，厚度约为0.4～1.1mm. 也就是我们的“眼白”，它的作用是保护眼球。

（2）虹膜和脉络膜

虹膜、脉络膜和睫状体组成了眼球壁的中层。虹膜是位于角膜之后的环状膜层，它将角膜和晶状体之间的空隙分成两部分，即眼前房和眼后房。虹膜的内缘称为瞳孔，它的作用如同照相机镜头上的光圈，可以自动控制入射光量。虹膜可以收缩和伸展，使瞳孔在光弱时放大，光强时缩小，直径可在2～8mm范围内变化。

睫状体在巩膜和角膜交界处的后方，由脉络膜增厚形成，它内含平滑肌，功能就是支持晶状体的位置，调节晶状体的凸度（曲率）。脉络膜的范围最广，紧贴巩膜的内面，厚约0.4mm，含有丰富黑色素细胞。它如同照相机的暗箱，可以吸收眼球内的杂散光线，保证光线只从瞳孔内射入眼睛，以形成清晰的影像。

（3）视网膜

这是眼球壁最里面的一层透明薄膜，贴在脉络膜的内表面，厚度约为0.1～0.5mm。视网膜的分辨力是不均匀的，在黄斑区，其分辨能力最强。视网膜主要由三层组成（见图3－2）：第一层是视细胞层，用于感光，它包括锥体细胞和杆体细胞（见图3－3），是眼睛的感光部分，其作用如同照相机中的感光材料；第二层叫双节细胞层，视细胞通过双节细胞与一个神经节细胞相联系，负责联络作用；第三层叫节细胞层，专管传导。

锥体细胞和杆体细胞在整个视网膜上的分布如图3－4所示。杆体细胞大约有12亿个，均匀地分布在整个视网膜上，其形状细长，可以接受微弱光线的刺激，能够分辨物体的形状和运动，但是不能够分辨物体的颜色。由于杆体细胞对光线极为敏感，使得我们能够在微弱光下（如月光、星光）也能够观察到物体的存在。

在眼球后面的中央部分，视网膜上有一个特别密集的细胞区域，其颜色为黄色，称之为黄斑区，直径约2～3mm，黄斑区中央有一个小窝，叫做中央窝，该处是视觉最敏锐的地方。

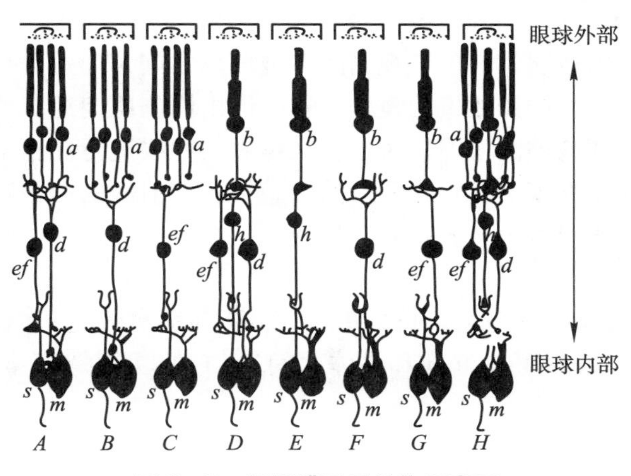

图3－2　视网膜三层结构示意图

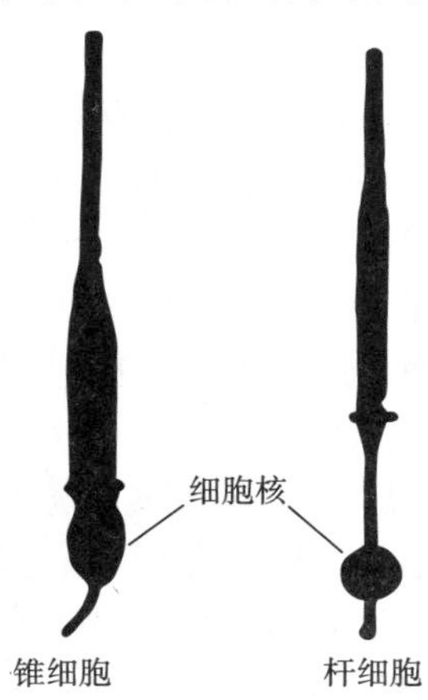

图3－3　锥细胞和杆细胞

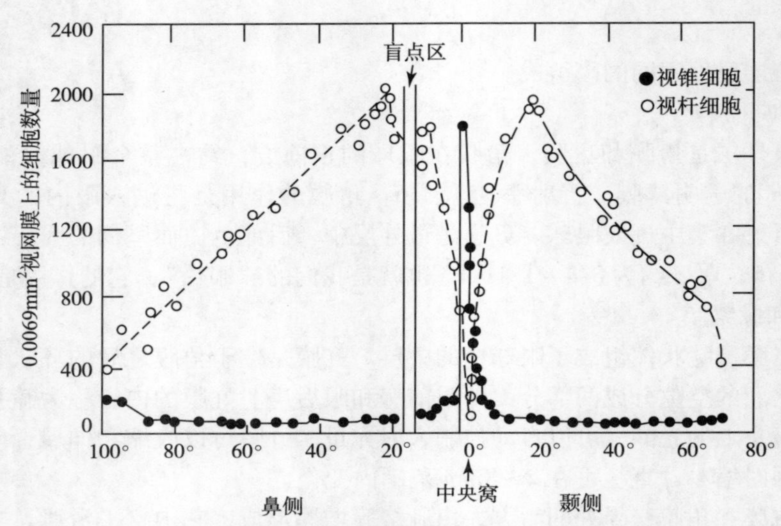

图3-4 视网膜上的杆体细胞和锥体细胞的分布

黄斑距鼻侧约4mm，有一圆盘状为视神经乳头，由于它没有感光细胞，也就没有感光能力，所以称为盲点。

锥体细胞分布在视网膜的中央窝，其密度由中间向四周逐渐减少，到达锯齿缘处完全消失。锥体细胞在解剖学中呈锥形，是人眼颜色视觉的神经末梢，与视神经是一对一的连接，便于在光亮的条件下精细地接受外界的刺激，所以锥体细胞能够分辨物体的颜色和细节。大约700万的锥体细胞密集在2°视场内，超出2°视场，则既有锥体细胞也有杆体细胞。所以在要求高清晰度、高分辨力的场合，应该采用2°视场，使物像直对视轴，而其影像恰好聚焦在中央窝内。

从光学观点出发，视网膜是眼光学系统的成像屏幕，它是一凹形的球面。视网膜的凹形弯曲有两个优点：①眼光学系统形成的像有凹形弯曲，所以弯曲的视网膜作为成像屏具有适应的效果；②弯曲的视网膜具有更宽广的视野。

2. 眼球内容物

眼球的感光系统除了角膜外还包括眼球内容物（晶体、房水和玻璃体），它们的一个共同特点是透明，可以使光线畅通无阻。

（1）晶体

又名水晶体或晶状体，是有弹性的透明体，位于视网膜和玻璃体之间，通过悬韧带和睫状体连接。性质如同双凸透镜，作用如同照相机的镜头。它能够由周围肌肉组织调节厚薄，根据观察景物的远近自动拉扁减薄或缩圆增厚，对角膜聚焦后的光线进行更精细的调节，保证外界景物的影像恰好聚焦在视网膜上。在未调节的状态下，它前面的曲率半径大于后面的曲率半径，折射率从外层到内层约为1.386～1.437。

（2）前房

角膜与晶体之间充满了透明的液体——房水，折射率为1.336。房水由睫状体产生，充满于眼球房（角膜和虹膜之间）和眼后房（虹膜和晶体之间），它的功能是营养角膜、晶体及玻璃体，维持眼睛的内压。

（3）玻璃体

晶体的后面则是透明的胶状液——玻璃体，内含星形细胞，外面包覆致密的纤维层。

它的折射率约为1.336。由角膜、虹膜、房水、晶体和玻璃体等共同组成了一个接收光线的精密的光学系统。

二、眼睛成像原理

人眼的作用类似于照相机，成像原理如图3－5所示。外界物体反射的光线，进入眼睛后经角膜、水晶体、玻璃体等屈光系统的屈折和会聚，在视网膜上成为一个清晰的图像。屈光系统类似于照相机的镜头。瞳孔随着入射光线的强弱可自动收缩与放大，以控制光线的入射量，它的作用相当于一个可变光圈。脉络膜吸收乱散的杂光，相似于暗箱的作用。视网膜则相当于感光片。人的眼睛对于不同距离的物体，在视网膜上都能形成一个清晰的图像，那是因为水晶体能自动调节的原因。正常人的眼睛，在适当的照度下，观看250mm距离的物体最清晰而且不费力，因此把这一个距离称为明视距。

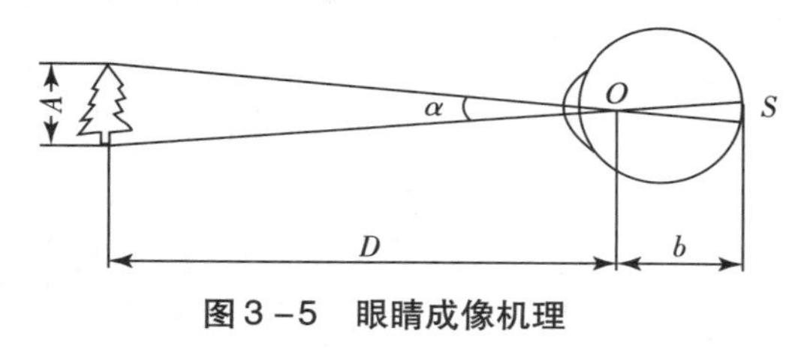

图3－5　眼睛成像机理

第二节　色彩的视觉生理现象

一、视觉的两重功能

人的视觉器官完成一定视觉任务的能力叫视觉功能。人眼视网膜上的锥体细胞和杆体细胞有着不同的视觉功能。

1912年，冯・凯斯（J・Von Kries）提出了视觉两重功能学说。他认为视觉有两种功能：一种是视网膜中央的“锥体细胞视觉”，又称“明视觉”；另一种是视网膜边缘的“杆体细胞视觉”，又称“暗视觉”。这一学说由生理研究得到证明：一些昼视动物，大多能分辨颜色。鸟类的视网膜中只有锥体细胞，而无杆体细胞；而夜视动物一般只能区分明暗，不能分辨颜色。爬虫类的视网膜中只有杆体细胞，而无锥体细胞。这种不同的视觉功能是在长期的昼夜交替的生物进化过程中形成的。

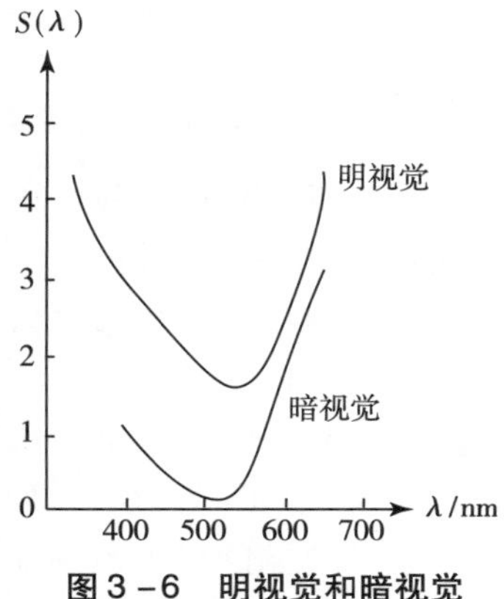

图3－6　明视觉和暗视觉的相对能量曲线

由于视觉的两重功能，人眼对不同的波长的感受性是不同的。同样功率的辐射在不同的光谱部位表现为不同的明亮程度。为了确定人眼对不同波长的感受性，人们通过实验测定人眼观察不同波长达到同样明度时需要的辐射能量，得到明视觉与暗视觉的相对能量曲线，如图3－6所示。

明视觉曲线表明：在400nm和700nm两个波段，人眼感受性很低，而在555nm处，人眼感受性最高。这一曲线代表着明视觉条件下，锥体细胞的颜色视觉功能。

暗视觉曲线表明：在400nm处感受性较抵，感受性最高处在510nm波段，最低处在700nm处。

从这两条曲线可以看出：明视觉与暗视觉的最大感受性

处在光谱的不同部位。在光亮条件下，锥体细胞对黄绿色（555nm）最敏感，在较暗条件下，杆体细胞对蓝绿色（510nm）最敏感。

二、光谱光视效率

人眼对不同光波的视觉感受性也可以从明视觉和暗视觉的光谱光视效率函数曲线看出，如图3－7所示。所谓光谱视觉效率函数或视见函数是指光谱不同波长的能量对人眼产生感觉的效率。在图3－7中，V(λ) 表示明视觉的光谱光视效率曲线，数据如表3－1所示，V′(λ) 表示暗视觉的光谱光视效率曲线。V(λ) 或V′(λ) 的相对值，代表等能光谱波长λ的单色光所引起的明亮感觉程度。在等能光谱照射下，能区分出人眼不同波段的视觉感受性的不同。

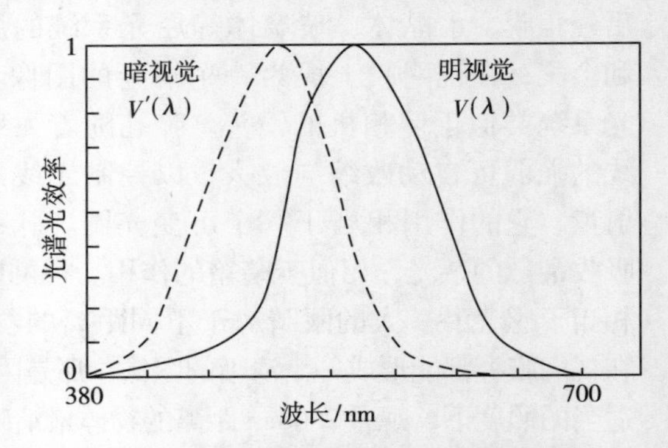

图3－7 明视觉与暗视觉的光谱光效率

表3－1 明视觉的光谱光视效率数据

波长/nm	明视觉函数v(λ)	波长/nm	明视觉函数v(λ)	波长/nm	明视觉函数v(λ)	波长/nm	明视觉函数v(λ)
380	0.00004	490	0.208	600	0.631	710	0.0021
390	0.00012	500	0.323	610	0.503	720	0.00105
400	0.0004	510	0.503	620	0.381	730	0.00052
410	0.0012	520	0.710	630	0.265	740	0.00025
420	0.004	530	0.862	640	0.175	750	0.00012
430	0.0116	540	0.954	650	0.107	760	0.00006
440	0.023	550	0.995	660	0.061	770	0.00003
450	0.038	560	0.995	670	0.032	780	0.000015
460	0.060	570	0.952	680	0.017		
470	0.091	580	0.870	690	0.0082		
480	0.139	590	0.757	700	0.0041		

图3－7中，V(λ) 代表等能光谱波长λ的单色辐射所引起的明亮感觉程度，故又可称为相对光谱感受性。这条曲线是在较高照度条件下，测得的中央凹的光谱感受性能。一切光的度量，也就是评价光或照度的单位都必须依靠这条曲线。光度计接受器的光谱灵敏度也要符合这条曲线，才能与人眼的视觉特性相一致。

明视觉曲线V(λ) 的最大值在555nm处，即可见光谱上波长为555nm的黄绿部位最明亮，趋向光谱两端则显得发暗。暗视觉曲线V′(λ) 的最大值在510nm，即在510nm处最明亮。整个V′(λ) 曲线相对于V(λ) 曲线向短波方面推移，而且长波端的可见范围缩小，短波的可见范围略有扩大。明视觉曲线V(λ) 适用于大约1尼特以上的亮度条件，暗视觉曲线V′(λ) 适用于0.001尼特以下的亮度。在它们两者中间的亮度，称中间视觉，既有锥体细胞又有杆体细胞在工作。

为了衡量各不同波长的光在视觉上所产生的明亮效果，还引入了一个与相对光谱能量分布函数 S(λ) 不同的物理量即光通量。用 $\Phi_v(\lambda)$ 表示。光通量与相对光谱能量分布函数 S(λ) 的关系可表示为

$$\Phi_v(\lambda) = K_1 \cdot V(\lambda) \cdot S(\lambda)$$

式中 K_1——常数。

在整个可见光谱区的光通量可由下式计算：

$$\Phi_v = K \cdot \int_{380}^{780} S(\lambda) \cdot V(\lambda) \cdot d\lambda$$

式中 K——调整因数。

因 380 ~ 400nm 和 700 ~ 780nm 区域波长对眼睛不敏感，可忽略不计，故常取 400 ~ 700nm 为可见光区间。

三、视觉生理现象

视觉在感受外部色彩信息的过程中，除接受信息外，还会给予一定的生理机能反应与调整，这对于人们正常地知觉、利用色彩，特别为今后有效地创作色彩都具有特殊的意义。

（一）视觉适应

1. 颜色适应

当我们从点有白炽灯的房间到有日光灯的房间时，起初觉得两房间的灯光色彩有差异，但时间长了就不知不觉习惯下来，感觉没有区别了，这种过程对视觉来说，就叫做颜色适应。

2. 距离适应

人眼能够识别一定区域内的形体与色彩，这主要是基于视觉生理机制具有调整远近距离的适应功能。眼睛构造中的水晶体相当于照相机中的透镜，由于水晶体能够自动改变厚度，所以能使影像准确地投射到视网膜上。例如，在远观某处物体的形与色时，水晶体形状因拉平而变薄，导致曲度改变，焦距拉长；在近看某处物体的形与色时，水晶体形状则会自动加厚，促使曲度扩大，焦距缩短。因此，在水晶体的自动调节作用下，人眼能够在一定的视域内轻易地辨别形体与色彩。可是如果超过这一生理视域限度，视觉识形辨色的灵敏度就会减弱，甚至发生视错现象。

3. 明暗适应

在黑暗的房间里，电灯骤开的瞬间，人眼会什么也看不清，稍过片刻（大约 0.2s 以后）便形色皆明了。从暗到明的这个视觉适应过程叫明适应；夜晚，从灯光明亮的大厅走到较暗的室外，刹那间眼前会一片漆黑，过一会儿才慢慢辨认出道路、树木……这种从明到暗的适应过程叫暗适应。暗适应过程大约需 5 ~ 10min 的时间。人眼这种独特的视觉现象，主要是通过类似于照相机光圈的器官——虹膜对瞳孔大小的控制来调节进入眼球的光量，以适应外部明暗的变化。光线弱时，瞳孔扩大；光线强时，瞳孔缩小。

（二）视觉阈值

两种刺激必须有一定量的差别，差别未达到定量以上，则无法区别异同，此定量就叫阈值。未到达阈值为相同，超过阈值为不同。

眼睛无法分辨速度过快、面积过小、距离过远的物体。如飞逝的炮弹，水滴中的微生物，在万米高空看地面的人等，其形色是难以分辨的。

任何现象在未达到阈值以前都被认为相同、消失、无法分辨。视觉的这种现象，为色彩的空间混合、网点印刷、电影、电视、录像、杂技等提供了生理上的理论根据。为我们对色彩的夸张与省略、统一与抽象提供了依据。

第三节　色彩视错及应用

色彩视错（又叫色彩视觉错误），指人眼在感应外部色彩世界时经常体验到的一种“无中生有”的知觉状态，也称之为“视觉谎言”。具体表现在眼睛感受的色彩效果（心理上的真实）与客观存在的色彩实体（物理上的真实）之间存在着一定的差距。究其生理根源，是人的眼睛和大脑皮层对外界刺激物的判断遭到阻碍而导致的一种特殊视觉现象。所以说，视错现象的发生，并非是客观色彩本身的“谬误”，而是由人的视知觉“先天不足”所致。由于色彩具有这种不一致性，故色彩应用者有机会去创造某些别具情趣的色彩意象。人类长期形成的视觉经验启示我们，只要客观世界存在着因色彩对比因素而引发的色彩相互作用现象，色彩视错状态就无法被杜绝。由于有些视错的知觉方式早已在人们的头脑中“顺理成章”，假使将它们“拨乱反正”，或许还会适得其反，并不被人们所认同。视知觉的这一欺骗性作用也恰是其一大特色。因此，在色彩构成中，学会怎样巧妙地驾驭视错，“将错就错”地创作出既可以预见又能诱导出符合视觉美感规律的作品，就成为研讨这种视觉现象的中心课题。

色彩视错的产生除以生理特征为前提条件外，还与物理因素、心理反应等密切相关，并且各具特点。大体上分为残像性视错、膨缩性视错及同时对比视错三大类别。

一、残像性视错

残像性视错。指人眼于不同时间段内所观察与感受到的色彩对比视错现象。从生理学角度讲，物体对视觉的刺激作用停止后，人的色觉感应并非立刻全部消失，其映像仍然暂时存留，这种现象称为“视觉残像”或“视觉后像”。视觉残像形成的原理是因为神经兴奋所留下的痕迹而引发的，是眼睛连续注视所致，所以又被称之为“连续对比”视错。残像性视错分为正残像和负残像两类。

（一）正残像

正残像，亦称“正后像”，是连续对比中的一种色觉视错现象。它是指在停止视觉刺激后，视觉依旧暂时保留原有物色映像的状态，也是神经亢进有余的产物。如凝视红色，移开红色后，眼前还会感到有红色浮现。通常，残像暂留时间在 0.1s 左右。大家喜爱的影视艺术就是依据这一视觉生理特性创作完成的。如把每秒 24 个静止画面连续放映时，眼睛就可体验到与生活中的运动节奏相对应的动感情境，产生栩栩如生的感受。

（二）负残像

负残像，又称“负后像”，是连续对比中的又一种色觉视错现象。它是指在停止物体色的视觉刺激后，视觉依然暂时残留与原有物色成补色映像的视觉情形。通常，负残像的反应强度同凝视物色的时间长短有关，即持续观看时间越长，负残像的转换效果越突出。例如，当久视红色后，将视觉迅速移向白色时，看到的并非白色而是红色的心理补色——绿色；如久视红色后，再转向绿色时，则会觉得绿色更绿等。据国外科学研究成果证实，这些视错现象都是因为视网膜上锥体细胞的变化造成的。例如，赫林认为视网膜上存在着三对互为补充的感光蛋白元，即红与绿、黄与蓝、黑与白。当其中一种感光蛋白元由于受外界刺激而进入到兴奋状态时，与之相对应的蛋白元就会被抑制，随后便会引发两者间的兴抑转换。如此运动，即导致了负残像视错状态的不期而至：当人们持续凝视红色后，把眼睛移向白纸，这时红色感光蛋白元因长久兴奋后引起疲劳而转入抑制状态，故此时处于亢进状态的绿色感光蛋白元就会“以逸待劳，趁虚而入”，于是通过生理的自动调节作用，白色就会隐约地呈现绿色的映像，否则反之。另外，黄与蓝以及黑与白的残像产生的机理同出一辙。总之，心理补色现象是视觉器官对色彩有协调与适用的要求，所以凡能满足这种条件的色彩或色彩关系，多能使人取得生理与心理上的平衡体验。

二、膨缩性视错

膨缩性视错，指人眼在关注两块面积相等的色彩对象时，对其大小感觉截然不同而形成的色彩视觉错误现象。

就色彩的膨胀与收缩感觉而言，它的成因包含了物理上的色光现象和生理上的成像位置两个方面。通过研究光的性质得知，各种色彩的波长有长短之别，红色波长最长，紫色波长最短，而眼睛的水晶体类似一个不完善的透镜，当不同色光通过水晶体时有不同的折射率，它们通过水晶体而聚焦在不完全相同的平面上，短波的紫光焦点最近，长波的红光焦点最远，如图 3－8 所示。由于人眼水晶体自动调节的灵敏度有限，所以不同波长的光波在视网膜上的映像就有了前后位置上的差异。如光波长的红、橙、黄等色，在视网膜的内侧成像，而光波短的绿、蓝、紫等色，则在视网膜的外侧成像，以致造成了前者各色显得比实际位置离眼睛近一些，后者各色给人远一些的视错印象。一般情形下，暖色具有膨胀、扩展、前进、轻盈的感觉，而冷色则富于收缩、内敛、后退、沉重的意味。从广义上讲，探讨色彩的膨缩感，其实也就揭示了冷暖感、进退感和轻重感等的视错现象，因为上述内容在视错生发原理上是大同小异的。在协调与运用色彩的膨缩感等规律进行色彩设计中，法国红白蓝三色国旗的色彩表达最具经典性。该旗帜的最初色彩匹配方案为完全符合物理真实的三条等距色带，可是这种色彩构成的效果，远看时总使人感到三色间的比例不够统一，即白色显宽，红色适中，蓝色显窄。后在有关色彩专家的建议下，把三者面积比例调整为 33∶30∶37 的搭配关系。至此，国旗不但体现出符合视觉生理等距离感的特殊色

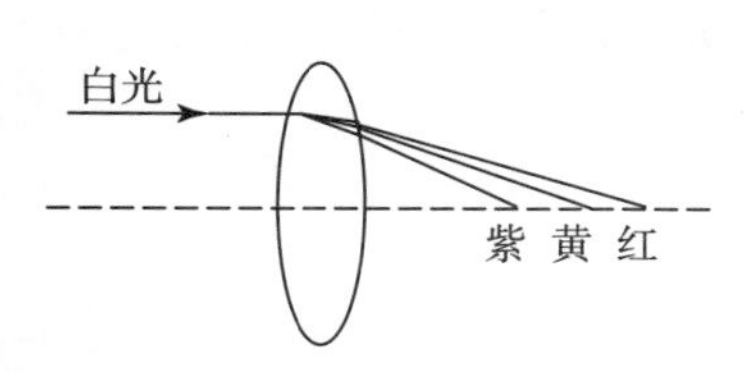

图 3－8 白光的色散现象

彩效果，并给人以庄重神圣的精神感受。

除色相具有鲜明的膨胀与收缩性视错的效果外，色彩的深浅、鲜浊也同样富于上述特质。如将等量面积的白形与黑形放置于相互衬托的背景中去时，则黑底上的白色明显使人感觉大于白底上的黑色。据说，中国人喜爱的围棋在日本，其黑子要比白子面积略大一些，这便是生产者考虑到了黑色的收缩性问题，从而通过明度视错作用致使二者产生了大小相同的视觉观感。将这一特点沿用到纯度色彩对照中也同样适用。如同为面积相等的红色相，饱和度高的红色绝对给人大于饱和度低的红色的感受。

由此可见，色彩的膨缩性视错现象的形成是多元的，渗透到了构成色彩诸要素的各个领域。因此，设计者在应用色彩时，就应结合色彩对象的不同性质而对其予以有针对性的艺术创意方见成效。

利用色彩视错现象，可以解释“两小儿辩日”中的“太阳”在不同时间给人以大小远近不同感觉的现象。

两小儿辩日。一儿曰：“我以日始出时去人近，而日中时去人远。”一儿以日初出远，而日中时近也。一儿曰：“日初出大如车盖，及日中，则如盘盂，此不为远者小而近者大乎?”一儿曰：“日初出沧沧凉凉，及日中如探汤，此不为近者热而远者凉乎?”（摘自《列子·汤问》）

上述自然现象主要是由色彩错觉造成的。早晨，日光斜射，通过大气层时折射角度大，色散现象明显，如图3－9所示，蓝紫光波长短，经折射后损失较多；红光折射角度小，通过大气层后达到A点（早晨的位置），因此早晨的日光呈现红色。而中午人们在B点处接受日光的直射，日光折射损失较小，呈现出白色。

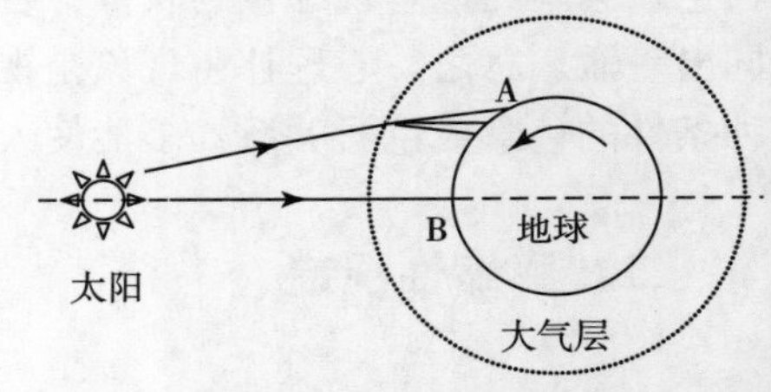

图3－9 早晨和中午日光照射示意图

由于色彩错觉，红色对视觉有迫近和扩张的感觉，所以早晨的太阳显大；又因为早晨日光中的蓝紫光经折射后，能量损失较多，使得达到A点时日光的能量减小较多，因此中午的日光就比早晨的日光温暖。

三、同时对比视错

同时对比视错，指人眼在同一空间和时间内所观察感受到的色彩对比的视错现象。即眼睛同时接受到迥然有别的色彩刺激后。使色觉遭遇到无法正确辨色的干扰而形成的特殊视觉状态。正如伊顿指出的：“这种同时出现的色彩，绝非客观存在，而只是发生于眼睛之中，它会引起一种兴奋的感情和强度不断变化的充满活力的颤动。”

基本规律：在同时对比时，毗邻色彩会改变或失掉原来的某些物质属性，并戏剧性地向对应的方面做同化或异化的转换，特别在色彩交接处表现尤为突出，从而使彼此连接的色彩由于相互的影响与作用而展示出富于跳跃之感的新的视觉效果。一般地说，色彩对比关系愈强烈，其异化性的视错效果愈显著。例如：

① 当明度各异的色彩同时对比时，明亮的颜色显得更加明亮，黯淡的颜色更加黯淡。

② 当色相各异的色彩同时对比时，邻接的各色会偏向于将自己的补色残像推向对方，如红色与黄色搭配，眼睛时而把红色感觉为带紫色素的颜色，时而又把黄色视为带绿色素

的颜色。

③ 当互补色同时对比时，由于受对比作用的影响，双方均展示出鲜艳饱满的色彩魅力，如红色与绿色组合，红色更红，绿色更绿，在对比过程中，红与绿都得到了充分的肯定及强调。

④ 当饱和度各异的色彩同时对比时，饱和度高的颜色将会显得更加艳丽夺目，饱和度低的颜色则显得相对黯然失色。

⑤ 当冷暖各异的色彩同时对比时，冷色让人感到非常冷峻消极，暖色则令人感觉极为热烈生动。

⑥ 当有彩色系与无彩色系的颜色同时对比时，有彩色系颜色的色觉稳定，无彩色系的颜色则明显倾向有彩色系的补色残像，如红色与灰色并列，灰色会自动呈现灰绿色的效果。

另外，当色彩的对比关系不够鲜明时，其同化性视错特质就会应运而生。例如，在对两块含有蓝色素的蓝色与绿色做构成时，绿色中的黄色素被明显加强，而它的蓝色素被明显同化。所以这样的色彩匹配，最容易生发和谐静谧的调和效果。同化性视错的另一种表现形式是由小于人眼正常感知视觉物象的锥体细胞（直径4.9nm）所规范的。例如，当短而小的色点或细而长的色线被叠置于不同色相面上时，便会发生显著的色彩同化现象。如当在红底上布满黄色圆点或线条时，通过视觉生理机制的中和作用，就会使人产生明度和色相介乎于二者之间的橙色错觉等。

在同时对比视错方面的研究上，法国著名色彩学家谢弗勒尔功不可没。他于1839年付梓的《论色彩的同时对比法则》一书，曾对此予以深入而细致的科学与艺术的探讨。该书对19世纪新印象派（点彩派）画家乔治·修拉的艺术理念的形成曾产生过深刻影响。同时《论色彩的同时对比法则》也成为了现代色彩调和学说发展的理论基础。

总之，色彩对比在艺术创作中最突出的造型魅力，就是它能够利用人眼的生理缺陷使彼此孤立的颜色不仅相互联系，而且还能够相互丰富，从而使整个色彩组合仿佛在“歌唱”。

第四节　色彩的视觉理论

对于颜色视觉理论的探讨，最早可追溯到1756年由罗蒙诺索夫在《关于光的起源和色彩新理论》一文中首先提出人眼有接受不同颜色的三种器官，为色觉三原论奠定了基础。

典型的颜色理论是结合客观现象发展起来的。主要有两大学派；一个是杨—赫姆霍尔兹的三色学说，另一个是格林的对立学说。前者是以颜色混合的物理学规律为依据，后者则从视觉现象出发。两个学说都能说明大量事实，但都存在着不能自圆其说的地方。近代的颜色理论就是在这两个学说的基础上统一和发展起来的。

一、三色学说

1807年，达姆斯·杨和赫姆霍尔兹根据红、绿、蓝三原色光混合可以产生各种色调及灰色的色彩混合规律，假设在视网膜上存在三种神经纤维，每种神经纤维的兴奋都能引起一种原色的感觉。当光线作用在视网膜上，虽然同时引起三种纤维的兴奋，但由于光的波长不同，其中一种纤维的兴奋特别激烈。例如，光谱中长波段的光同时刺激红、绿、蓝三种纤维，但红纤维的兴奋最强烈，就有红色感觉。中间波段引起绿纤维最强烈的兴奋，就有了绿色的感觉，短波段能引起蓝色的感觉。当光线刺激同时引起了三种纤维强烈兴奋的时候，就产生白色感觉。

当发生某一颜色感觉时，虽然一种纤维兴奋最强烈，但另外两种纤维也同时兴奋，也就有三种纤维同时在活动，所以每种颜色都有白光成份，即有明度感觉。

1860 年该学说又被补充认为：光谱色混合中，混合色是三种纤维按特定比例同时兴奋的结果。

对光谱的每一波长，三种纤维都有其特有的兴奋水平，并产生相应的色觉，如图 3－10 所示。

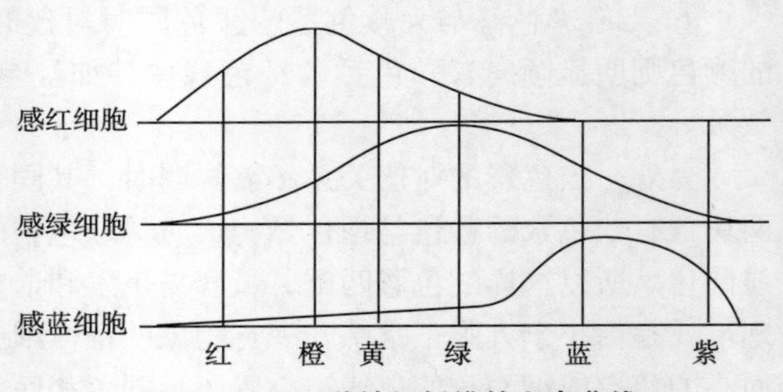

图 3－10　三种神经纤维的兴奋曲线

红、绿两种纤维同时兴奋，引起黄色感觉；红、蓝两种纤维同时兴奋，引起品红色感觉；绿、蓝两种纤维同时兴奋，引起青色感觉。这一学说现被称为杨—赫姆霍尔兹学说，或被称为三色学说。

根据该学说，负后像是神经纤维疲劳的结果，眼睛注视绿色一定时间，绿色纤维被刺激活动，而当眼睛转到另一个中性灰色或白色的背景时，绿色纤维因过度疲劳，在短暂的时间内不发生反应，这时只有红和蓝两种纤维对白光中的红色和蓝色起反应，所以得到了绿色的补色，即品红色的负后像。

三色学说的主要缺点是不能圆满地解释色盲现象。他们认为色盲者是缺少一种纤维，或甚至缺少所有三种纤维造成的。因此，按照这个学说，至少应该有三种色盲即红色色盲、绿色色盲和蓝色色盲，它们可以单独存在。但是根据色盲的事实，几乎所有红色色盲的人同时也是绿色色盲者。同时，因为缺少一种纤维是不可能有白色感觉的，但是事实并非如此，色盲者同样也有明度或白色感觉，而且还有黄色感觉，这显然是矛盾的，它们无法解释。

二、四色学说

1878 年，赫林观察到颜色现象总是以红—绿、黄—蓝、黑—白成对发生的，于是他假设了颜色的对立学说，又称四色学说。

赫林假定视网膜中存在三对视素：白—黑视素、红—绿视素、黄—蓝视素。这三对视素的代谢作用包括建设（同化）和破坏（异化）两种对立的过程。

光刺激破坏白—黑视素，引起神经活动，产生白色感觉；无光刺激时，白—黑视素便重新建设起来，所引起的活动产生黑色的感觉。同理，对于红—绿视素：红光起破坏作用，绿光起建设作用；对于黄—蓝视素：黄光起破坏作用，蓝光起建设作用，如表 3－2 所示。

因为各种颜色都有一定的明度，即含有白光的成分，所以每一颜色不仅影响其本身视素的活动，而且也影响了白—黑视素的活动。

表 3-2　赫林学说中的视网膜视素

感光化学视素	视网膜过程	产生色彩的感觉
白—黑	破坏 建设	白 黑
红—绿	破坏 建设	红 绿
黄—蓝	破坏 建设	黄 蓝

三对视素的代谢作用如图 3-11 所示。图 3-11 中，x—x′轴线以上是破坏作用，以下是建设作用。曲线 a 是白—黑视素的代谢作用，曲线 b 是黄—蓝视素的代谢作用，曲线 c 是红—绿视素的代谢作用。曲线 a 的形状表明了光谱饱和色的亮度成分，它在黄绿处最高，说明了黄绿色是光谱上最明亮的颜色。

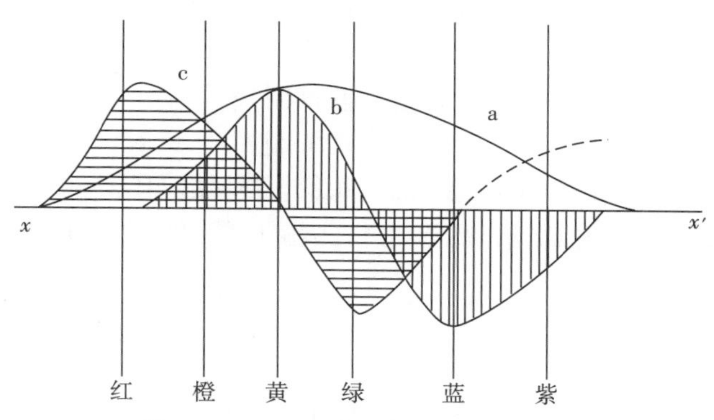

图 3-11　对立学说的视素代谢作用

当补色混合时，某一对视素的两种对立过程（破坏和建设）形成平衡，因此不产生与该视素有关的颜色感觉。但是各种颜色都有白色的成分，所以能引起白—黑视素的破坏作用，而产生白色或灰色感觉。同样道理，当所有颜色都同时作用到各种视素时，红—绿、黄—蓝视素的对立过程都达到平衡，而只有白—黑视素的活动，所以就引起白色或灰色的感觉。

对负后像的解释是：在外来颜色停止刺激时，与此颜色有关的视素的对立过程开始活动，因而产生原来颜色的补色。

当视网膜一部分区域正在发生某一对视素的破坏作用，其相邻部分的区域便发生建设作用，从而引起同时对比。

色盲是由于缺乏某一对视素或两对视素的结果。这一解释与色盲常是成对出现（即红—绿色盲或黄—蓝色盲）的事实是一致的。当缺乏两对视素时，便产生全色盲。

赫林学说最大的缺点是对三原色光以不同比例混合能产生光谱各种颜色这一现象没有提供有力说明，而这一物理现象恰恰是现代色度学的基础。

三、色彩视觉理论的现代发展——阶段学说

三色学说和四色学说，曾对立了一个多世纪，一度三色学说占优势，因为它的实用意义比较大。

然而近一二十年来，由于新的实验材料的出现，人们对于这两种学说有了新的认识，虽然每个学说只是对问题的一个方面获得了正确的认识，但是两者不是不可调和的，通过两者的相互补充才能对颜色的视觉获得较全面的认识。

现代视觉生理学发现，在视网膜中确实存在三种不同颜色的“感受器”，即感受蓝光

的锥体细胞、感受绿光的锥体细胞和感受红光的锥体细胞。每种锥体细胞具有不同的光谱敏感特性。如图 3－12 所示。上述的发现有力地支持了三色学说。

还有一些研究发现，有一类细胞对可见光谱的全部色光都发生反应。而在视网膜深处的另外一些细胞对红光发生正电位反应，对绿光发生负电位反应，还有的细胞对黄光发生正电位反应，对蓝光发生负电位反应。因而在视觉神经系统中可以分出三种反应：光反应（L）、红—绿反应（R—G）、黄—蓝反应（Y—B）。

红—绿反应分为：

+R、－G（红兴奋、绿抑制）；

+G、－R（绿兴奋、红抑制）。

黄—蓝反应分为：

+Y、－B（黄兴奋、蓝抑制）；

+B、－Y（蓝兴奋、黄抑制）。

这四种对立的感光细胞很符合赫林的四色学说。因此可以认为：在视网膜上的锥形细胞体是一个三色机制，视觉信息在大脑皮层视区的传导通路中变化成四色机制，如图 3－13 所示：

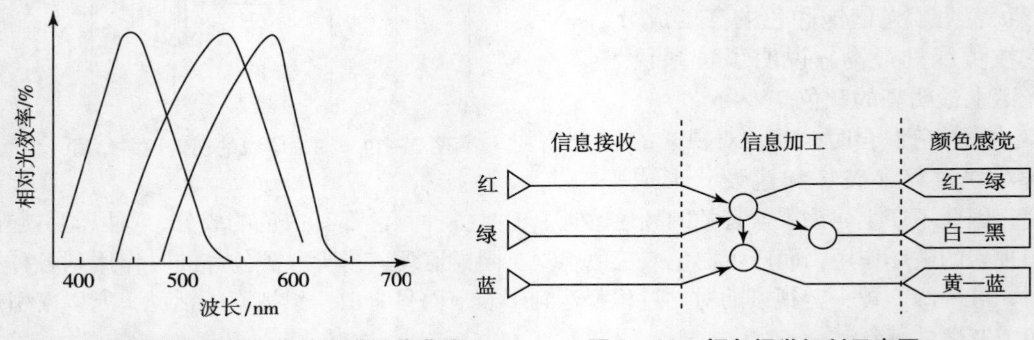

图 3－12　视网膜不同锥体细胞的光谱吸收曲线　　图 3－13　颜色视觉机制示意图

颜色视觉过程可分为几个阶段。第一阶段，视网膜上有三种独立的锥形感色物质（锥体细胞），它们有选择地吸收光谱不同波长的辐射，同时又能单独产生黑色和白色的反应。在强光作用下产生白色的反应，外界无光刺激时是黑色的反应。第二阶段，神经兴奋由锥形感受器向视觉中枢的传递过程中，这三种反应又重新组合，最后形成三对“对立”性的神经反应，即红或绿、黄或蓝、黑或白的反应。色彩视觉过程的这种设想，被称为阶段学说。

思考题

1. 简述人眼的的生理构造及功能。
2. 人眼视网膜上的杆体细胞和锥体细胞各起什么作用？
3. 光谱光视效率函数的含义是什么？
4. 光的亮度和光的能量有什么关系？
5. 什么是明适应？什么是暗适应？
6. 什么是色彩视错？色彩视错大体包括哪几类？
7. 三色学说与对立学说的差异有哪些？简述阶段学说。

包装

第二部分

色彩的描述

第四章 色彩的显色系统表示法

第一节 颜色立体

一、色彩的心理属性

（一）心理颜色

日常生活中观察的颜色在很大程度上受心理因素的影响，即形成心理颜色视觉。在色度学中，颜色的命名是三刺激值（X，Y，Z）；（R，G，B）；色相，明度，纯度，主波长等。然而在生产中则习惯用桃红、金黄、翠绿、天蓝、亮不亮、浓淡、鲜不鲜等来表示颜色，这些通俗的表达方法，不如色度学的命名准确，名称也不统一。根据这些名称的共同特征，大致可分为三组。将色相、色光、色彩表示的归纳为一组；明度、亮度、深浅度、明暗度、层次表示的归纳为一组；饱和度、鲜度、纯度、彩度、色正不正等表示的归纳为一组。这样的分组只是一种感觉，没有严格的定义，彼此的含义也不完全相同。例如，色相不等于色光，明度也不等于亮度，饱和度也不等于纯度、鲜度、深浅度。但是在判断颜色时，它们也是三个变数，大致能与色度学中三个变数相对应。例如，主波长对应于色相。人们常说的红色就有一定的波长范围，红色在色度图上也只是一个区域，人们绝不会把500nm的单色光称为红色。色度学中的亮度对应于明度、亮度、主观亮度、明亮度、明暗度和层次等，在相同的背景上，亮度小的颜色一般总是比亮度大的颜色显得暗些。色度学中的纯度对应于饱和度、鲜度、彩度、纯度等。

心理颜色视觉的名称，虽然和色度学中的几个物理量相对应，但这种对应关系，不是简单的正比关系，也不是一对一的关系，它们之间有许多不同的特征。例如，色度学中的纯度分为刺激纯和色度纯两种。色度学认为白光的纯度为零，一切单色光的纯度（不分刺激纯或色度纯）均为1。而色度纯的定义为：色光中所含单色光的比例，表示某颜色光与某中性色光或白光的接近程度。但是，心理颜色视觉在分辨色光与中性色的区别时，却认为各个单色光的纯度并不是一样的。同样的单色光，黄色光、绿色光和白光的差别不大，红色光、蓝色光和白光的差别显著。所以在心理上认为，黄色光尽管也是单色光，但纯度却比蓝色光低些。这些心理上的颜色与白光的差别，通常称为饱和度，以此区别于色度学上的纯度。心理上的亮度又可分为两种：一种是联系物体的亮度，另一种是不联系物体的亮度。例如，通过一个小孔观察物体的表面，这时观察者看不见物体，无法联系物体来判断亮度。可见心理上的亮度与色度学中的亮度也有差别，为了把物体表面的光亮和色度学中的亮度分开，称它为明度。

在混合色方面，心理颜色和色度学的颜色也不相同，当看到橙色时，会感觉到它是由红色与黄色混成而呈现的颜色，看到紫红色时，会感觉它是由蓝色与红色混合而呈现的颜色等。但看到黄光时，却不会感觉黄光是由红光和绿光混合而成。在心理颜色视觉上一切色彩“好像”不能由其他颜色混合出来。一般觉得，颜色有红中带黄的橙色，绿中带蓝的青绿色，绿中带黄的草绿色，但是，却没有黄中带蓝或红中带绿的颜色。

因此在心理上把色彩分为红、黄、绿、蓝四种，并称为四原色。通常红—绿、黄—蓝称为心理补色。但是白色和黑色均不能由这四个原色或其他颜色混合出来。所以，红、黄、绿、蓝加上白和黑，成为心理颜色视觉上的六种基本感觉。尽管在物理上黑是指人眼不受光的情形，虽然在心理上许多人认为不受光只是没有感觉，但黑确实是一种感觉。例如，看黑色的物体和闭着眼睛的感觉是不同的。奥斯特瓦尔德（德国）等在制作色标时，把黑和白放在重要的地位，以及赫林的红、绿、黄、蓝、黑、白对立学说等，表明这六种颜色是有生理和心理基础的。

心理颜色和色度学颜色的另一区别是，色度学所研究的是色光本身，而不牵涉到研究的环境和观察者在空间的位置以及观察角度的变化等因素。例如，色光的背景，在CIE系统中是暗黑无色，并且用实验证明了不同的背景并不改变匹配数值。但是，在心理颜色视觉上则不然，当背景改变时，许多心理作用如颜色分辨力、色相、饱和度、明度等都会改变。

色度学中视野的大小对匹配有影响，黄斑在小视野中所起的作用（如降低对蓝光的灵敏度）直接影响到匹配。而在大视野时，由于一部分视野超过黄斑范围，此时杆体细胞将起一定的作用。在日常生活中看到的不只是色，而是色和物体；不只是色光，而是与其他许多光夹在一起的混合色光，这样就使问题变得进一步复杂了。

（二）色彩的基本属性

自然界的色彩是千差万别的，人们之所以能对如此繁多的色彩加以区分，是因为每一种颜色都有自己的鲜明特征。

日常生活中，人们观察颜色，常常与具体事物联系在一起。人们看到的不仅仅是色光本身，而是光和物体的统一体。当颜色与具体事物联系在一起被人们感知时，在很大程度上受心理因素（如记忆，对比等）的影响，形成心理颜色。为了定性、定量地描述颜色，国际上统一规定了鉴别心理颜色的三个特征量即色相、明度和饱和度。心理颜色的三个基本特征，又称为心理三属性，大致能与色度学的颜色三变数——主波长、亮度和纯度相对应。色相对应于主波长，明度对应于亮度，饱和度对应于纯度。这是颜色的心理感觉与色光的物理刺激之间存在的对应关系。每一特定的颜色，都同时具备这三个特征。

1. 色相

色相（Hue，简写为H）是指颜色的基本相貌，它是颜色彼此区别的最主要最基本的特征，它表示颜色质的区别。从光的物理刺激角度认识色相：是指某些不同波长的光混合后，所呈现的不同色彩表象。从人的颜色视觉生理角度认识色相：是指人眼的三种感色锥体细胞受不同刺激后引起的不同颜色感觉。因此，色相是表明不同波长的光刺激所引起的不同颜色心理反应。例如红、绿、黄、蓝都是不同的色相。但是，由于观察者的经验不同，就会产生不同的色觉。然而每个观察者几乎总是按波长的次序，将光谱按顺序分为红、橙、黄、绿、青、蓝、紫以及许多中间的过渡色。红色一般指610nm以上，黄色为570～600nm，绿色为500～570nm，500nm以下是青以及蓝，紫色在420nm附近，其余是介于他们之间的颜色。因此，色相决定于刺激人眼的光谱成分。对单色光来说，色相决定于该色光的波长；对复色光来说，色相决定于复色光中各波长色光的比例。如图4－1所示，不同波长的光，给人以不同的色觉。因此，可以用不同颜色光的波长来表示颜色的相貌，称为主波长。如红（700nm），黄（580nm）。

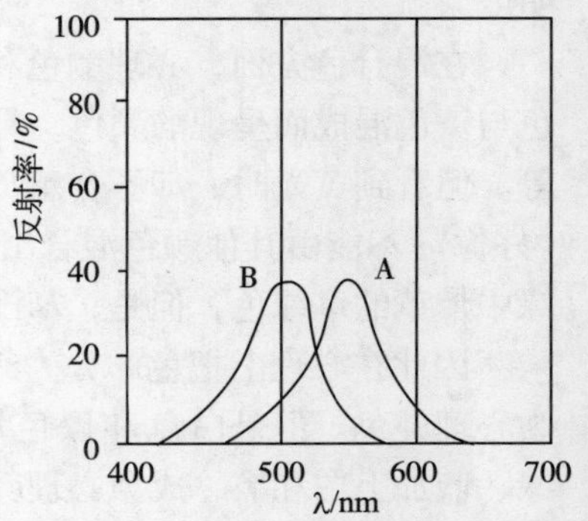

图4－1　色相的差异

色相和主波长之间的对应关系，会随着光照强度的改变而发生改变，图4－2所示的是颜色主波长随光照强度的改变而发生偏移的情况。只有黄（572nm）、绿（503nm）、蓝（478nm）三个主波长恒定不变，称之为恒定不变颜色点。通常所谈的色相是指在正常的照度下的颜色。

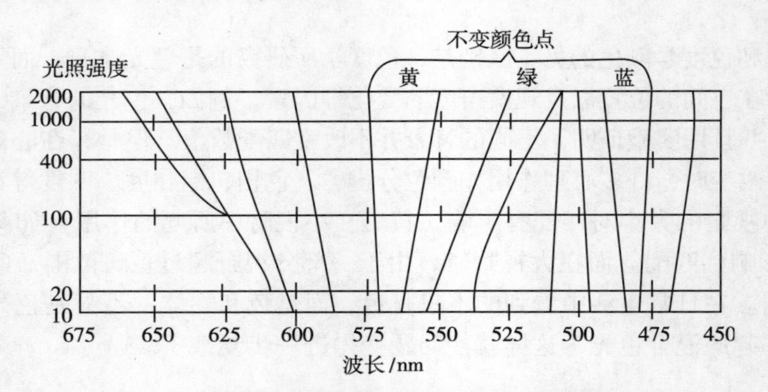

图4－2　颜色主波长随光照强度的改变而偏移

在正常条件下，人眼能分辨光谱中的色相150多种，再加上谱外品红色30余种，约180种。为应用方便，就以光谱色序为色相的基本排序即红、橙、黄、绿、青、蓝、紫。包装印刷行业是以三原色油墨黄、品红、青为主色，加上其间色红、绿、蓝共六种基本色彩组成印刷色相环，如图4－3所示。在色环中，相距90度以内的两个颜色有共同的成分，称之为类似色；位于90～180度之间的两个颜色由于它们的共同成分减少或消失，称之为对比色；位于180度上的两个颜色是互补色，在0度线上的所有颜色由于组成它们的是共同的色相和不同亮度，因此称它们为同种色。

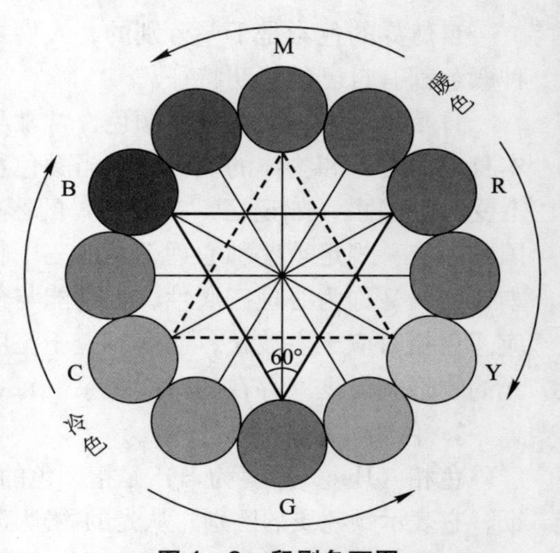

图4－3　印刷色环图

在包装设计中，常将颜色分为三部分，一部分是长波长光包括红、橙、黄等色相，叫暖色；一部分是短波长光包括青、蓝、紫等色相，叫冷色；一部分是中波长光即绿色光，叫中性色。

2. 明度

明度不等于亮度。根据光度学的概念，亮度是可以用光度计测量的、与人视觉无关的客观数值，而明度则是颜色的亮度在人们视觉上的反映，明度是从感觉上来说明颜色性质的。

明度（Value，简写为 V）是表示物体颜色深浅明暗的特征量，是颜色的第二种属性。对于发光体（光源）发出的光的刺激所产生的主观感觉量，则常用“明亮度”一词。

通常情况下是用物体的反射率或透射率来表示物体表面的明暗感知属性的。图 4 – 4 所示的是不同色彩由于反射率的不同引起的明度差异，图 4 – 5 所示的是相同色相反射率不同引起的明度不同的情况。

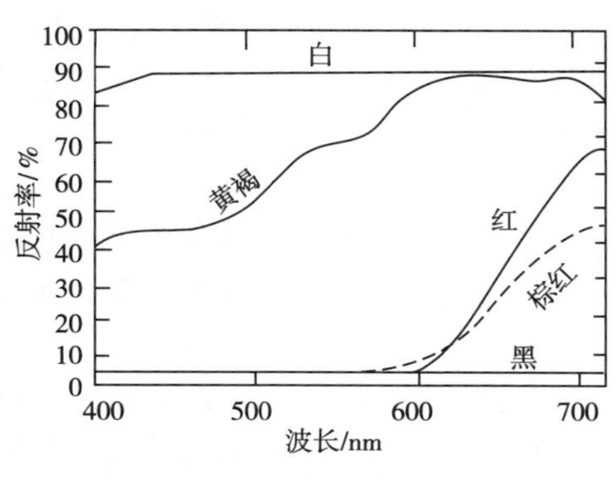

图 4 – 4　不同色彩的分光曲线

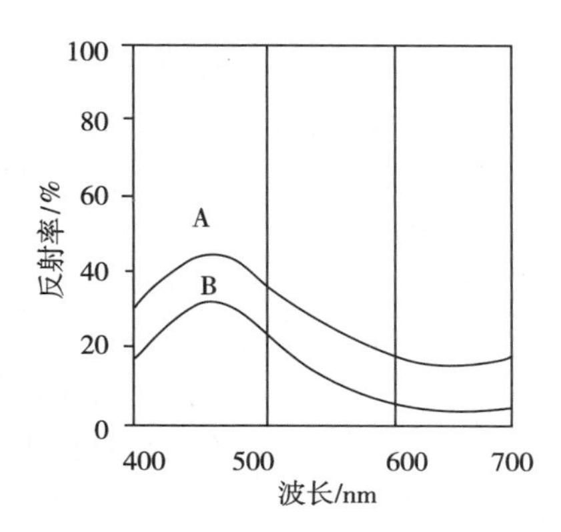

图 4 – 5　明度的差异

反射或透射光的能量取决于两个量：物体的表面照度和物体本身的表面状况。物体的表面照度与入射光的强度有关；物体的表面是否光洁，将直接影响光的反射率或透射率大小。

对消色物体来说，由于对入射光线进行等比例地非选择吸收和反（透）射，因此，消色物体无色相之分，只有反（透）射率大小的区别，即明度的区别。如图 4 – 6 所示，白色 A 最亮，黑色 E 最暗，黑与白之间有一系列的灰色，深灰 D、中灰 C 与浅灰 B 等，就是由于对入射光线反（透）射率的不同所致。

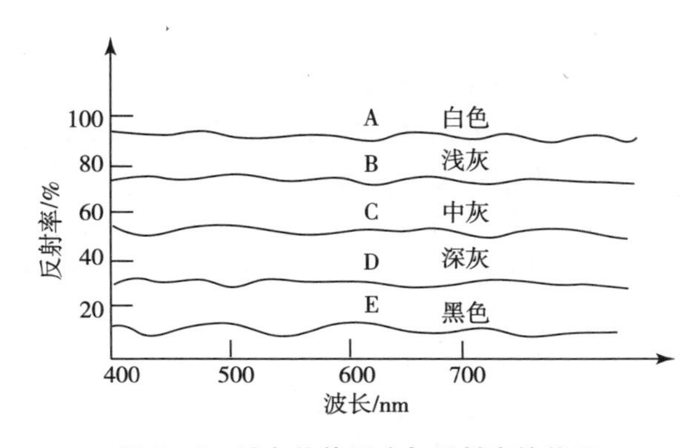

图 4 – 6　消色物体明度与反射率的关系

在观察物体颜色的明暗程度时，还会受到该物体所处环境色的影响，如图4－7所示，中间为均匀灰度的物体，由于物体与背景的不同亮度对比作用，增强或减弱了物体的固有亮度，因此，在包装色彩设计和印刷辨色时，一定要特别注意这种情况。

图4－7　物体的明度受环境变化的影响

在彩色摄影、彩色印刷、彩色包装等色彩的应用中，色彩的明暗变化是十分重要的。一个画面只有颜色而没有深浅的变化，就显得呆板，缺乏立体感，不生动，从而失去真实性。因此，明度是表达彩色画面立体空间关系和细微层次变化的重要特征。

3. 饱和度

饱和度（Saturation，简写为S）是指颜色的纯洁性。可见光谱的各种单色光是最饱和的彩色。当光谱色加入白光成分时，就变得不饱和。因此光谱色色彩的饱和度，通常以色彩白度的倒数表示。在孟塞尔系统中饱和度用彩度来表示。

物体色的饱和度取决于该物体表面选择性反射光谱辐射能力。物体对光谱某一较窄波段的反射率高，而对其他波长的反射率很低或没有反射，则表明它有很高的选择性反射的能力，这一颜色的饱和度就高。如图4－8所示，分光反射率曲线A比曲线B显示的颜色饱和度高。

物体的饱和度还受物体表面状况的影响。在光滑的物体表面上，光线的反射是镜面反射，在观察物体颜色时，我们可以避开这个反射方向上的白光，观察颜色的饱和度。而粗糙的物体表面反射是漫反射，无论从哪个方向都很难避开反射的白光，因此光滑物体表面上的颜色要比粗糙物体表面上颜色鲜艳，饱和度大些。例如丝织品比棉织品色彩艳丽，就是因为丝织品表面比较光滑的缘故。雨后的树叶、花果颜色显得格外鲜艳，就是因为雨水洗去了表面的灰尘，并填满了其表面的微孔，使表面变得光滑所致。有些彩色包装要上光覆膜，目的就是增加包装表面的光滑程度，使色彩更加饱和鲜艳。

4. 颜色三属性的相互关系

颜色的三个属性在某种意义上是各自独立的，但在另外意义上又是互相制约的。一个颜色的某一个属性发生了改变，那么，这个颜色必然要发生改变。

为了便于理解颜色三特征的相互关系，可用三维空间的立体来表示色相、明度和饱和度。如图4－9所示，垂直轴表示黑、白系列明度的变化，上端是白色，下端是黑色，中间是过渡的各种灰色。色相用水平面的圆圈（色相环）表示。色相环上的各点代表可见光谱中各种不同的色相（红、橙、黄、绿、青、蓝和紫），圆形中心是灰色，其明度和色相环上的各种色相的明度相同。从圆心向外颜色的饱和度逐渐增加。在圆圈上的各种颜色饱和度最大，由圆圈向上（白）或向下（黑）的方向变化时，颜色的饱和度也降低。在颜色立体的同一水平面上颜色的色相和饱和度的改变，不影响颜色的明度。

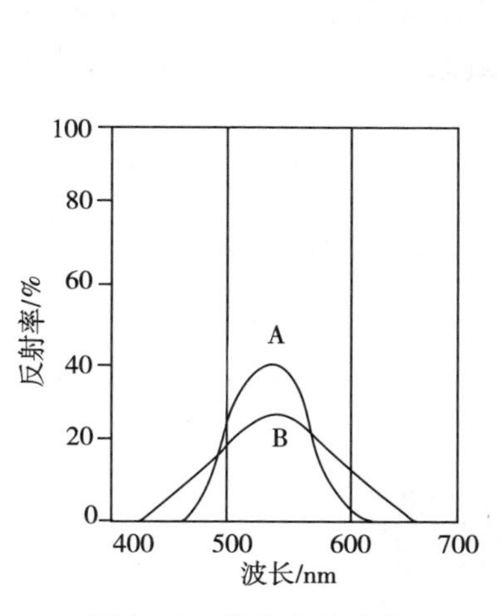

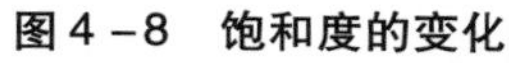
图4－8　饱和度的变化

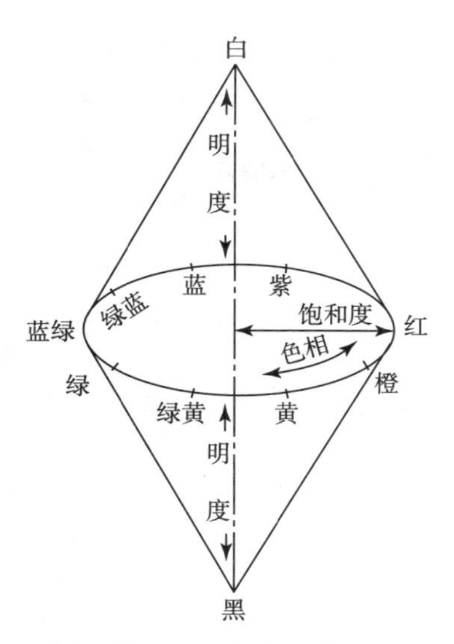

图4－9　颜色立体

二、色彩空间的几何模型

为了使各种颜色能按照一定的排列次序并容纳在一个空间内，将三维坐标轴与颜色的三个独立参数对应起来，使每一个颜色都有一个对应的空间位置，反过来，在空间中的任何一点都代表一个特定的颜色，我们把这个空间称为色彩空间。色彩空间是三维的，作为色彩空间三维坐标的三个独立参数可以是色彩的心理三属性：色相、明度、饱和度（见图4－9），也可以是其他三个参数如RGB、Lab或者CMY，只要描述色彩的三个参数相互独立都可以作为色彩空间的三维坐标。例如，以色料三原色黄、品红、青为基色，对应三维空间做色量的均匀变化，互相交织起来，组成一个理想的颜色立方体，如图4－10所示。

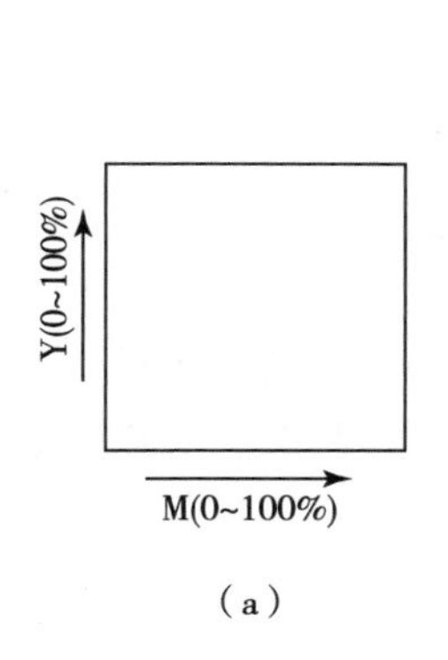

（a）

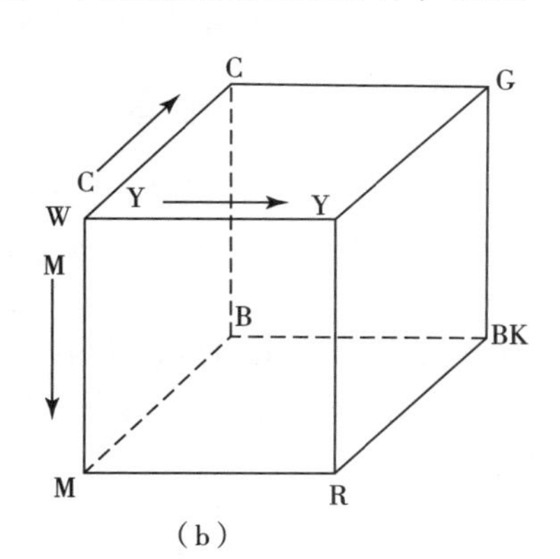

（b）

图4－10　理想的颜色立方体

首先将两个基色，利用x、y轴方向，交叉成一个平面，每个基色的色量做从0～100%的变化。然后再用第三个基色在z轴方向上也做色量从0～100%的变化，这样就组成了一个理想的颜色立方体。

在颜色立方体中三个基色的变化都是从0～100%连续地变化，因此它是一个连续性渐变的色立体。在这个色立体中的每一个点都可以用坐标 y、m、c 表示。y、m、c 就是三个基色即黄、品红、青的百分比色量。由于这是一个连续调色立体，给应用和标定颜色带来了一定的困难。为此也可将每一基色的色量变化进行分割，将 0 ~ 100% 的变化分割成 0 ~ 9 的 10 个梯级，对应关系如图 4 – 11 所示。

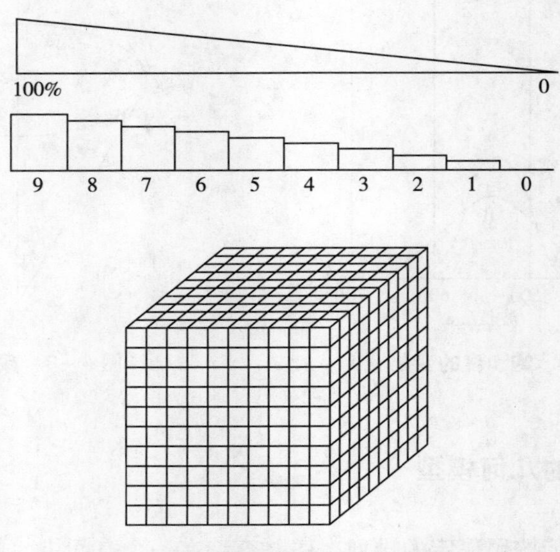

图 4 – 11　理想色立体的色量分割

在这样的颜色立方体中，任何一点的颜色都能用一个数字来表示，这个数字就是三原色黄、品红、青的分量，例如颜色 752 为黄 7 成、品红 5 成、青 2 成合成后的颜色；颜色 545 为黄 5 成、品红 4 成、青 5 成合成后的颜色；颜色 267 为黄 2 成、品红 6 成、青 7 成合成后的颜色。如图 4 – 12 所示。

752 色 = 黄 7 + 品红 5 + 青 2

545 色 = 黄 5 + 品红 4 + 青 5

267 色 = 黄 2 + 品红 6 + 青 7

图 4 – 12　色立体中颜色编号的意义

颜色立方体从某种意义上可以认为是色谱的立体化，在颜色立方体中分割成 10^3 个即 1000 个颜色。当然这是人为的，如果每个基色分割成 20 个等级，则颜色数量就大大地增加了。

第二节　孟塞尔颜色系统

孟塞尔所创建的颜色系统是用颜色立体模型表示颜色的方法。它是一个三维类似球体的空间模型，把物体各种表面色的三种基本属性色相、明度、饱和度全部表示出来。以颜色的视觉特性来制定颜色分类和标定系统，以按目视色彩感觉等间隔的方式，把各种表面色的特征表示出来。目前国际上已广泛采用孟塞尔颜色系统作为分类和标定表面色的方法。

孟塞尔颜色立体如图 4－13 所示，中央轴代表无彩色黑白系列中性色的明度等级，黑色在底部，白色在顶部，称为孟塞尔明度值。它将理想白色定为 10，将理想黑色定为 0。孟塞尔明度值由 0～10，共分为 11 个在视觉上等距离的等级。

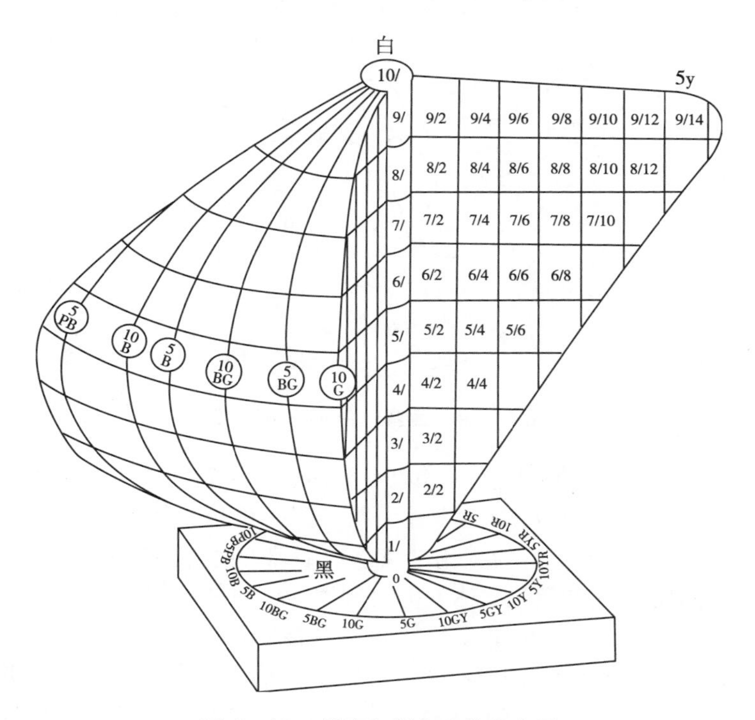

图 4－13 孟塞尔颜色立体示意图

在孟塞尔系统中，颜色样品离开中央轴的水平距离代表饱和度的变化，称之为孟塞尔彩度。彩度也是分成许多视觉上相等的等级。中央轴上的中性色彩度为 0，离开中央轴愈远，彩度数值愈大。该系统通常以每两个彩度等级为间隔制作一颜色样品。各种颜色的最大彩度是不相同的，个别颜色彩度可达到 20。

孟塞尔颜色立体水平剖面上表示 10 种基本色。如图 4－14 所示，它含有 5 种原色：红（R）、黄（Y）、绿（G）、蓝（B）、紫（P）和 5 种间色：黄红（YR）、绿黄（GY）、蓝绿（BG）、紫蓝（PB）、红紫（RP）。在上述 10 种主要色的基础上再细分为 40 种颜色，全图册包括 40 种色相样品。

任何颜色都可以用颜色立体上的色相、明度值和彩度这三项坐标来标定，并给以标号。标定的方法是先写出色相 H，再写明度值 V，在斜线后写彩度 C（Chroma）。

HV/C＝色相×明度值/彩度

例如标号为 10Y8/12 的颜色：它的色相是黄（Y）与绿黄（GY）的中间色，明度值是 8，彩度是 12。这个标号还说明，该颜色比较明亮，具有较高的彩度。3YR6/5 标号表示：色相在红（R）与黄红（YR）之间，偏黄红，明度是 6，彩度是 5。

对于非彩色的黑白系列（中性色）用 N 表示，在 N 后标明度值 V，斜线后面不写彩度。

NV/＝中性色明度值/

例如标号 N5/的意义：明度值是 5 的灰色。

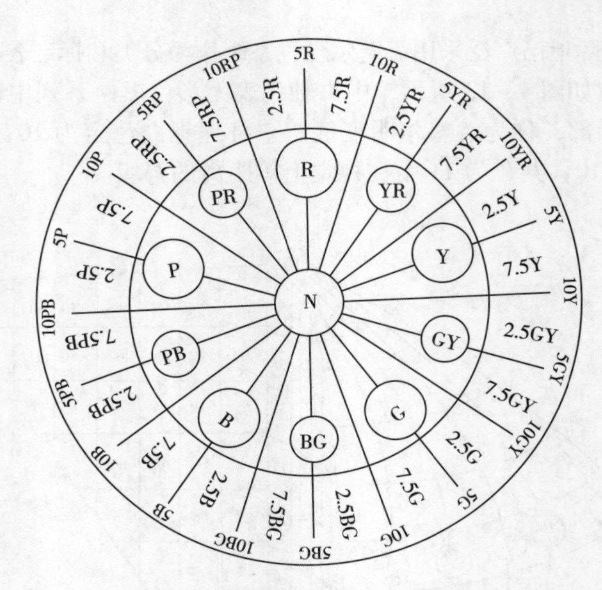

图 4-14　孟塞尔色相的标定系统

另外对于彩度低于 0.3 的中性色，如果需要做精确标定时，可采用下式：

NV/(H,C) = 中性色明度值/(色相,彩度)

例如标号为 N8/（Y，0.2）的颜色，该色是略带黄色明度为 8 的浅灰色。

《孟塞尔颜色图册》是以颜色立体的垂直剖面为一页依次列入。整个立体划分成 40 个垂直剖面，图册共 40 页，在一页里面包括同一色相的不同明度值、不同彩度的样品。图 4-15所示的是颜色立体 5Y 和 5PB 两种色相的垂直剖面。中央轴表示明度值等级 1～9，右侧的色相是黄（5Y）。当明度值为 9 时，黄色的彩度最大，该色的标号为 5Y9/14，其他明度值的黄色都达不到这一彩度。中央轴左侧的色相是紫蓝（5PB），当明度值为 3 时，紫蓝色的彩度最大。该色的标号：5PB3/12。

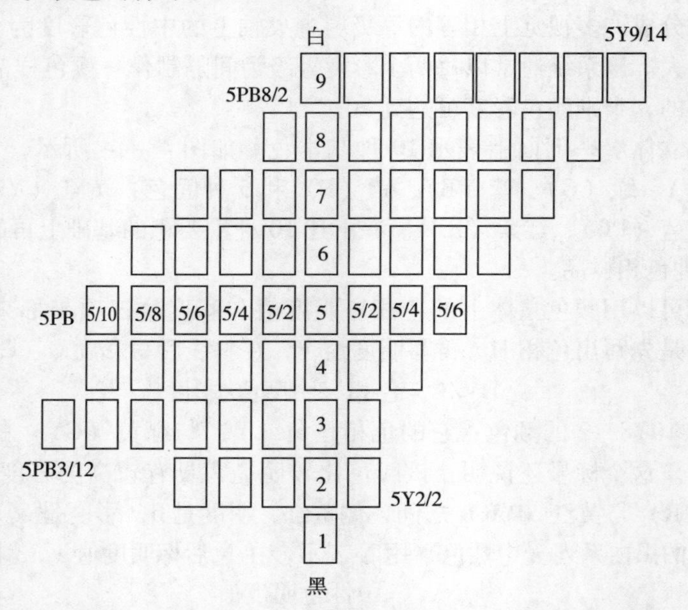

图 4-15　孟塞尔颜色立体的 Y—PB 垂直剖面

如图 4－16 所示，是明度值为 5 的水平剖面，在明度值为 5 的条件下，红色（R）的彩度最大，黄色（Y）的彩度最小。

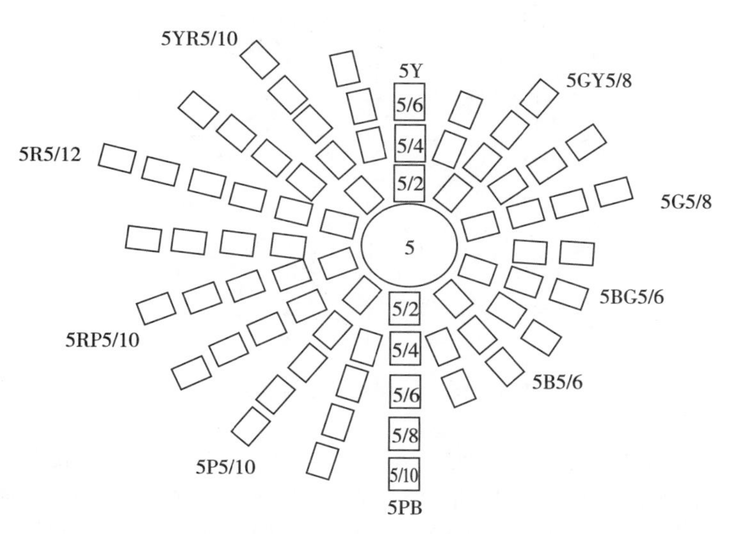

图 4－16　孟塞尔颜色立体的明度值 5 水平剖面

第三节　奥斯特瓦尔德表色系统

奥斯特瓦尔德（1853～1952），是德国的物理化学家，因创立了以其本人为名字的表色空间，而获得诺贝尔奖金。该颜色体系包括颜色立体模型（见图 4－17）和颜色图册及说明书。

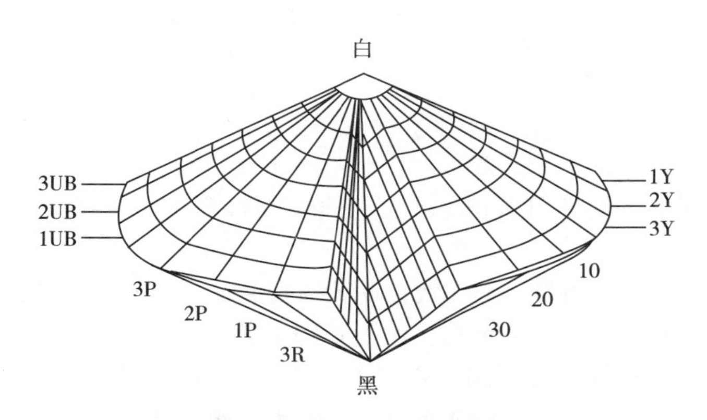

图 4－17　奥斯特瓦尔德色系的颜色立体

奥斯特瓦尔德颜色系统的基本色相为黄、橙、红、紫、蓝、蓝绿、绿、黄绿 8 个主要色相，每个基本色相又分为 3 个部分，组成 24 个分割的色相环，从 1 号排列到 24 号，如图 4－18 所示。

奥斯瓦尔德的全部色块都是由纯色与适量的白黑混合而成，其关系为：

$$白量\ W + 黑量\ B + 纯色量\ C = 100$$

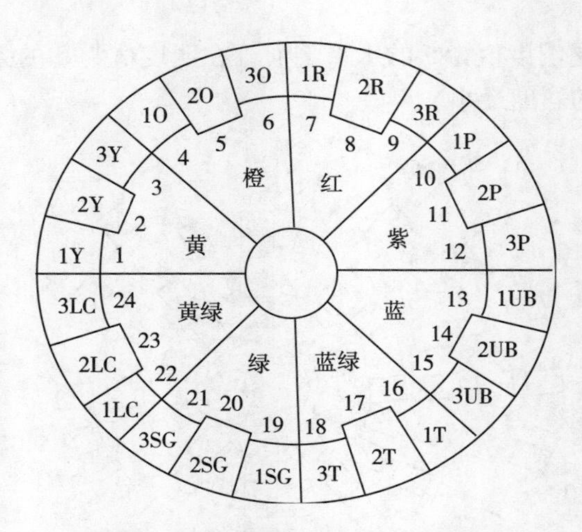

图 4－18　奥斯特瓦尔德色相环

消色系统的明度分为 8 个梯级，附以 a、c、e、g、i、l、n、p 的记号。a 表示最明亮的白色标，p 表示最暗的黑色标，其间有 6 个阶段的灰色。这些消色色调所包含的白和黑的量是根据光的等比级数增减的，明度是以眼睛可以感到的等差级数增减决定的。

从表 4－1 可以看出，作为白色标（a）比理想的白色含有 11% 的黑量；而作为黑色标（p）则比理想的黑含有 3.5% 的白量。并且还有如下关系：

表 4－1　奥斯特瓦尔德的白黑量

记号	a	c	e	g	i	l	n	p
白量	89	56	35	22	14	8.9	5.6	3.5
黑量	11	44	65	78	86	91.9	94.4	96.5

$$\frac{a}{c}=\frac{c}{e}=\frac{e}{g}=\frac{g}{i}=\frac{i}{l}=\frac{l}{n}=\frac{n}{p}=\text{常数}$$

将分级的数字代入则得：

$$\frac{89}{56}=\frac{56}{35}=\frac{35}{22}=\frac{22}{14}=\frac{14}{8.9}=\frac{8.9}{5.6}=\frac{5.6}{3.5}=1.6$$

从这种明度分级的方法即可看出并不是按照视觉特征来分级的，这是该系统的一大缺点。

把这个明度阶梯作为垂直轴，并作成以此为边长的正三角形，在其顶点配以各色的纯色色标，这个三角形就是等色相三角形，如图 4－19 所示。

奥斯特瓦尔德颜色系统共包括 24 个等色相三角形。每个三角形共分为 28 个菱形，每个菱形都附以记号，用来表示该色标所含白与黑的量。例如某纯色色标为 nc，n 表示含白量为 5.6%，c 表示含黑量为 44%，则其中所包含的纯色量为：

$$100-(5.6+44)=50.4\%$$

再如纯色色标为 pa，p 含白量为 3.5%，a 含黑量 11%，所以含纯色量为：

$$100-(3.5+11)=85.5\%$$

这样做成的 24 个等色相三色形，以消色轴为中心，回转三角形时成为一个复圆锥体，也就是奥斯特瓦尔德颜色立体（见图 4－17）。

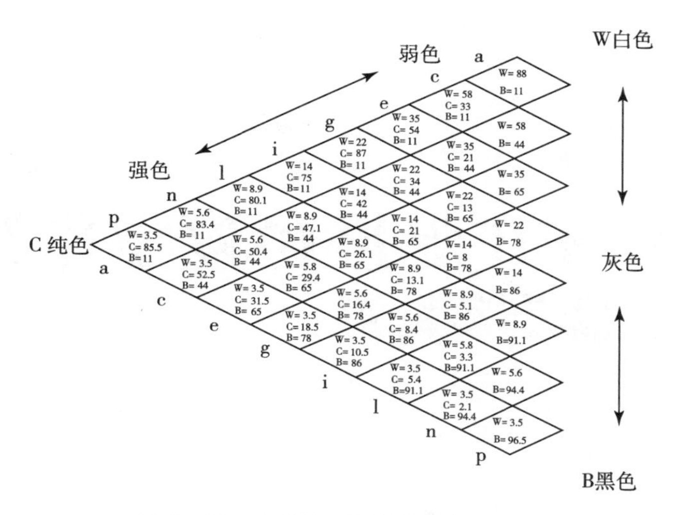

图 4－19　奥斯特瓦尔德等色相三角形

奥斯特瓦尔德色系通俗易懂，它给调配使用色彩的人提供了有益的指示。在做色彩构成练习中的纯度推移时，奥斯特瓦尔德色系的色相三角形不啻可以视为一种配方的指导，此外，色相三角形的统一性也为色彩搭配特性显示了清晰的规律性变化。

奥斯特瓦尔德色系的缺陷在于等色相三角形的建立限制了颜色的数量，如果又发现了新的、更饱和的颜色，则在图上就难以表现出来。另外，等色相三角形上的颜色都是某一饱和色与黑和白的混合色，黑和白的色度坐标在理论上应该是不变的。则同一等色相三角形上的颜色都有相同的主波长，而只是饱和度不同而已，这与心理颜色是不符的。目前采用混色盘来配制同色相三角形，以弥补这一缺陷。

思考题

1. 什么是心理颜色？它有哪些基本属性？含义是什么？
2. 什么是色环？在色环上是如何定义同种色、类似色、对比色、互补色的？
3. 分析颜色三属性之间的关系。颜色立体是如何表示颜色三属性的？
4. 什么是色彩空间的几何模型？有什么实际意义？
5. 孟塞尔表色系统的特点是什么？说明下列孟塞尔标号的意义。
   5R4/6　　　N3　　　7G5/8
6. 什么是奥斯特瓦尔德颜色系统？
7. 用光谱反射率曲线表示色相、明度、饱和度的变化情况。

第五章 CIE标准色度学系统

第一节 CIE 1931 RGB 真实三原色表色系统

一、颜色匹配实验

把两个颜色调整到视觉相同的方法叫颜色匹配，颜色匹配实验是利用色光加色来实现的。图 5-1 中左方是一块白色屏幕，上方为红 R、绿 G、蓝 B 三原色光，下方为待配色光 C，三原色光照射白屏幕的上半部，待配色光照射白屏幕的下半部，白屏幕上下两部分用一个黑挡屏隔开，由白屏幕反射出来的光通过小孔抵达右方观察者的眼内。人眼看到的视场如图 5-1 中右下方所示，视场范围在 2°左右，被分成两部分。图 5-1 中右上方还有一束光，照射在小孔周围的背景白版上，使视场周围有一圆环色光作为背景。在此实验装置上可以进行一系列的颜色匹配实验。待配色光可以通过调节上方三原色的强度来混合形成，当视场中的两部分色光相同时，视场中的分界线消失，两部分合为同一视场，此时认为待配色光的光色与三原色光的混合光色达到色匹配。不同的待配色光达到匹配时三原色光亮度不同，可用颜色方程表示：

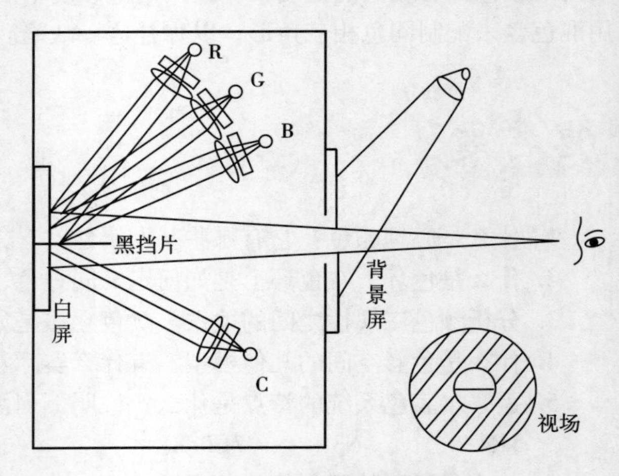

图 5-1　颜色匹配实验

$$C \equiv R(R) + G(G) + B(B) \quad (5-1)$$

式中　C——待配色光；

(R)、(G)、(B)——产生混合色的红、绿、蓝三原色的单位量；

R、G、B——匹配待配色所需要的红、绿、蓝三原色的数量，称为三刺激值；

≡——视觉上相等，即颜色匹配。

二、三原色的单位量

国际照明委员会（CIE）规定红、绿、蓝三原色的波长分别为 700nm、546.1nm、435.8nm，在颜色匹配实验中，当这三原色光的相对亮度比例为 1.0000∶4.5907∶0.0601 时就能匹配出等能白光，所以 CIE 选取这一比例作为红、绿、蓝三原色的单位量，即(R)∶(G)∶(B) =1∶1∶1。尽管这时三原色的亮度值并不等，但 CIE 却把每一原色的亮度值作为一个单位看待，所以色光加色法中红、绿、蓝三原色光等比例混合结果为白光，即 (R)+(G)+(B)=(W)。

三、CIE RGB 光谱三刺激值

CIE RGB 光谱三刺激值是 317 位正常视觉者，用 CIE 规定的红、绿、蓝三原色光，对等能光谱色从 380～780nm 所进行的专门性颜色混合匹配实验得到的。实验时，匹配光谱每一波长为 λ 的等能光谱色所对应的红、绿、蓝三原色数量，称为光谱三刺激值，记为 $\bar{r}(\lambda)$、$\bar{g}(\lambda)$、$\bar{b}(\lambda)$，它是 CIE 在对等能光谱色进行匹配时用来表示红、绿、蓝三原色的专用符号。因此，匹配波长为 λ 的等能光谱色 C(λ) 的颜色方程为

$$C(\lambda) \equiv \bar{r}(\lambda)(R) + \bar{g}(\lambda)(G) + \bar{b}(\lambda)(B) \qquad (5-2)$$

式中　(R)、(G)、(B)——三原色的单位量，分别为 1.0000、4.5907、0.0601；

C (λ)——数值上表示等能光谱色的相对亮度。

如图 5-2 所示，其中最大值为 C (555)。且有 C (555) =1，即

$$C(555) \equiv \bar{r}(555)(R) + \bar{g}(555)(G) + \bar{b}(555)(B) = 1.000 \qquad (5-3)$$

光谱三刺激值的数据如附表 1 所示，图 5-3 是按国际 RGB 坐标制数值表（CIE 1931 年标准色度观察者）中的数据（见附表 1）画出的曲线。

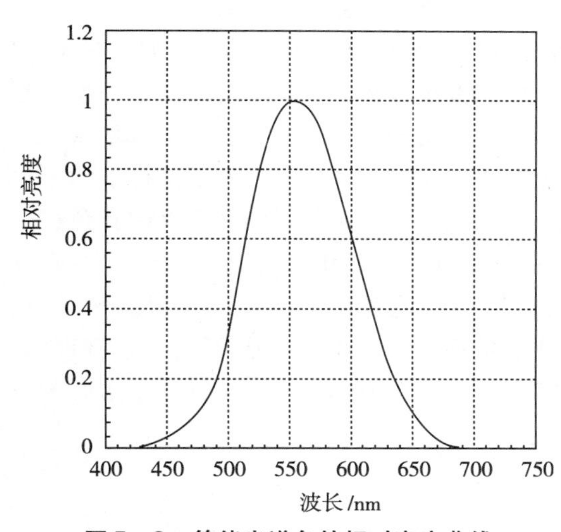

图 5-2　等能光谱色的相对亮度曲线

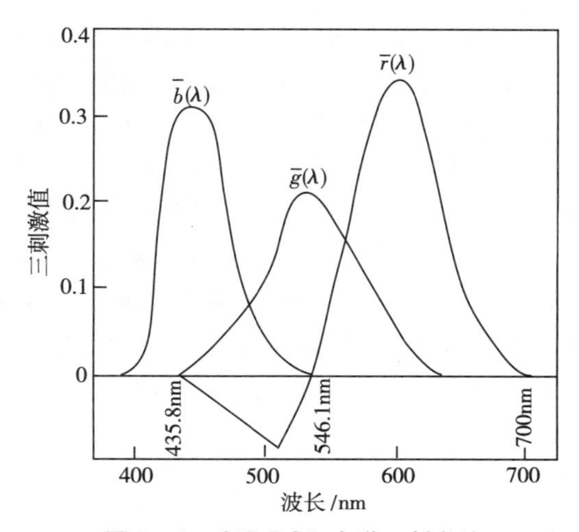

图 5-3　CIE RGB 光谱三刺激值

四、负刺激值

从国际 RGB 坐标制数值表（见附表 1）中可以看到，在很多情况下光谱三刺激值是负值（负刺激值），这是因为待配色为单色光，其饱和度很高，而三原色光混合后饱和度必然降低，无法和待配色实现匹配。为了实现颜色匹配，在实验中须将上方红、绿、蓝一侧的三原色光之一移到待配色一侧，并与之相加混合，从而使上下色光的饱和度相匹配。例如，将红原色移到待配色一侧，实现了颜色匹配，则颜色方程为

$$C(\lambda)+\bar{r}(\lambda)(R)=\bar{g}(\lambda)(G)+\bar{b}(\lambda)(B) \tag{5-4}$$

因此，待配色

$$C(\lambda)=-\bar{r}(\lambda)(R)+\bar{g}(\lambda)(G)+\bar{b}(\lambda)(B) \tag{5-5}$$

所以 $\bar{r}(\lambda)$ 出现了负值。

五、色度坐标

在颜色匹配实验中，为了表示 R、G、B 三原色各自在 R + G + B 总量中的相对比例，我们引入色度坐标 r、g、b。

$$\left.\begin{aligned} r&=R/(R+G+B)\\ g&=G/(R+G+B)\\ b&=B/(R+G+B)\end{aligned}\right\} \tag{5-6}$$

从上式可知 $r+g+b=1$

若待配色为等能光谱色，则上式可写为

$$\left.\begin{aligned} r(\lambda)&=\bar{r}(\lambda)/[\bar{r}(\lambda)+\bar{g}(\lambda)+\bar{b}(\lambda)]\\ g(\lambda)&=\bar{g}(\lambda)/[\bar{r}(\lambda)+\bar{g}(\lambda)+\bar{b}(\lambda)]\\ b(\lambda)&=\bar{b}(\lambda)/[\bar{r}(\lambda)+\bar{g}(\lambda)+\bar{b}(\lambda)]\end{aligned}\right\} \tag{5-7}$$

式中　$r(\lambda)$、$g(\lambda)$、$b(\lambda)$——为光谱色度坐标，计算出的数值见附表 1。

图 5－4 是按国际 RGB 坐标制数值表（见附表 1）中光谱色度坐标的数据画出的 rg 色度图的轮廓曲线。在偏马蹄形的光谱轨迹中，很大一部分色度坐标 r 是负值。这一系统规定的等能白光（E 光源，色温 5500K），位于色度图的中心（0.33，0.33）。在 CIE rg 色度图中色度坐标反映的是三原色各自在三刺激值总量中的相对比例，一组色度坐标表示了色相、饱和度相同而亮度不同的那些颜色的共同特征，因此 CIE rg 色度图并不反映颜色亮度的变化，色度图的轮廓表达出了颜色的色域范围。CIE 1931 RGB 系统的 $\bar{r}(\lambda)$、$\bar{g}(\lambda)$、$\bar{b}(\lambda)$ 光谱三刺激值是从实验得出来的，本来可以用于颜色测量、标定以及色度学计算，但是实验结果得到的用来标定光谱色的原色出现了负值，正负交替十分不便，不宜理解，因此，1931 年 CIE 推荐了一个新的国际色度学系统——CIE 1931 XYZ 系统，又称为 XYZ 国际坐标制。

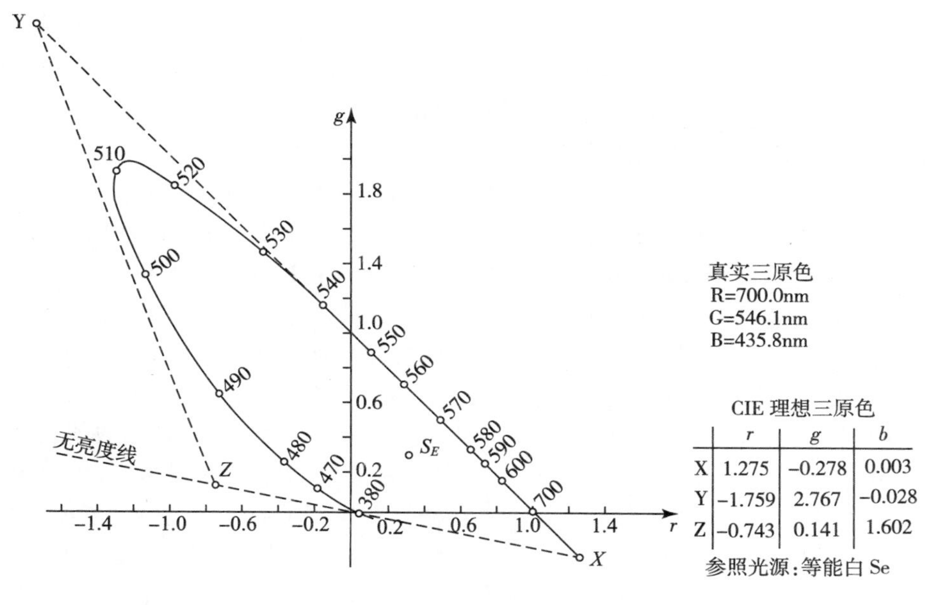

图 5－4　CIE rg 色度图

第二节　CIE 1931 XYZ 标准色度系统

所谓 CIE 1931 XYZ 系统，就是在 RGB 系统的基础上，用数学方法，选用三个理想的原色来代替实际的三原色，从而将 CIE RGB 系统中的光谱三刺激值 $\bar{r}$、$\bar{g}$、$\bar{b}$ 和色度坐标 r、g、b 均变为正值。

一、CIE RGB 系统与 CIE XYZ 系统的转换关系

选择三个理想的原色（三刺激值）X、Y、Z，X 代表红原色，Y 代表绿原色，Z 代表蓝原色，这三个原色不是物理上的真实色，而是虚构的假想色。它们在图 5－4 中的色度坐标分别为：

	r	g	b
X	1.275	－0.278	0.003
Y	－1.759	2.767	－0.028
Z	－0.743	0.141	1.602

从图 5－4 中可以看到由 XYZ 形成的虚线三角形将整个光谱轨迹包含在内。因此整个光谱色变成了以 XYZ 三角形作为色域的域内色。在 XYZ 系统中所得到的光谱三刺激值 $\bar{x}(\lambda)$、$\bar{y}(\lambda)$、$\bar{z}(\lambda)$ 和色度坐标 x、y、z 将完全变成正值。经数学变换，两组颜色空间的三刺激值有以下关系：

$$\left.\begin{aligned}X&=0.490R+0.310G+0.200B\\Y&=0.177R+0.812G+0.011B\\Z&=0.010G+0.990B\end{aligned}\right\}\tag{5-8}$$

两组颜色空间色度坐标的相互转换关系为：

$$\left.\begin{aligned}x&=(0.490r+0.310g+0.200b)/(0.667r+1.132g+1.200b)\\y&=(0.117r+0.812g+0.010b)/(0.667r+1.132g+1.200b)\\z&=(0.000r+0.010g+0.990b)/(0.667r+1.132g+1.200b)\end{aligned}\right\}\tag{5-9}$$

这就是我们通常用来进行变换的关系式，所以，只要知道某一颜色的色度坐标 r、g、b，即可以求出它们在新设想的三原色 XYZ 颜色空间的的色度坐标 x、y、z。通过式（5－9）的变换，对光谱色或一切自然界的色彩而言，变换后的色度坐标均为正值，而且等能白光的色度坐标仍然是（0.33，0.33），没有改变。国际 X、Y、Z 坐标制数值表（见附表2）是依据国际 RGB 坐标制数值表中的数据，由式（5－9）计算的结果。从附表 2 中可以看到所有光谱色度坐标 x(λ)，y(λ)，z(λ) 的数值均为正值。

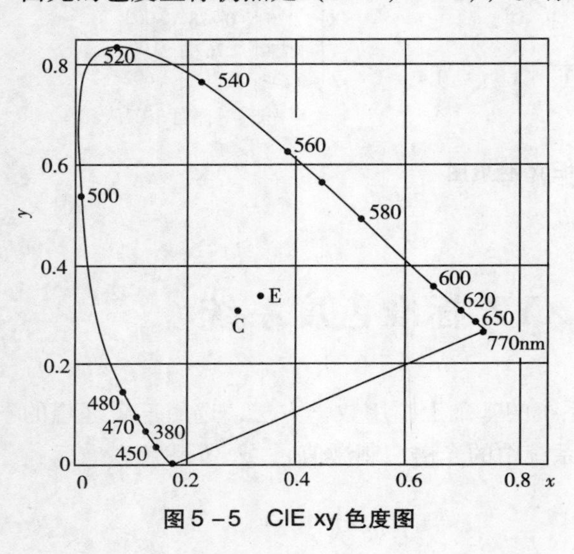

图 5－5 CIE xy 色度图

为了使用方便，图 5－4 中的 XYZ 三角形，经转换变为直角三角形，如图 5－5 所示，其色度坐标为 x、y。用国际 X、Y、Z 坐标制数值表中各波长光谱色度坐标在图中的描点，然后将各点连接，即成为 CIE 1931 xy 色度图的光谱轨迹。由图 5－6 可看出该光谱轨迹曲线落在第一象限之内，所以肯定为正值，这就是目前国际通用的 CIE 1931 xy 色度图。

二、CIE XYZ 光谱三刺激值

CIE XYZ 光谱三刺激值的专用符号为 $\bar{x}(\lambda)$、$\bar{y}(\lambda)$、$\bar{z}(\lambda)$。CIE RGB 光谱三刺激值 $\bar{r}(\lambda)$、$\bar{g}(\lambda)$、$\bar{b}(\lambda)$ 虽然通过式（5－2）能间接反映等能光谱色色光的相对亮度，然而很不直观。从图 5－2 可以看出，由 $\bar{r}(\lambda)$、$\bar{g}(\lambda)$、$\bar{b}(\lambda)$ 分别乘以单位量得到的相对亮度与人眼的明视觉光谱光视效率函数 $V(\lambda)$ 相同，为了直观地表示颜色的亮度，CIE 规定 $\bar{y}(\lambda)=V(\lambda)$，因此 $\bar{y}(\lambda)$ 不仅表达待配色（等能光谱色）中绿原色的数量，而且还表示待配色色光的亮度，用于计算颜色的亮度特性。由于 $\bar{y}(\lambda)$ 符合明视光谱光视效率函数，所以 CIE XYZ 光谱三刺激值 $\bar{x}(\lambda)$、$\bar{y}(\lambda)$、$\bar{z}(\lambda)$ 又称为“CIE 1931 标准色度观察者光谱三刺激值”，简称“CIE 标准色度观察者”，在物体色色度值的计算中代表人眼的颜色视觉特征参数。由色度坐标的定义知：

$$\left.\begin{aligned}x(\lambda)&=\bar{x}(\lambda)/[\bar{x}(\lambda)+\bar{y}(\lambda)+\bar{z}(\lambda)]\\y(\lambda)&=\bar{y}(\lambda)/[\bar{x}(\lambda)+\bar{y}(\lambda)+\bar{z}(\lambda)]\\z(\lambda)&=\bar{z}(\lambda)/[\bar{x}(\lambda)+\bar{y}(\lambda)+\bar{z}(\lambda)]\end{aligned}\right\}\tag{5-10}$$

且
$$x(\lambda)+y(\lambda)+z(\lambda)=1$$

又因为规定　$\bar{y}(\lambda) = V(\lambda)$

所以光谱三刺激值的计算公式为：

$$\left.\begin{aligned}\bar{x}(\lambda) &= x(\lambda)V(\lambda)/y(\lambda)\\ \bar{y}(\lambda) &= V(\lambda)\\ \bar{z}(\lambda) &= z(\lambda)V(\lambda)/y(\lambda)\end{aligned}\right\} \qquad (5-11)$$

计算结果如图 5-6 所示，其数值见附表 2。

图中 $\bar{x}$、$\bar{y}$、$\bar{z}$ 各曲线所包含的总面积，分别表示 X、Y、Z。附表 2 中 CIE 1931 标准观察者等能光谱各波长的 $\bar{x}$ 总量、$\bar{y}$ 总量和 $\bar{z}$ 总量是相等的，都是 21.371，即 X = Y = Z = 21.371。这个数值是一个相对数，没有绝对意义，它仅仅表明：一个等能白光（E 光源）是由相同数量的 X、Y、Z 组成的。但是，由于刺激值 $\bar{y}(\lambda) = V(\lambda)$，符合明视觉光谱效率函数，所以，用 $\bar{y}$ 曲线可以计算一个颜色的亮度特性。

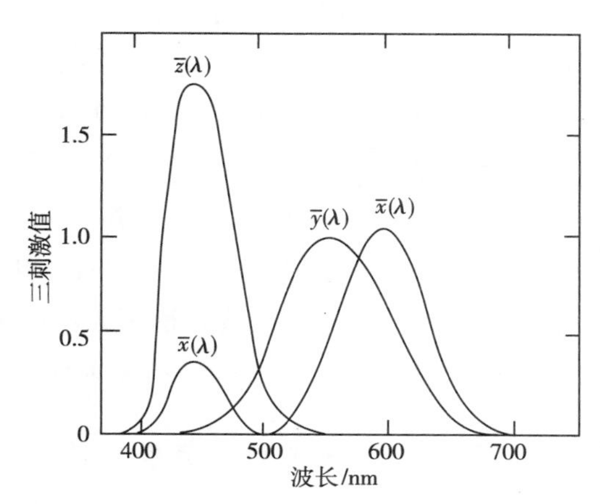

图 5-6　光谱三刺激值

例：波长 λ = 500nm 光谱色的色度坐标为 x(λ) = 0.0082，y(λ) = 0.5384，明视觉光谱光视效率函数 V(λ) = 0.323，则其光谱三刺激值为：

$$\begin{cases}\bar{x}(500) = x(500)V(500)/y(500) = 0.0082 \times 0.323 \div 0.5384 = 0.0049\\ \bar{y}(500) = V(500) = 0.323\\ \bar{z}(500) = \dfrac{z(500)V(500)}{y(500)} = \dfrac{1 - x(500) - y(500)}{y(500)}V(500) = 0.272\end{cases}$$

三、物体色三刺激值

匹配物体反射色光所需要红、绿、蓝三原色的数量为物体色三刺激值，即 X、Y、Z，也是物体色的色度值。物体色彩感觉形成的四大要素是光源、颜色物体、眼睛和大脑，物体色三刺激值的计算涉及光源能量分布 $S(\lambda)$、物体表面反射性能 $\rho(\lambda)$ 和人眼的颜色视觉 $\bar{x}(\lambda)$、$\bar{y}(\lambda)$、$\bar{z}(\lambda)$ 三方面的特征参数，即：

$$\left.\begin{aligned}X &= K\int_{380}^{780} S(\lambda)\rho(\lambda)\bar{x}(\lambda)d\lambda\\ Y &= K\int_{380}^{780} S(\lambda)\rho(\lambda)\bar{y}(\lambda)d\lambda\\ Z &= K\int_{380}^{780} S(\lambda)\rho(\lambda)\bar{z}(\lambda)d\lambda\end{aligned}\right\} \qquad (5-12)$$

式中　K——调整因数；

$\rho(\lambda)$——物体表面的光谱反射率；

Y——既表示绿原色的相对数量，又代表物体色的亮度因数。

上式表明当光源 $S(\lambda)$ 或者物体 $\rho(\lambda)$ 发生变化时，物体的颜色 X、Y、Z 随即也发生变化，因此上式是一种最基本、最精确的颜色测量及描述方法，是现代设计软件进行色彩描述的基础。

对于照明光源而言，光源三刺激值（X_0、Y_0、Z_0）的计算仅涉及光源的相对光谱能量分布 $S(\lambda)$ 和人眼的颜色视觉特征参数，因此光源的三刺激值可以表示为：

$$\begin{aligned} X_0 &= K\int_{380}^{780} S(\lambda)\bar{x}(\lambda)d\lambda \\ Y_0 &= K\int_{380}^{780} S(\lambda)\bar{y}(\lambda)d\lambda \\ Z_0 &= K\int_{380}^{780} S(\lambda)\bar{z}(\lambda)d\lambda \end{aligned} \qquad (5-13)$$

式中 Y_0——表示光源的绿原色对人眼的刺激值量，同时又表示光源的亮度。

为了便于比较不同光源的色度，将 Y_0 调整到 100，即 $Y_0=100$。从而调整因数

$$K = 100 / \int_{380}^{780} S(\lambda)\bar{y}(\lambda)d\lambda$$

将上式代入式（5-12）可得到物体色的色度值。又因为已知照射光源（通常使用标准光源）的相对光谱能量分布 $S(\lambda)$ 及物体的光谱反射率 $\rho(\lambda)$ 的数值，物体的颜色就可以用色度值 X、Y、Z 来精确地定量描述了。

四、CIE 1931 Yxy 表色方法

在图 5-5 所示的 xy 色度图中，x 色度坐标相当于红原色的比例，y 色度坐标相当于绿原色的比例。由图 5-5 中的马蹄形的光谱轨迹各波长的位置，可以看到：光谱的红色波段集中在图的右下部，绿色波段集中在图的上部，蓝色波段集中在轨迹图的左下部。中心的白光点 E 的饱和度最低，光源轨迹线上饱和度最高。如果将光谱轨迹上表示不同色光波长点与色度图中心的白光点 E 相连，则可以将色度图划分为各种不同的颜色区域，如图 5-7所示。因此，如果能计算出某颜色的色度坐标 x、y，就可以在色度中明确地定出它的颜色特征。例如青色样品的表面色色度坐标为 x=0.1902、y=0.2302，它在色度图中的位置为 A 点，落在蓝绿色的区域内。当然不同的色彩有不同的色度坐标，在色度图中就占有不同位置。因此，色度图中点的位置可以代表各种色彩的颜色特征。但是，前面曾经讨论过，色度坐标只规定了颜色的色度，而未规定颜色的亮度，所以若要唯一地确定某颜色，还必须指出其亮度特征，即 Y 的大小。我们知道光反射率 ρ = 物体表面的亮度/入射光源的亮度 = Y/Y_0

所以亮度因数　　　　　　　　　$Y=100\rho$

这样，已知表示颜色特征的色度坐标 x、y，又知道表示颜色亮度特征的亮度因数 Y，则该颜色的外貌才能完全唯一地确定。为了直观地表示这三个参数之间的意义，可用一个立体图形象表示，如图 5-8 所示。

在 CIE 1931 Yxy 表色方法中，已知物体三刺激值，可由公式 5-14 计算出 Yxy；而已知 Yxy，可由公式 5-15 得到物体的三刺激值。

$$\left.\begin{aligned} Y &= Y \\ x &= X/(X+Y+Z) \\ y &= Y/(X+Y+Z) \end{aligned}\right\} \qquad (5-14)$$

$$\left.\begin{aligned} X &= xY/y \\ Y &= Y \\ Z &= (1-x-y)Y/y \end{aligned}\right\} \qquad (5-15)$$

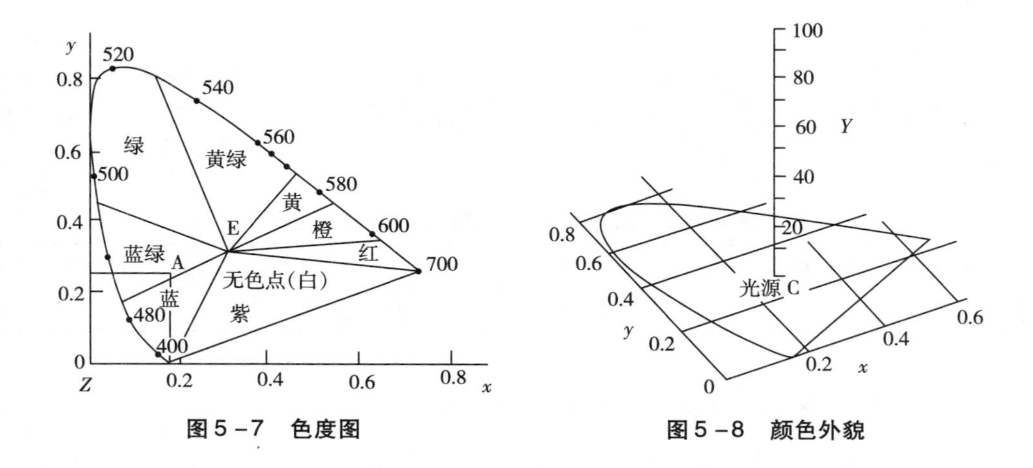

图 5－7 色度图

图 5－8 颜色外貌

五、HVC 与 Yxy 两种表色方法的数值转换

由孟塞尔所创立的色相（H）、明度（V）和彩度（C）表示颜色的方法，是从心理学的角度把汇集到的实际色样，按目视色彩感觉等间隔的排列方式，用 HVC 把各种表面的特性表示出来，给以颜色标号，并按此精心制作成许多标准颜色样品，汇编成颜色图册。1929 年和 1943 年美国国家标准局（NBS）和美国光学会（OSA）对孟塞尔颜色系统作了进一步研究，由孟塞尔颜色编排小组委员会对孟塞尔色样进行了光谱光度测量及视觉实验，并按视觉上等距的原则对孟塞尔图册中的色样进行了修正和增补，重新编排了孟塞尔图册中的色样，制定了《孟塞尔新标系统》。新标系统中的色样编排在视觉上更接近等距，而且对每一色样都给出相应的 CIE 1931 色度学系统的色度坐标，即 Y、x、y 值，这个新标系统的颜色样品代表在 CIE 标准光源 C 的照明下可制出的所有表面色（非荧光材料）。由此可知，孟塞尔系统本身的每一色样都是用 HVC 和 Yxy 两种方法标定的，所以根据《孟塞尔新标系统》，就可以完成 Yxy 和 HVC 两种表色方法之间的转换计算。

（一）亮度因数 Y 与孟塞尔明度值 V 的关系

国际上采用的《孟塞尔新标系统》对于明度的分级是用实验方法求得的。孟塞尔明度值是按视感觉上的等距离从 0～10 分为 11 级，第 11 级明度值（V＝10）代表理想的完全反射体，它的反射率等于 1。然而没有一种材料的表面具有完全反射的性质。实际使用中，这一系统的所有 Y 值都是以氧化镁作为标准的，并规定氧化镁的亮度因数 Y＝100，而氧化镁的实际反射率约为 97.5%，因此，孟塞尔第 11 级明度值的亮度因数 $Y_0 = 100/0.975 = 102.57$。根据视觉实验所得结果，孟塞尔明度值与亮度因数之间的关系如图 5－9 所示，图中的曲线表明，亮度因数 Y 与明度值 V 之间是非线性关系。它们之间的函数关系，可用

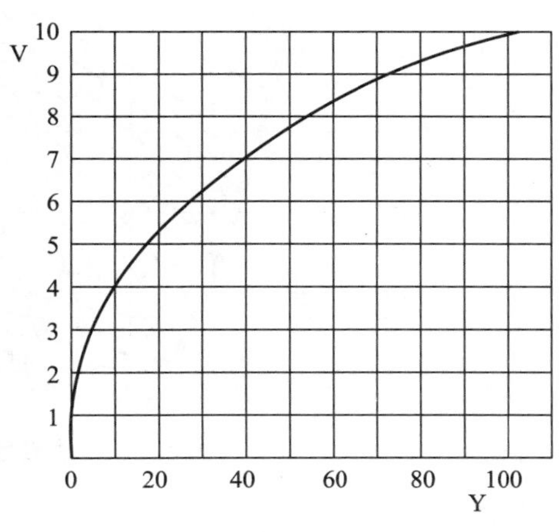

图 5－9 孟塞尔明度值与亮度因数的关系图

五次多项式表示：

$$Y = 1.2219V - 0.2311V^2 + 0.23951V^3 - 0.021009V^4 + 0.000840V^5 \qquad (5-16)$$

上式的最佳观察条件是以 Y≈20% 的中性灰色为背景。孟塞尔明度值 V 与亮度因数 Y 之间的数值关系如表 5－1 所示。

表 5－1　孟塞尔明度值与亮度因数的数值关系

孟塞尔明度值 V	10.00	9.00	8.00	7.00	6.00	5.00	4.00	3.00	2.00	1.00	0.00
亮度因数 Y	102.57	78.66	59.10	43.06	30.05	19.77	12.00	6.555	3.126	1.210	0.00

（二）色度坐标 x、y 与色相 H、彩度 C 的转换

在孟塞尔颜色系统中，对于明度值相同的颜色样品只有色相和彩度两维坐标的变化，这在 CIE 1931 色度图上，就意味着只有色度坐标 x、y 的不同。在孟塞尔新标系统中，按照 1～9 的 9 个明度等级，根据视觉实验，分别在 CIE 色度图上绘制出恒定色相轨迹和恒定彩度轨迹线，如图 5－10～图 5－18 所示。这 9 张恒定色相轨迹和恒定彩度轨迹图就是我们将 CIE 1931 色度学系统（Yxy 表色法）与孟塞尔系统（HVC 表色法）相互转换的依据。

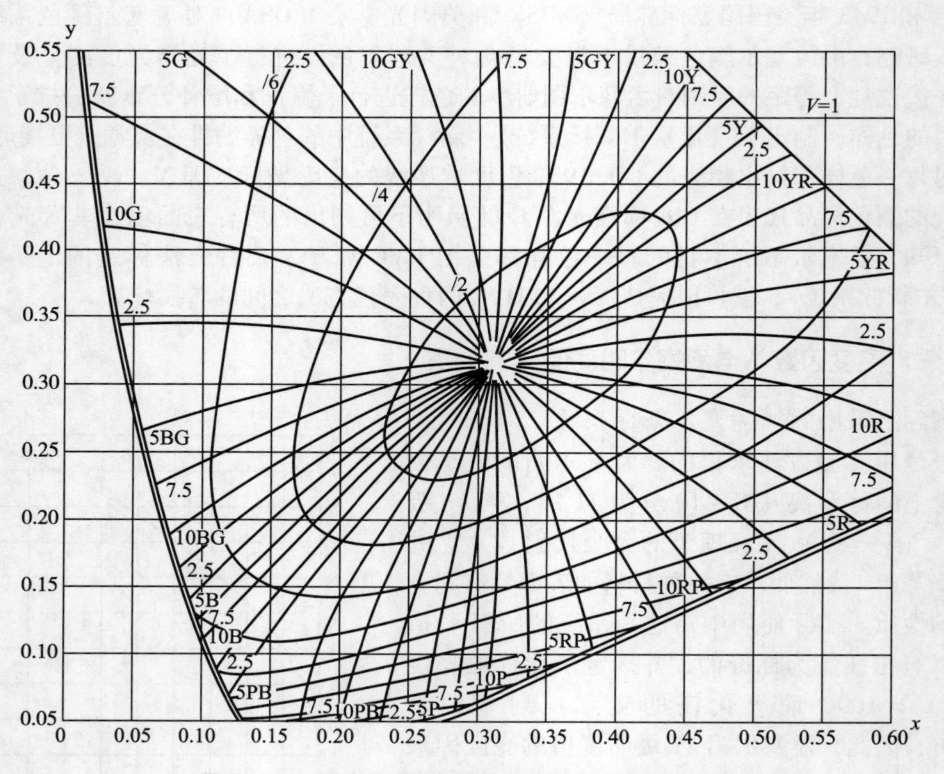

图 5－10　明度值 V＝1 的孟塞尔新标系统的色度图

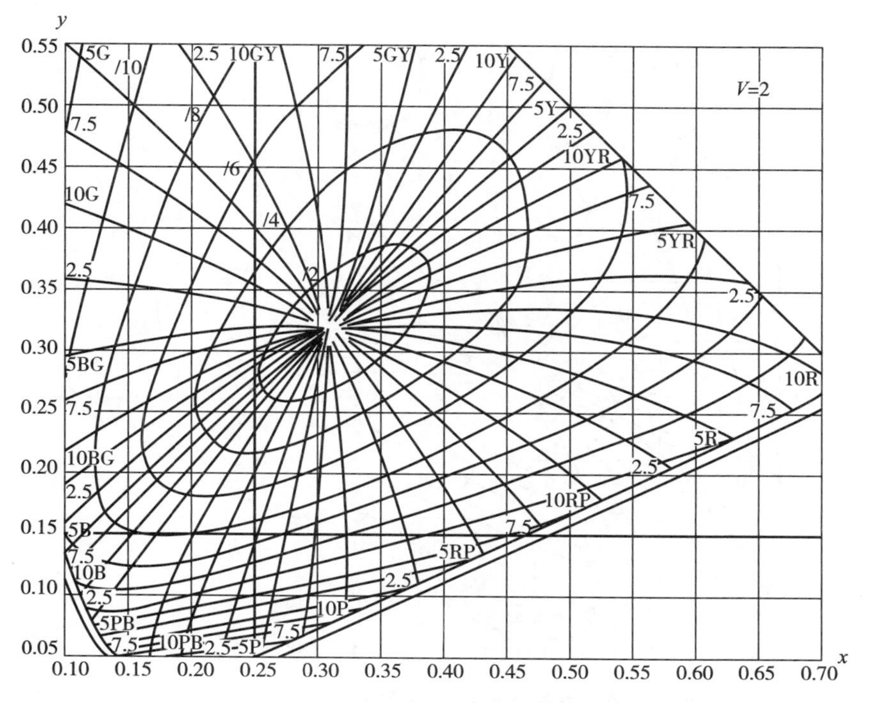

图 5－11　明度值 V＝2 的孟塞尔新标系统的色度图

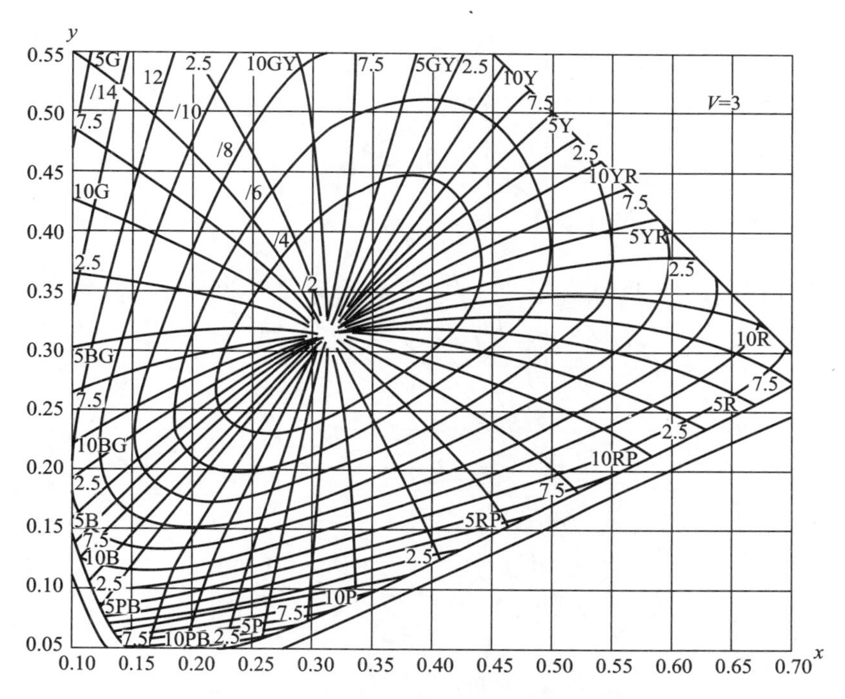

图 5－12　明度值 V＝3 孟塞尔新标系统的色度图

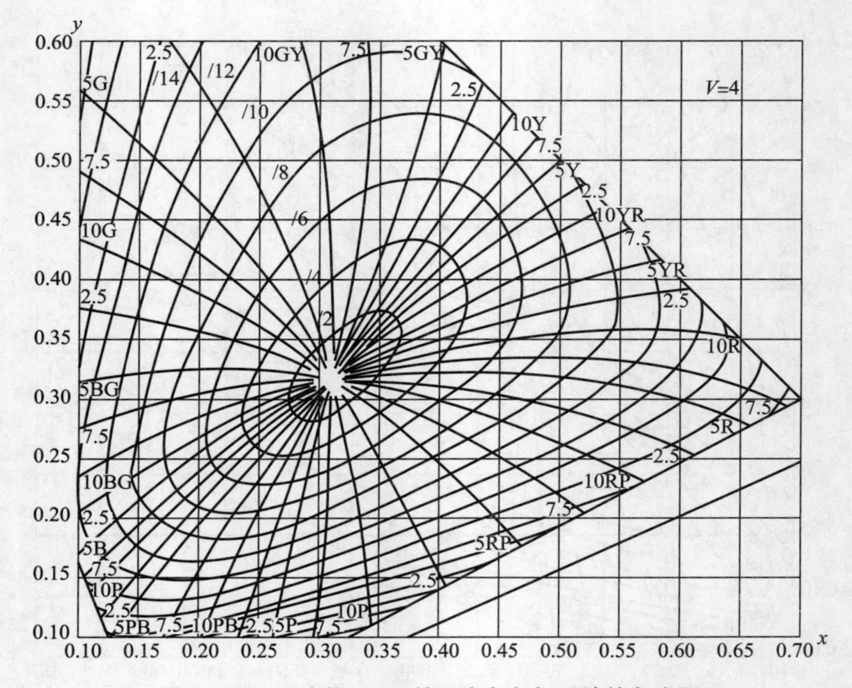

图 5－13　明度值 V＝4 的孟塞尔新标系统的色度图

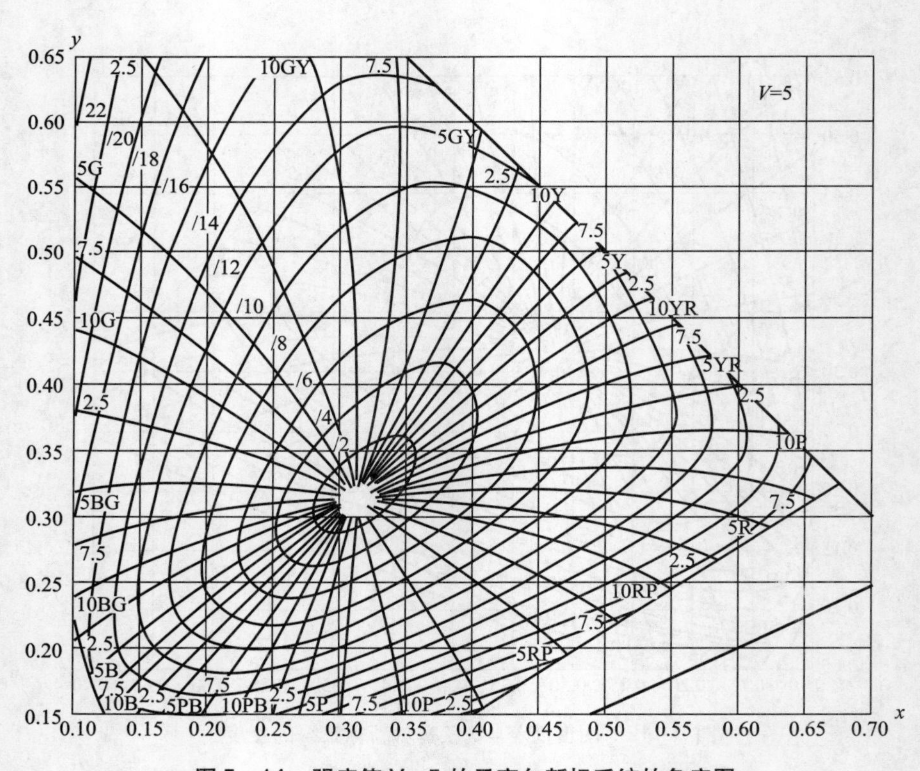

图 5－14　明度值 V＝5 的孟塞尔新标系统的色度图

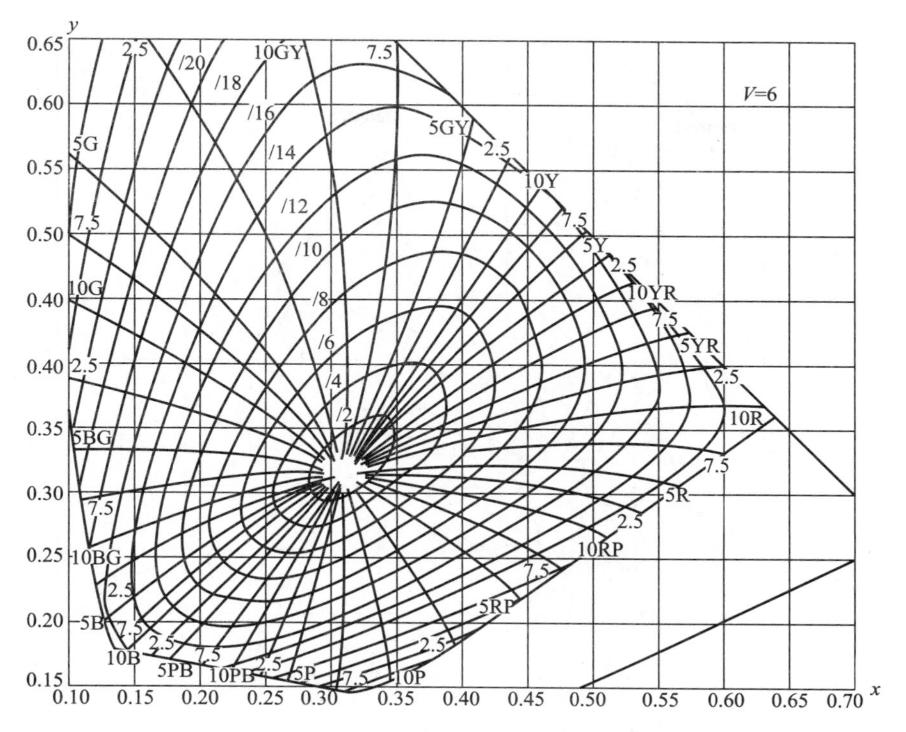

图 5－15　明度值 V =6 的孟塞尔新标系统的色度图

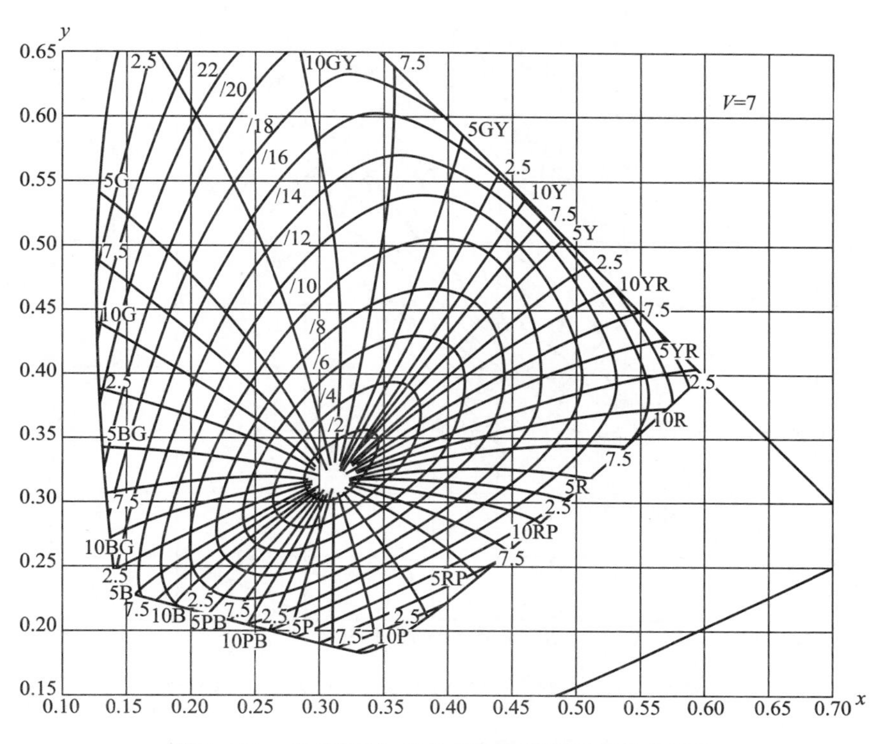

图 5－16　明度值 V =7 的孟塞尔新标系统的色度图

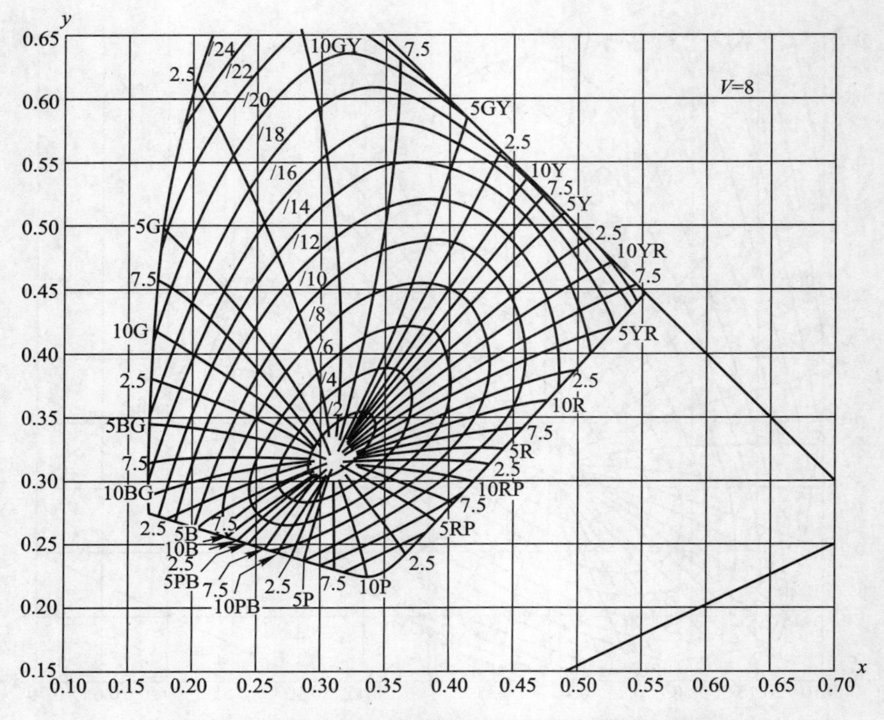

图 5－17　明度值 V＝8 的孟塞尔新标系统的色度图

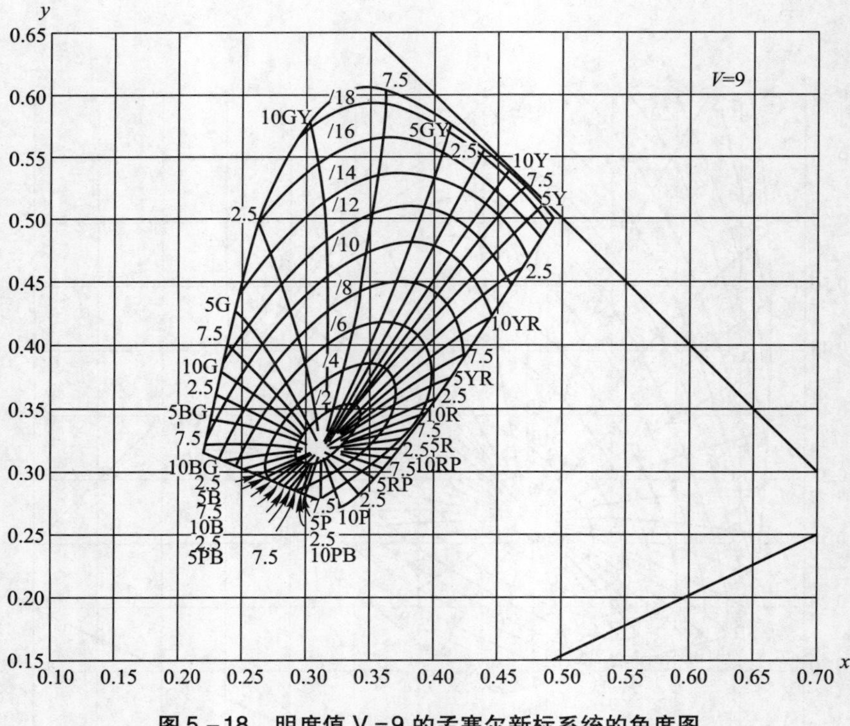

图 5－18　明度值 V＝9 的孟塞尔新标系统的色度图

分析这 9 张不同明度的色度图可以看出，在明度值为 4/时、5/时、6/时，彩度轨迹的数量最多，比明度值 9/时占色度图更大的面积。这意味着，在中等明度值 4/时～6/时有产生最大饱和度表面色的可能性，而在明度值 9/时（亮度因数 Y = 79），不可能有非常饱和的颜色，特别是在色度图的蓝、紫、红部分更是如此。随着明度的降低，每一恒定的彩度轨迹圈急剧增大，依据在明度值 1/时（亮度因数 Y = 1.210），图 5 – 10 中的彩度 4/时轨迹已经包括明度值 9/时的全部颜色，这表明人眼分辨饱和度的能力随明度的降低而降低，明度值为 1/时，当色度图中黄、绿部分只剩下很少几个恒定彩度轨迹，这表明，当明度降低时，黄、绿色只有很低的饱和度。

六、CIE Yxy 颜色空间的不均匀性

色彩差别量与其他物理量在性质上迥然不同。例如长度这一物理量，人们常常可以任意分割，即使分割到人眼无法分辨的微小长度，还可以借助显微镜和其他物理仪器来测量和观察。但是，对于色彩差别量来说，主要取决于眼睛的判断。如果一个用眼睛不能分辨的色彩差别量，而人们又不能借助物理仪器来观察它，就使它成了一个无意义的数值。我们把人眼感觉不到的色彩差别量（变化范围）叫做颜色的宽容量。颜色的宽容量反映在 CIE xy 色度图上即为两个色度点之间的距离。因为，每种颜色在色度图上是一个点，但对人的视感觉来说，当这种颜色的色度坐标位置变化很小时，人眼仍认为它是原来的颜色，感觉不到它的变化。所以，对视感觉效果来说，在这个变化的距离（或范围）以内的色彩差别量，在视觉效果上是等效的。对色彩复制和其他颜色工业部门来说这种位于人眼宽容量范围之内的色彩差别量是允许存在的。

1942 年，美国柯达研究所的研究人员麦克亚当（D. L. Macadam）发表的一篇关于人的视觉宽容量的论文，迄今为止，它仍是在色彩差别定量计算与测量方面的经典著作。在研究的过程中，麦克亚当在 CIE xy 色度图上不同位置选择了 25 个颜色色度点作为标准色光。又对每个色度点画出 5 ~9 条不同的方向直线，取相对两侧的色光来匹配标准色光的颜色，由同一位观察者调节所配色光的比例，确定其颜色辨别的宽容量。通过反复做 50 次配色实验，计算各次所得色度坐标的标准差，即：

$$D_{sb} = \sqrt{\sum_{i=1}^{n} \frac{1}{n}\left[(x_i - x)^2 + (y_i - y)^2\right]} \qquad (5-17)$$

从图 5 – 19 中可以看到，围绕指定标准色度点向各个方向的辐射线为各标准差的距离，发现在不同方向上，此距离是不相等。围绕标准色度点，在不同方向上选取距离为一个标准差的点的轨迹近似一个椭圆。还可以看到在色度图不同位置上的 25 个颜色点的椭圆形状大小不一样，其长轴方向也不相同。这表明在 xy 色度图中，在不同位置不同方向上颜色的宽容量是不相同的。换句话说，标准 CIE xy 色度图上的相同的几何距离，在不同的颜色区域里和不同颜色变化的方向上，所对应的视觉颜色差别量大小是不同的，图 5 – 19 中的各个椭圆形宽容量是按实验结果的标准差的 10 倍绘出的。

麦克亚当的实验结果表明了在 xy 色度图各种颜色区域的宽容量不一样，蓝色区最小，绿色区最大。图 5 – 14 是明度值 V = 5 的孟塞尔新标系统的色度图，可以看出在其色度图的相同面积内，蓝色区有较多的颜色（不同色相和彩度），而绿色区内却少得多。就是说，在色度图蓝色部分的同样大小的空间内，视觉能分辩出较多数量的蓝色；而在色度图绿色部分同样大小的空间内，人眼只能分辨出较少数量的绿色。视觉对蓝色恰可辨别的最小距离与对绿色恰可辨别的最小距离之比竟达 20∶1。从图 5 – 14 中还可以看到，尽管孟塞尔色

相和彩度是按视觉等间距来分级的，而在 xy 色度图中却变成不等间距了，即 xy 色度图中相等的空间距离在视觉效果上不是等差的。所以 CIE xy 色度图不能正确反映颜色差别的视觉效果。如果用 xy 色度图上两个颜色色度点之间的距离作为色彩感觉差别量的度量，就会给人们造成错误的印象，影响到颜色的匹配和色彩复制的准确性，给色彩设计与复制技术增加困难。因此 CIE1931xy 色度图不是一个最理想的色度图。同样，从图 5－9 也可以看出，明度轴上颜色明度的分布也是不均匀的，说明整个 Yxy 颜色空间的不均匀性。因此，寻求一种新的颜色空间，使得该空间的距离大小与视觉上色彩感觉差别成正比，这是许多从事色彩研究的科学家所探求的问题，也是色彩设计与复制行业所迫切需要解决的一个问题。

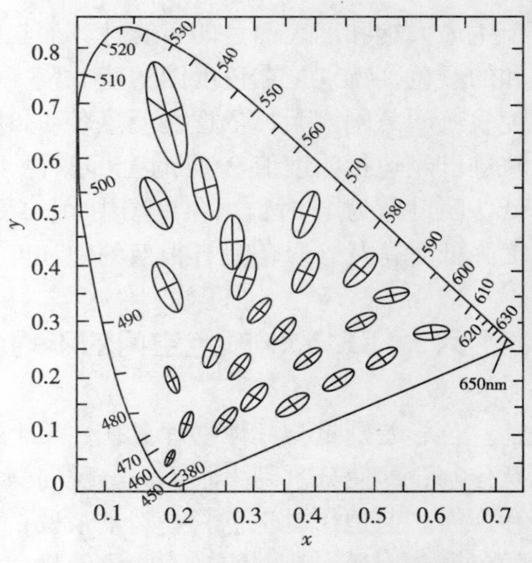

图 5－19　标准 CIE xy 色度图中各颜色区域的宽容量

第三节　CIE 1976 L* a* b* 色度空间

一、CIE 1976 L* a* b* 色度空间及色差公式

人们从一开始研究色彩学时，为了使色彩设计和复制更精确、更完美，为色彩的转换和校正制定合适的调整尺度或比例，减少由于空间的不均匀而带来的复制误差，就在不断寻找一种最均匀的色彩空间，这种色彩空间，在不同位置，不同方向上相等的几何距离处，视觉上应该对应相等的色差，把易测的空间距离作为色彩感觉差别量的度量。若能得到一种均匀的颜色空间，那么色彩复制技术就会有更大进步，颜色匹配和色彩复制的准确性就可以得到加强。

从 CIE 1931 RGB 系统到 CIE 1931 XYZ 系统，到 CIE 1960 UCS 系统，再到 CIE 1976 LAB 系统，颜色空间一直都在向“均匀化”方向发展。CIE 1931 XYZ 颜色空间只是采用简单的数学比例方法，描绘所要匹配颜色的三刺激值的比例关系；CIE 1960 UCS 颜色空间将 CIE 1931 xy 色度图作了线形变换，从而使颜色空间的均匀性得到了改善，但亮度因数没有被均匀化。

为了进一步改进和统一颜色评价的方法，1976 年 CIE 推荐了新的颜色空间及其有关色差公式，即 CIE 1976 LAB（或 L* a* b*）系统，现在已被世界各国正式采纳，作为国际通用的测色标准。它适用于一切光源色或物体色的表示与计算。

CIE 1976 L* a* b* 空间由 CIE 1931 XYZ 系统通过数学方法转换得到，转换公式为：

$$\begin{cases} L^* = 116(Y/Y_0)^{1/3} - 16 \quad Y/Y_0 > 0.01 \\ a^* = 500\left[(X/X_0)^{1/3} - (Y/Y_0)^{1/3}\right] \\ b^* = 200\left[(Y/Y_0)^{1/3} - (Z/Z_0)^{1/3}\right] \end{cases} \tag{5-18}$$

式中 X、Y、Z——物体的三刺激值；

X_0、Y_0、Z_0——分别为 CIE 标准照明体的三刺激值；

L^*——表示心理明度；

a^*、b^*——心理色度。

从上式转换中可以看出：由 X、Y、Z 变换为 L^*、a^*、b^* 时包含有立方根的函数变换，经过这种非线形变换后，原来的马蹄形光谱轨迹不再存在。转换后的空间用笛卡儿直角坐标体系来表示，形成了对立色坐标表述的心理颜色空间，如图 5－20 所示。在这一坐标系统中，$+a^*$ 表示红色，$-a^*$ 表示绿色，$+b^*$ 表示黄色，$-b^*$ 表示蓝色，颜色的明度由 L^* 的百分数来表示。

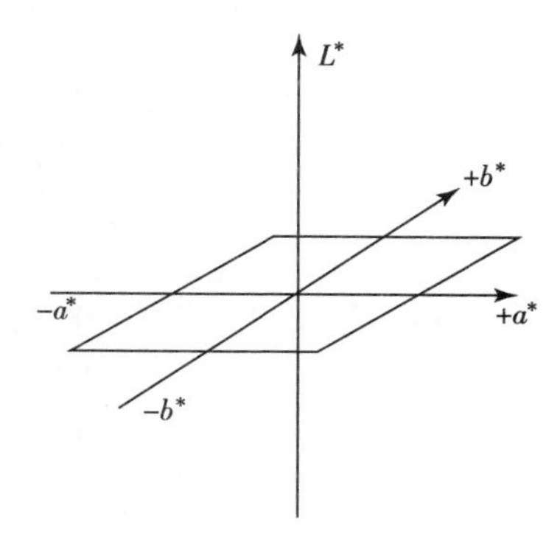

图 5－20 CIE 1976 L*a*b* 色度空间

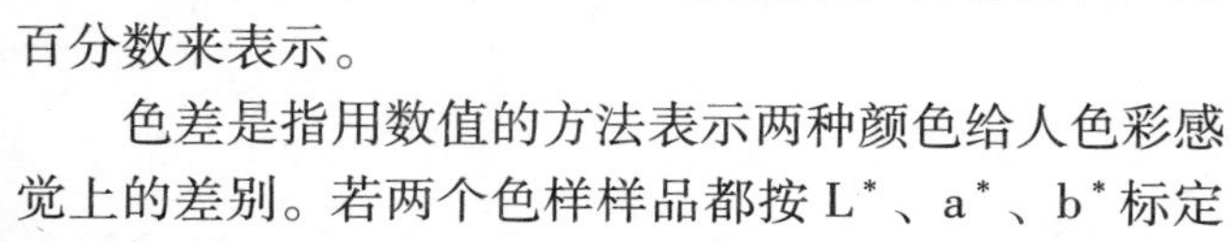

色差是指用数值的方法表示两种颜色给人色彩感觉上的差别。若两个色样样品都按 L^*、a^*、b^* 标定颜色，则两者之间的总色差 ΔE_{ab}^* 以及各项单项色差可用下列公式计算：

明度差：
$$\Delta L^* = L_1^* - L_2^*$$

色度差：
$$\Delta a^* = a_1^* - a_2^* \qquad \Delta b^* = b_1^* - b_2^*$$

总色差：
$$\Delta E_{ab}^* = [(\Delta L^*)^2 + (\Delta a^*)^2 + (\Delta b^*)^2]^{1/2} \tag{5-19}$$

计算举例：在 2°标准观察者和 C 光源的照明条件下，测得用黄色油墨印制的三个样品的色度坐标如下所示。

No1：$Y = 71.79$，$x = 0.4210$，$y = 0.4788$

No2：$Y = 70.67$，$x = 0.4321$，$y = 0.4889$

No3：$Y = 67.95$，$x = 0.4441$，$y = 0.4947$

C 光源：$Y_0 = 100$，$x_0 = 0.3101$，$y_0 = 0.3162$

下面再按式（5－18）进行计算，得到 L^*，a^*，b^*。首先根据式（5－15）求得各样品色的三刺激值

$$\begin{cases} X = xY/y \\ Y = Y \\ Z = zY/y = (1 - x - y)Y/y \end{cases}$$

由此得到：

No1：$Y_1 = 71.79$，$X_1 = 63.13$，$Z_1 = 15.02$

No2：$Y_2 = 70.60$，$X_2 = 62.46$，$Z_2 = 11.43$

No3：$Y_3 = 67.95$，$X_3 = 61.00$，$Z_3 = 8.40$

C 光源：$Y_0 = 100$，$X_0 = 98.07$，$Z_0 = 118.22$

再把这些数值代入式（5－18）求得：

No. 1
$$\begin{cases} L_1^* = 116(71.79/100)^{1/3} - 16 = 87.95 \\ a_1^* = 500\,[(63.13/98.07)^{1/3} - (71.79/100)^{1/3}] = -16.36 \\ b_1^* = 200\,[(71.79/100)^{1/3} - (15.02/118.22)^{1/3}] = 78.68 \end{cases}$$

No. 2
$$\begin{cases} L_2^* = 116(70.60/100)^{1/3} - 16 = 87.29 \\ a_2^* = 500\,[(62.46/98.07)^{1/3} - (70.60/100)^{1/3}] = -15.02 \\ b_2^* = 200\,[(70.60/100)^{1/3} - (11.43/118.22)^{1/3}] = 86.3 \end{cases}$$

No. 3
$$\begin{cases} L_3^* = 116(67.95/100)^{1/3} - 16 = 85.98 \\ a_3^* = 500\,[(61/98.07)^{1/3} - (67.95/100)^{1/3}] = -12.76 \\ b_3^* = 200\,[(67.95/100)^{1/3} - (8.40/118.22)^{1/3}] = 92.99 \end{cases}$$

假定以样品色 No. 1 为标准，则可计算出它们的色差值为：

样品色	ΔL^*	Δa^*	Δb^*	ΔE^*_{ab}
No. 2 - No. 1	-0.6638	1.3287	7.6053	7.7490
No. 3 - No. 1	-1.9727	3.5920	14.3055	14.8809

二、色差单位的提出与意义

1939 年，美国国家标准局采纳了贾德等的建议而推行 $Y^{1/2}$、α、β 色差计算公式，并按此公式计算颜色差别的大小，以绝对值 1 作为一个单位，称为“NBS 色差单位”。1 NBS 单位大约相当于视觉色差识别阈值的 5 倍。如果与孟塞尔系统中相邻两级的色差值比较，则 1NBS 单位约等于 0.1 孟塞尔明度值、0.15 孟塞尔彩度值、2.5 孟塞尔色相值（彩度为 1）；孟塞尔系统相邻两个色彩的差别约为 10NBS 单位。NBS 的色差单位与人的色彩感觉差别用表 5-2 来描述，说明 NBS 单位在工业应用上是有价值的。后来开发的新色差公式，往往有意识地把单位调整到与 NBS 单位相接近，例如 ANLAB40，HUNTER LAB 以及 CIE LAB、CIE LUV 等色差公式的单位都与 NBS 单位大略相同（不是相等）。因此，我们不要认为任何色差公式计算出的色差单位都是 NBS。

彩色包装装潢印刷复制技术是多工序的系统工程，装潢印刷品最终质量的色彩误差，多按正态分布规律 N（u，σ^2），采用“三倍标准差法”，取 ±3σ 作为上、下控制公差。根据国内、外的经验表明：对无特殊要求的一般产品，取 $6\Delta E^*_{ab}$ 色差单位作为装潢印刷品颜色公差的控制范围是较为合理的。

在色彩复制质量要求上，由国家标准局颁布的装潢印刷品 GB 7705—87（平印）、GB 7706—87（凸印）、GB 7707—87（凹印）的国家标准中，对彩色装潢印刷品的同批同色色差为：一般产品 $\Delta E^*_{ab} \leqslant 5.00 \sim 6.00$，精细产品 $\Delta E^*_{ab} \leqslant 4.00 \sim 5.00$，同时还将这一质量标准作为国家企业晋升的一项条件。

表 5-2　NBS 单位与颜色差别感觉程度

NBS 单位色差值	感觉色差程度
0 ~ 0.5	（微小色差）感觉极微（trave）
0.5 ~ 1.5	（小色差）感觉轻微（slight）
1.5 ~ 3	（较小色差）感觉明显（noticeable）
3 ~ 6	（较大色差）感觉很明显（appreciable）
6 以上	（大色差）感觉强烈（much）

第四节　同色异谱色

一、色彩的同色异谱现象

按照代替定律：凡是在视觉效果上相同的颜色都是等效的，便可互相代替，可以完全不涉及它们的光谱组成。从色度计算来说，若两个颜色样品的光谱反射（或透射）率为 ρ_1（λ）、ρ_2（λ），在相同的照明条件 S_D（λ）下，其三刺激值分别为：

$$\begin{bmatrix} X_1 \\ Y_1 \\ Z_1 \end{bmatrix} = K\int_{400}^{700} S_D(\lambda)\cdot\rho_1(\lambda)\begin{bmatrix} \bar{x}(\lambda) \\ \bar{y}(\lambda) \\ \bar{z}(\lambda) \end{bmatrix}d\lambda \tag{5-20}$$

$$\begin{bmatrix} X_2 \\ Y_2 \\ Z_2 \end{bmatrix} = K\int_{400}^{700} S_D(\lambda)\cdot\rho_2(\lambda)\begin{bmatrix} \bar{x}(\lambda) \\ \bar{y}(\lambda) \\ \bar{z}(\lambda) \end{bmatrix}d\lambda \tag{5-21}$$

式中　$S_D(\lambda)$——光源相对能量分布，通常用 CIE 标准照明体 D_{65}；

$\bar{x}(\lambda)$，$\bar{y}(\lambda)$，$\bar{z}(\lambda)$——通常用 CIE 1931 标准观察者光谱三刺激值。

如果这两个颜色样品具有相同的视觉效果，即它们是同色的，则它们应有相同的三刺激值：

$$X_1 = X_2,\ Y_1 = Y_2,\ Z_1 = Z_2$$

由于公式（5－20）与（5－21）相等，可写成：

$$K\int_{400}^{700} S_D(\lambda)\cdot\rho_1(\lambda)\begin{bmatrix} \bar{x}(\lambda) \\ \bar{y}(\lambda) \\ \bar{z}(\lambda) \end{bmatrix}d\lambda = K\int_{300}^{700} S_D(\lambda)\cdot\rho_2(\lambda)\begin{bmatrix} \bar{x}(\lambda) \\ \bar{y}(\lambda) \\ \bar{z}(\lambda) \end{bmatrix}d\lambda \tag{5-22}$$

从式（5－22）可以看到有两种情况：

① 如果两个色样具有完全相同的光谱反射（透射）率曲线 ρ_1（λ）＝ρ_2（λ），则称这两个色样的颜色为同色同谱色。

② 如果两个色样具有不同的光谱反射率曲线 ρ_1（λ）≠ρ_2（λ），而有相同的三刺激值，则称这两个颜色叫做同色异谱色。

同色异谱色在彩色复制技术中，具有非常重要的理论和实际意义。因为在实际生产中，复制品所用的色料同标准样品（原稿）颜色的色料不可能完全相同；即使是同一颜色的同一产品，若先后生产时间不同，则所用的颜色色料与配方，往往有很大的差别。用不同色料复制的同样颜色，其光谱反射曲线（透射曲线），就有可能不同（即 $\rho_1(\lambda) \neq \rho_2(\lambda)$）。例如，彩色包装印刷原稿有多种多样（油画、水墨画以及彩色照片等），但复制原稿所用的色料只有黄、品红、青、黑四种油墨与纸张的白色，它们与原稿颜色的色料完全不同，因此，同色异谱现象大量存在。就是在彩色包装印刷本身，常常用三原色油墨叠印获得与黑墨等效的中性灰色；或者用黑墨直接替代三原色油墨以获得相同的视觉效果；二者颜色相同，但没有相同的光谱反射曲线，所以它们都是同色异谱色。可以说，彩色包装印刷完全是用同色异谱色对原稿进行复制的方法。

同色异谱色的特性只有在特定的照明条件下和特定的标准观察者光谱三刺激值时，它们才具有相同的三刺激值。如在式（5－20）和式（5－21）中，改换标准光源 $S_D(\lambda)$ 时，如果保持 $\bar{x}(\lambda)$，$\bar{y}(\lambda)$，$\bar{z}(\lambda)$ 不变，就不保持同色了。例如，当照明条件由光源 D_{65} 改为光源 A 时，两个同色异谱色的新三刺激值为：

$$\begin{bmatrix} X_1 \\ Y_1 \\ Z_1 \end{bmatrix} = K\int_{400}^{700} S_A(\lambda) \cdot \rho_1(\lambda) \begin{bmatrix} \bar{x}(\lambda) \\ \bar{y}(\lambda) \\ \bar{z}(\lambda) \end{bmatrix} d\lambda \tag{5-23}$$

$$\begin{bmatrix} X_2 \\ Y_2 \\ Z_2 \end{bmatrix} = K\int_{400}^{700} S_A(\lambda) \cdot \rho_2(\lambda) \begin{bmatrix} \bar{x}(\lambda) \\ \bar{y}(\lambda) \\ \bar{z}(\lambda) \end{bmatrix} d\lambda \tag{5-24}$$

计算得出的两个颜色样品的新三刺激值是不相等的，如下：

$$X_1 \neq X_2,\ Y_1 \neq Y_2,\ Z_1 \neq Z_2$$

这表明式（5－22）不再成立。即具有光谱反射曲线 $\rho_1(\lambda)$ 和 $\rho_2(\lambda)$ 的两个颜色样品的同色异谱性质，由于改换了照明光源而遭到破坏，不再保持同色了，所以，同色异谱是有条件的。

二、同色异谱程度的定量评价

为了对颜色的同色异谱程度作出定量的评价，CIE 曾经在 1971 年正式公布一项计算“特殊同色异谱指数（改变照明体）”的方法。这一方法的原理是：对于特定的参照光源（推荐用标准光源 D_{65}）和标准观察者（CIE 1931 $\bar{x}(\lambda)$，$\bar{y}(\lambda)$，$\bar{z}(\lambda)$），具有相同三刺激（$X_1=X_2$，$Y_1=Y_2$，$Z_1=Z_2$）的两个同色异谱样品，用具有不同相对能量分布的另一测试照明光源（推荐选用标准光源 A），所造成的两个样品间的色差（ΔE），作为特殊同色异谱指数 M_t。CIE 当时规定色差是用 CIE 1964 色差公式计算，如果用其他色差公式计算应作说明。

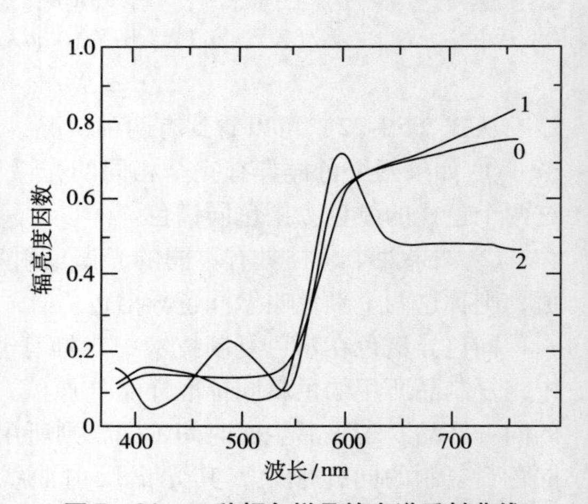

图 5－21　三种颜色样品的光谱反射曲线

现举例具体说明 CIE 特殊同色异谱指数（改变照明体）的计算方法。设有三种颜色样品，其光谱反射曲线如图 5－21 所示，分别为 $\rho_1(\lambda)$、$\rho_2(\lambda)$、$\rho_3(\lambda)$，它们的数值列于表 5－3 中。这三个色样对于参照光源 D_{65} 和 CIE 1931 标准观察者，是同色异谱色，具有相同的三刺激值，即：

$$X_1=X_2=X_3,\ Y_1=Y_2=Y_3,\ Z_1=Z_2=Z_3$$

它们相互间的色差值都是零，如表 5－4 所示。

当参照光源 D_{65} 改换为测试光源 A 时，通过式（5－23）、式（5－24）计算表明三种颜色样品有不同的三刺激值。计算结果列于表 5－4 中，从表中可以看到，它们相互间的色差也不再等于零。

表 5－3 CIE 特殊同色异谱指数

波长/nm	颜色样品			参照光源 D_{65}	CIE 1931 标准观察者			测试光源 A
	$\rho_1(\lambda)$	$\rho_2(\lambda)$	$\rho_3(\lambda)$	$S_{65}(\lambda)$	$\bar{x}(\lambda)$	$\bar{y}(\lambda)$	$\bar{z}(\lambda)$	$S_A(\lambda)$
400	13.61	9.80	15.48	82.8	0.0143	0.0004	0.6796	14.71
420	14.28	5.42	16.05	93.4	0.1344	0.0040	0.6456	20.99
440	13.94	9.32	15.13	104.9	0.3483	0.0230	1.7471	28.70
460	13.74	15.54	13.90	117.8	0.2908	0.0600	1.6692	37.81
480	13.64	22.00	11.92	115.9	0.0956	0.1390	0.8130	48.24
500	13.56	21.86	8.78	109.4	0.0049	0.3230	0.2720	59.86
520	14.17	15.79	7.84	104.8	0.0633	0.7100	0.0782	72.50
540	16.06	9.85	11.55	104.4	0.2904	0.9540	0.0203	85.95
560	27.78	24.47	31.72	100.0	0.5945	0.9950	0.0039	100.00
580	48.48	52.58	62.26	95.8	0.9163	0.8700	0.0017	114.44
600	62.59	63.87	70.20	90.0	1.0622	0.6310	0.0008	129.04
620	67.17	66.90	55.93	87.7	0.8544	0.3810	0.0002	143.62
640	68.76	69.27	48.46	83.7	0.4479	0.1750	0.0000	157.98
660	69.80	71.20	47.24	80.2	0.1649	0.0610	0.0000	171.96
680	71.11	73.37	47.59	78.3	0.0468	0.0170	0.0000	185.43
700	72.61	75.06	47.82	71.6	0.0114	0.0041	0.0000	198.26

表 5－4 同色异谱色的三个色样的三刺激值和色差

光源	颜色样品	三刺激值			色度坐标		CIE 1976 均匀颜色空间及色差			
		X	Y	Z	x	y	L^*	a^*	b^*	ΔE^*_{ab}
参照光源 D_{65}	1	42.73	33.19	15.18	0.4691	0.3643	64.31	36.84	34.77	标准
	2	42.73	33.19	15.18	0.4691	0.3643	64.31	36.84	34.77	0
	3	42.73	33.19	15.18	0.4691	0.3643	64.31	36.84	34.77	0
测试光源 A	1	59.23	40.25	4.95	0.5680	0.3847	69.65	37.79	44.04	标准
	2	60.01	40.23	5.35	0.5680	0.3810	69.63	39.63	41.29	3.31
	3	57.27	40.36	4.78	0.5592	0.3941	69.73	32.91	45.37	5.06

表 5－4 中计算出了各颜色样品的三刺激值，同时计算了它们的色差。根据 CIE 确定

同色异谱指数 M_t 的方法，导出（1，2）和（1，3）两对颜色样品的同色异谱指数列于表5－5中。表5－5中，同色异谱指数的计算是以样品1为标准样品，样品2和3为复制品；在光源 D_{65} 下，每一个复制品与标准样品有相同的颜色（三刺激值）。说明它们是同色异谱色。但是在测试光源A下，它们的颜色产生了差异，三刺激值不再相同，在复制品与标准样品之间产生了同色异谱指数。

表5－5　两对颜色样品的同色异谱指数

颜色样品	同色异谱指数	CIE 1976 ΔE_{ab}^*
（1，2）	M_A	3.31
（1，3）	M_A	5.06

从上面的分析计算，可以得出以下两点结论：

① 三刺激值相同、光谱分布不同的颜色样品叫做同色异谱色。而且从光谱分布的差异，可以粗略地判断同色样品的异谱程度。如果复制品与标准样品之间的光谱反射率曲线形状大致相同、交叉点和重合段多，就表明同色异谱程度低、特殊同色异谱指数低（色差值小），如图5－21所示的光谱反射率曲线（1，2）。相反，如果复制品与标准样品之间的光谱反射曲线形状很不同，交叉点少，那么同色异谱的程度就高。这种根据光谱分布差异来判断同色异谱程度的方法，是一种很有用的定性判断法。

② 史泰鲁斯（Stiles）和维泽斯基（Wyszecki）发现：两个异谱的颜色刺激如要同色，则其光谱反射曲线 $\rho_1(\lambda)$ 与 $\rho_2(\lambda)$ 在可见光谱波段（400～700nm）内，至少在三个不同波长上必须具有相同的数值。也就是两者的光谱反射率曲线至少要有三个交叉点。图5－21所示的三种颜色样 $\rho_1(\lambda)$、$\rho_2(\lambda)$、$\rho_3(\lambda)$ 的情况，已充分说明了这一结论的正确性。

最后，应该注意：在大多数情况下，精确的同色异谱色匹配（$X_1=X_2$，$Y_1=Y_2$，$Z_1=Z_2$）是很难做到的，一般只能做到近似的同色异谱匹配。例如，在包装装潢印刷中的由三原色油墨调配专色或由三原色网点面积率印制专色等，都会存在一定色差。在实际生产中，应允许复制品与标准样品（原稿）在做同色异谱色匹配时存在色差，只是应尽量控制复制品与原稿的色差，把它限制在规定的允许范围之内。对于包装装潢印刷，这种色差一般应为 $\Delta E_{ab}^* \leqslant 6$。

思考题

1. 怎样解释三原色的单位量？
2. 什么是光谱三刺激值？光谱三刺激值 $\bar{x}(\lambda)$、$\bar{y}(\lambda)$、$\bar{z}(\lambda)$ 有什么意义？
3. 什么是负刺激值？
4. 已知 $x(555)=0.3373$，$y(555)=0.6589$，求其光谱三刺激值。
5. 物体色三刺激值与哪些因素有关？
6. 若某种颜色的光反射率为0.1，色度坐标 $x=0.44$，$y=0.11$，求该颜色的三刺激值。

7. 孟塞尔明度的第 11 级明度为 10，而它的亮度因数为什么是 102.57？

8. 什么是颜色的宽容量？

9. 已知两色样的参数为 $L_1^* = 70$，$a_1^* = 14$，$b_1^* = 30$；$L_2^* = 72$，$a_2^* = 15$，$b_2^* = 28$。求两色样的色差。

10. CIE RGB、CIE XYZ、CIE LAB 系统有什么联系与区别？

11. 试用同色异谱理论分析“夜不观色”的原因。

第六章 彩色密度

第一节 密 度

一、物体对光的透射、吸收和反射

在我们周围，每一种物体都呈现一定的颜色。这些颜色是由于光作用于物体才产生的。如果没有光，我们就无法看到任何物体的颜色。因此，有光的存在，才有物体颜色的体现。

从颜色角度来看，所有物体可以分成两类：一类是能向周围空间辐射光能量的自发光体，即光源，其颜色决定于它所发出光的光谱成份；另一类是不发光体，其本身不能辐射光能量，但能不同程度地吸收、反射或透射投射其上的光能量而呈现颜色。这里，我们主要讨论不发光体颜色的形成问题。

无论哪一种物体，只要受到外来光波的照射，光就会和组成物体的物质微粒发生作用。由于组成物质的分子和分子间的结构不同，使入射的光分成几个部分：一部分被物体吸收，一部分被物体反射，再一部分穿透物体，继续传播，如图6－1所示。图中 ϕ_i 为入射光通量；ϕ_τ 为透射光通量；ϕ_ρ 为反射光通量；ϕ_a 为物体吸收的光通量。

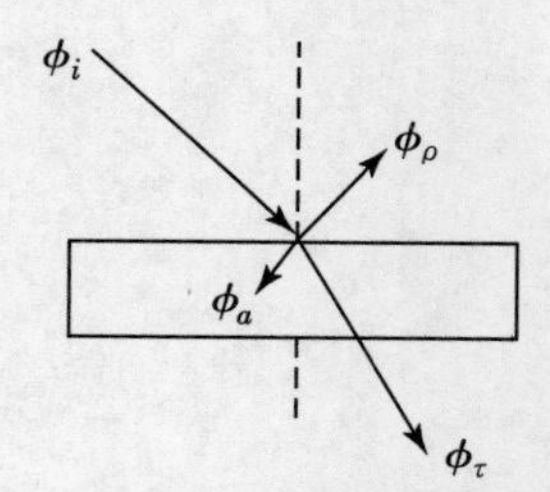

图6－1 物体对光的吸收、反射和透射

（一）透射

透射是入射光经过折射穿过物体后的出射现象。被透射的物体为透明体或半透明体，如玻璃、滤色片等。若透明体是无色的，除少数光被反射外，大多数光均透过物体。为了表示透明体透过光的程度，通常用入射光通量 ϕ_i（见图6－1）与透过后的光通量 ϕ_τ 之比 τ 来表征物体的透光性质，τ 被称为光透射率。表示为：

$$光透射率 \quad \tau = \frac{\phi_\tau}{\phi_i} \qquad (6-1)$$

从色彩的观点来说，每一个透明体都能够用光谱透射率分布曲线来描述，此光谱透射率分布曲线为一相对值分布。所谓光谱透射率定义为在波长为 λ 的光照射下，从物体透射出的光通量 $\phi_\tau(\lambda)$ 与入射于物体上的光通量 $\phi_i(\lambda)$ 之比。表示为：

$$\text{光谱透射率} \quad \tau(\lambda)=\frac{\phi_\tau(\lambda)}{\phi_i(\lambda)} \tag{6-2}$$

通常在测量透射样品的光谱透射率时，还应以与样品相同厚度的空气层或参比液作为标准进行比较测量。

（二）吸收

物体对光的吸收有两种形式：如果物体对入射白光中所有波长的光都等量吸收，称为非选择性吸收。例如，白光通过灰色滤色片时，一部分白光被等量吸收，使白光能量减弱而变暗。如果物体对入射光中某些色光比其他波长的色光吸收程度大，或者对某些色光根本不吸收，这种不等量地吸收入射光现象称为选择性吸收。例如，白光通过黄色滤色片时，蓝光被吸收，其余色光均可透过。

物体表面的物质之所以能吸收一定波长的光，这是由物质的化学结构所决定的。可见光的频率为 $4.3\times10^{14}\sim7.2\times10^{14}$，不同物体由于其分子和原子结构不同，就具有不同的本征频率，因此，当入射光照射在物体上，某一光波的频率与物体的本征频率相匹配时，物体就吸收这一波长（频率）光的辐射能，使电子的能级跃迁到高能级的轨道上，这就是光吸收。

在光的照射下，光粒子与物质的微粒作用，这些物质吸收某些波长的光粒子，而不吸收另外一些波长的光粒子，使得不同物质具有不同的颜色。例如，油墨的颜色是颜料的分子结构所决定的。分子结构的某些基团吸收某种波长的光，而不吸收另外波长的光，从而使人觉得好像这一物质“发出颜色”似的，因此把这些基团称为“发色基团”。例如，无机颜料结构中有发色团，如铬酸盐颜料的发色团是 $C_2O_4^-$（重铬酸根），呈黄色；氧化铁颜料的发色团是 Fe^{2+}、Fe^{3+}，呈红色；铁蓝颜料的发色团是 $Fe(CN)^{2-}$，呈蓝色。这些不同的分子结构对光波有选择性的吸收，反射出不同波长的光。

表面覆盖了涂料的物体，对于不透明的涂料来说，颜料颗粒反射回的光还受到颜料连结料性质的影响；如果涂料是透明的，物体的颜色不仅取决于涂料的颜色，还很大程度上决定于涂料层下物体的颜色。

白光投射到非选择性吸收物体上时，各种波长的光被吸收的程度一样，所以，从物体上反射或透射出来的光谱成分不变，即这类物体对于各种波长的光的吸收是均等的，便产生消色的效果。

光照射到非选择性吸收的物体上，反射或透射出来的光与入射光的强度相比，有不同程度地减少。反射率不到 10% 的非选择性吸收的物体的颜色被称为黑色。反射率在 75% 以上的非选择性吸收的物体的颜色被称为白色。非选择性吸收的物体对白光反射率的大小标志着物体的黑白的程度。

（三）反射

这里所说的反射是指选择反射，非透明体受到光照射后，由于其表面分子结构差异而形成选择性吸收，从而将可见光谱中某一部分波长的辐射能吸收了，而将剩余的色光反射出来，这种物体被称为非透过体或反射体。

图6－2（a）表示了不透明物体的反射过程。不透明体反射光的程度，可用光反射率 ρ 来表示。光反射率可以定义为“被物体表面反射的光通量 ϕ_ρ 与入射到物体表面的光通量 ϕ_i 之比”。可表示为：

$$光反射率 \quad \rho=\frac{\phi_\rho}{\phi_i} \tag{6-3}$$

从色彩的观点来说，每一个反射物体对光的反射效应可以用光谱反射率分布曲线来描述。光谱反射率 $\rho(\lambda)$ 定义为“在波长为 λ 的光照射下，样品表面反射的光通量 $\phi_\rho(\lambda)$ 与入射光通量 $\phi_i(\lambda)$ 之比。可表示为：

$$光谱反射率 \quad \rho(\lambda)=\frac{\phi_\rho(\lambda)}{\phi_i(\lambda)} \tag{6-4}$$

从图6－2（a）可以看出，若用光谱反射率来分析，可以说在入射白光光谱中，蓝色光和绿色光部分被吸收，即 $\rho_{蓝}(\lambda)$、$\rho_{绿}(\lambda)$ 值接近于零；只有红色光部分的辐射能被反射，具有较大的 $\rho_{红}(\lambda)$ 值，故该物体表面呈红色。图6－2（b）是该物体表面的光谱反射率分布曲线，习惯上称为分光反射曲线或简称分光曲线。分光反射曲线可以精确地描述物体的颜色，对色彩的定量描述具有重要意义。而图6－2（c）是物体的光谱反射密度曲线。

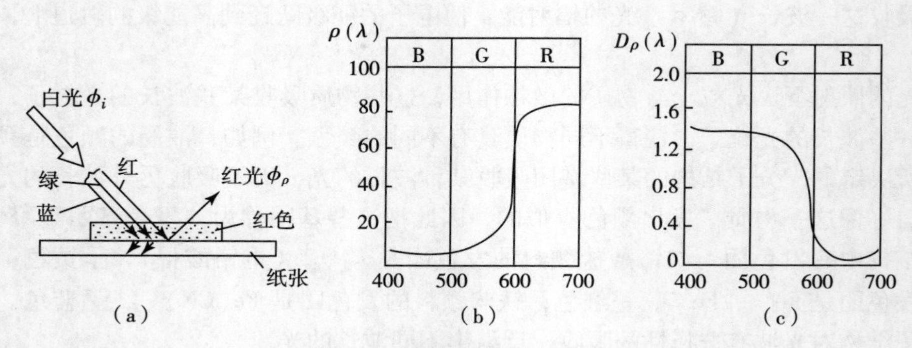

图6－2 不透明物体的反射

物体对光的反射有三种形式：理想镜面的全反射、粗糙表面的漫反射及半光泽表面的吸收反射。

理想的镜面能够反射全部的入射光，但以镜面反射角的方向定向反射，如图6－3（a）所示。而完全漫反射体朝各个方向反射光的亮度是相等的，如图6－3（b）所示。

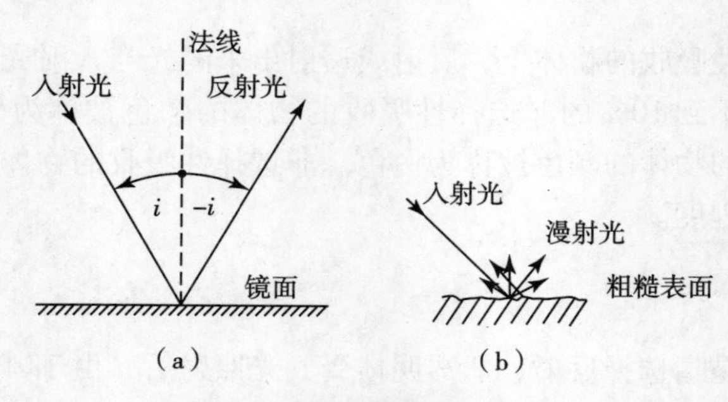

图6－3 物体对光反射的形式

实际生活中绝大多数彩色物体表面，既不是理想镜面，也不是完全漫反射体；而是居于二者之中，被称为半光泽表面。这种性质可以用变角光度计测量其表面反射率因数的分布状况，从而得到图6－4所示的分布曲线。如图6－4所示，从测试样中心到曲线的半径距离，表示在该方向上反射率因数的大小；曲线a是一个半圆，表示完全漫反射体的反射率因数分布；曲线b是半光泽表面反射率因数分布，这表示在镜面反射方向有较强的反射能力。

对于印刷用纸，其表面应属于半光泽表面，图6－5是两种纸张，入射角为45°，观察者在0°位置，图6－5（a）是涂料纸，图6－5（b）是非涂料纸。

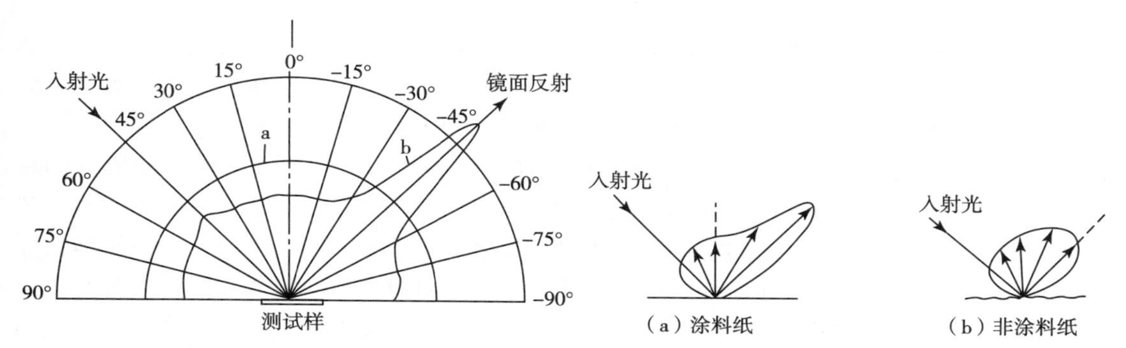

图6－4　彩色物体表面反射率因数的分布状况　　**图6－5　涂料纸与非涂料纸的表面反射**

在彩色印品中，通常是将透明油墨印在纸张上，当入射光以45°照射在印刷墨层表面上时，大约有4%的入射光在墨层表面被反射，称为首层表面反射光；若印刷墨层表面光泽较强，则这4%的首层表面反射光作定向反射，因此不易进入人的眼睛；其余入射光穿过油墨层，经过油墨的选择性吸收后，再透射出来，这就是我们观察到的主色光。如图6－6（a）所示。如果印刷表面粗糙，则这4%的首层表面反射光，将朝各个方面作漫反射，如图6－6（b）所示，此时我们观察到的色光，就是主色光与首层表面反射光的混合光。因为混合光中包含一部分白光，就降低了主色光的饱和度。所以进行彩色印刷时，如果提高印刷表面光泽度，就可以使观察到的色光中，减少首层表面反射的白光，从而提高了色彩的饱和度，促使颜色鲜艳。

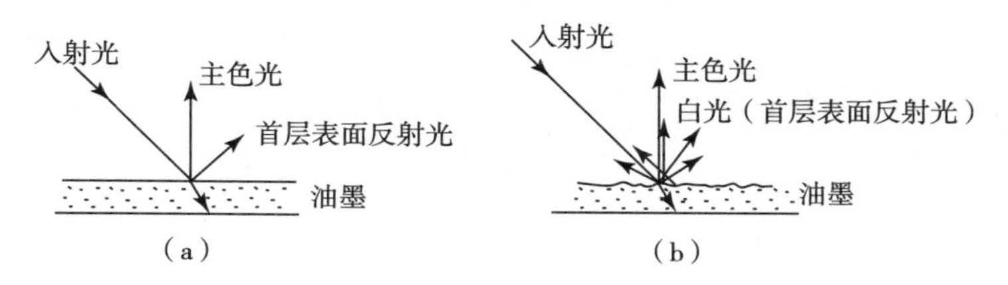

图6－6　不同表面光的反射效果

二、光密度

光密度有透射密度和反射密度之分，表达式如下：

光透射密度

$$D\tau = \lg \frac{1}{\tau} = \lg \frac{\phi_i}{\phi_\tau} \qquad (6-5)$$

光反射密度
$$D_\rho = \lg \frac{1}{\rho} = \lg \frac{\phi_i}{\phi_\rho} \quad (6-6)$$

当 $D_\tau=0$ 时，即 $\phi_\tau/\phi_i=1$，表示入射光线全部透射过去；当 $D_\tau=1$ 时，即 $\phi_\tau/\phi_i=10/100$，表示入射光线透过10%；当 $D_\tau=2$ 时，即 $\phi_\tau/\phi_i=1/100$，表示透光率为1%。光密度是物体对入射光吸收程度的反映，光密度数值越大，物体色越暗。

光谱反射密度
$$D_\rho(\lambda) = \lg \frac{1}{\rho(\lambda)} \quad (6-7)$$

光谱反射密度反映了物体对不同波长上的光的吸收程度，图6-2（c）是红色物体的光谱反射密度曲线。

在包装印刷和摄影等现场（如印刷车间、工厂）测试中，对产品质量进行检测和控制最迅速、简便而又有效的仪器测量法，就是密度测量法。密度最初是用来测量胶片感光后银沉积黑化的程度。因为胶片在曝光时的光量大小不同，银沉积变黑的程度不同，而使光透过率高低发生变化。由于光量的变化，使人在视觉感受上产生明暗、深浅和黑白的感觉。所以，密度测量实质上是对透射光（反射光）的光量大小的度量，是视觉感受上眼睛对无彩色的白—灰—黑所组成的画面明暗程度的度量。从数学意义上来说，就是将做指数函数变化（10^0、10^1、10^2、10^3……10^n）的光量，通过对数函数变换成接近于人眼对光量差别主观感觉的等差变化（1、2、3……n）。现在，密度测量和密度计已经成为包装印刷中最重要的专用仪器，无论是对工艺技术和印刷原材料的评价，或者是在制版过程中用于做检查、控制的手段；或是在印刷过程中对彩色油墨与彩色图象质量的鉴定和评价，都离不开密度计。

第二节　色料（油墨）密度与厚度的关系

一、朗伯-比尔定律

由于物体吸收了部分可见光的能量，使光强度变弱，同时使物体呈现出某种颜色。如果原来是透明体，则仍然是透明的；如果所有的光都被吸收了，那么这种物体便是黑色的。光的吸收作用是受朗伯（Lamber）定律和比尔（Beer）定律这两个物理定律支配的。朗伯定律指出，在一定的波长下，光的吸收量与吸光材料的厚度成正比。比尔定律指出，在一定的波长下，光的吸收量与吸光材料的浓度成正比。朗伯-比尔定律可以写成下面的数学形式：

$$D_\tau = \lg \frac{\phi_i}{\phi_\tau} = a_\lambda \cdot l \cdot C \quad (6-8)$$

式中　l——介质（如透明胶片、印刷油墨膜层等）的厚度，如图6-7所示；

C——介质的浓度（单位体积内含色料的数量）；

a_λ——称为吸收物体的分子消光指数或吸光指数。

a_λ 与吸收物体的分子结构有关，与照射光的波长有关。对于一般的吸收（如中性灰色），a_λ 近似于常数；而在部分吸收的情况下（如彩色物质），a_λ 随波长不同而有显著变化，对于不同波长的色光，a_λ 值差异很大。

朗伯－比尔定律在印刷科学中有着广泛的应用，但是要注意，朗伯定律只限于吸收物质是均匀的，比尔定律也只限于吸收物质在一定的浓度范围内，当浓度发生变化，产生离解、聚合等现象时，该定律就不成立了。

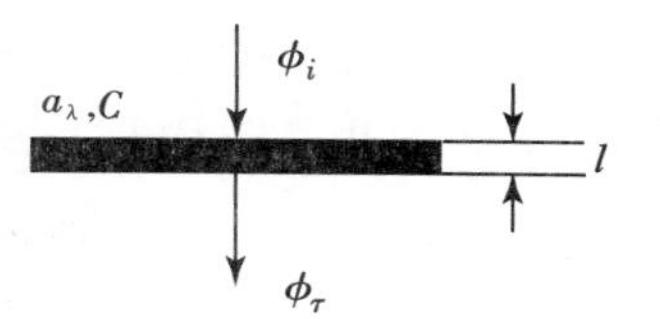

图6－7 朗伯－比尔定律原理示意图

二、色料（油墨）密度与厚度的关系

（一）影响油墨密度的因素

根据朗伯－比尔定律，计算密度的一般表达式为：

$$D = a_\lambda \cdot l \cdot C \tag{6-9}$$

当油墨浓度 C 保持不变时，则同一种油墨的密度 D 应与厚度 l 成正比（因为吸光指数 a_λ 是常数）。但这通常只考虑到照射光在物体内吸收的情况，而没有考虑到光波在油墨层的散射、多重反射等其他复杂的情况。因此，我们把只有吸收的情况称为简单减色法，而实际情况要比这复杂得多，可暂称为复杂的减色混合。下面分别来讨论影响光密度的各种因素：

1. 油墨的首层表面反射

图6－8及图6－9为平滑有光泽的油墨表面和粗糙无光泽的油墨表面。对光泽表面而言，当入射光的入射角为45°时，其反射角也为45°，首层表面反射率约为4％。对于粗糙墨层表面，首层表面反射无方向性，致使墨层密度值下降。

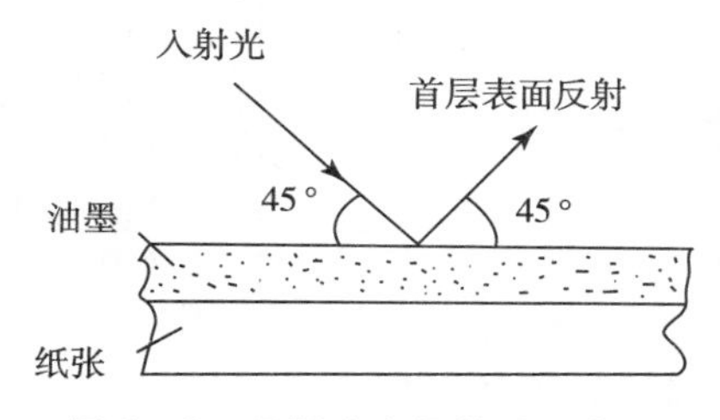

图6－8 平滑有光泽的油墨表面

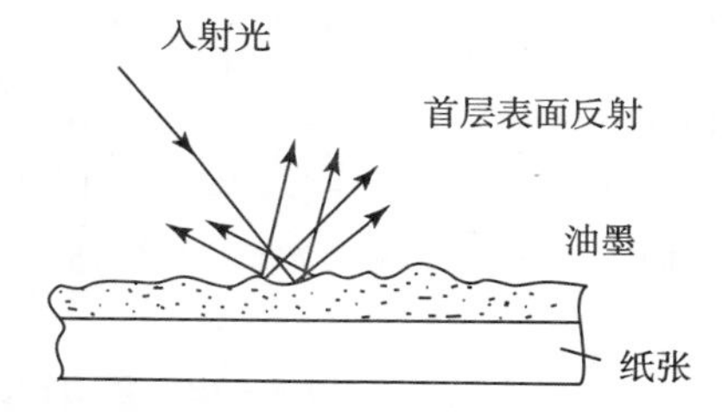

图6－9 粗糙无光泽的油墨表面

2. 油墨的多重内反射

如图6－10所示，由于油墨和纸的折射系数几乎相同，光线由墨层至纸面或由纸面反射回墨层时所发生的表面反射可忽略不计。但当光线透出墨层时，一些光线被墨层的内表面反射回纸面的现象，对于油墨的呈色则有较大影响。

光线从折射系数大的油墨层入射至折射系数小的空气时，由于光经纸面漫反射以各种角度反射至墨层内表面，故必将发生完全内反射，既有相当部分的光要被墨层反射回纸面。对于一束光线，这种内反射可能要经历多次，它被称为多重内反射。光透出墨层前在墨层中几经倾斜内反射，每次内反射油墨都会吸收部分光，致使油墨密度不断增大。当油墨密度足够大时，光在墨层中做多重内反射之前就被吸收了。墨层的多重内反射，使油墨吸收范围加宽，同时也因吸收其他波长光而使油墨密度增大。

3. 油墨的透明性不良

如图6－11所示，油墨中颜料颗粒的表面反射和连接料与悬浮于其间颜料的折射系数差造成了油墨的透明性不良。当油墨叠印时，这是一种严重的缺陷。上层油墨的透明性不良，将影响光线透入下层油墨，因而不能被下层油墨充分地进行选择性吸收。

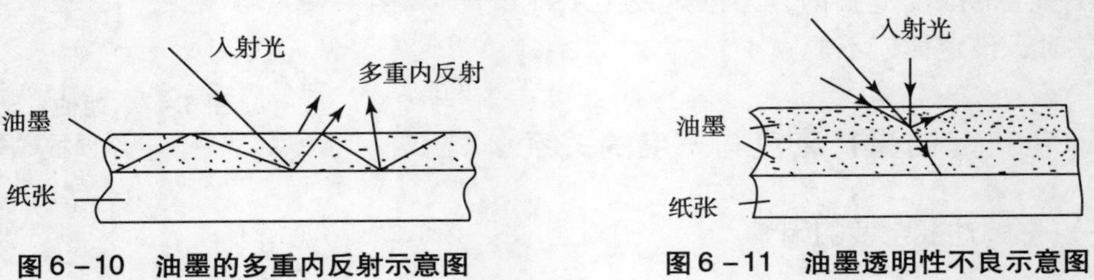

图6－10　油墨的多重内反射示意图　　图6－11　油墨透明性不良示意图

4. 油墨的选择性吸收不纯

采用油墨作为减色法呈色的色料，正是基于油墨具有相对纯净的光谱选择性吸收性能。四色胶印之所以要以黄、品红和青墨作为三原色墨，也是基于它们的光谱选择性吸收主要分别在蓝色区、绿色区和红色区。图6－12是常用黄、品红和青墨的光谱密度曲线。

从图6－12可以看出，实用墨在应吸收色域的吸收量不足，而在不应吸收色域又具有一定量的吸收。

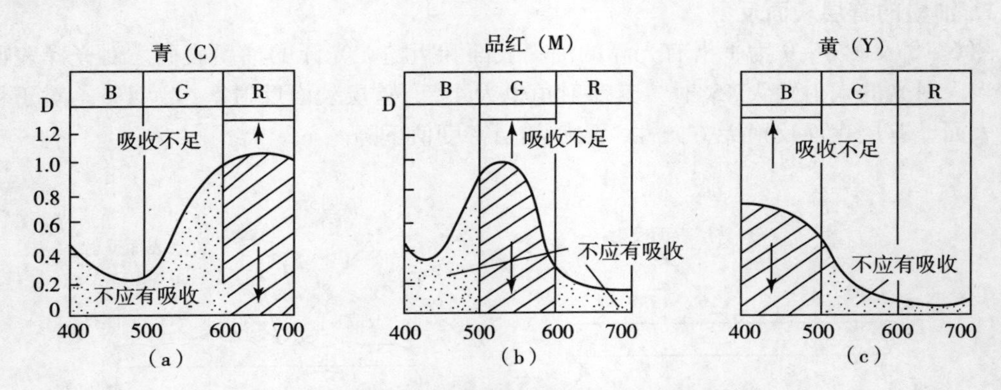

图6－12　常用黄、品红、青墨的光谱密度曲线

油墨的光谱选择吸收性能在决定油墨色彩时起主要作用。同时，在判断油墨纯洁程度时，采用光谱选择性吸收进行分析，也是一种较为精确的方法。

（二）油墨厚度的计算

前面讨论的各种原因，均是由油墨本身的性质所引起的，油墨密度值与厚度不成正比而呈现出一种极为复杂的关系，当然与印刷用的纸张有一定关系。实际上印刷油墨层的光学密度 D，并不因油墨层的厚度 l 变大而无限地增加，多数的纸张油墨厚度在10μm左右便达到饱和状态，即密度值不再增加，如图6－13所示。设饱和状态时的密度值为 D_∞，则可写出下面的关系式：

$$dD = m(D_\infty - D) \cdot dl$$

经积分、整理后，有：

$$D = D_\infty (1 - e^{-ml}) \qquad (6-10)$$

式中　m——是与印刷用纸张平滑度有关的常数。

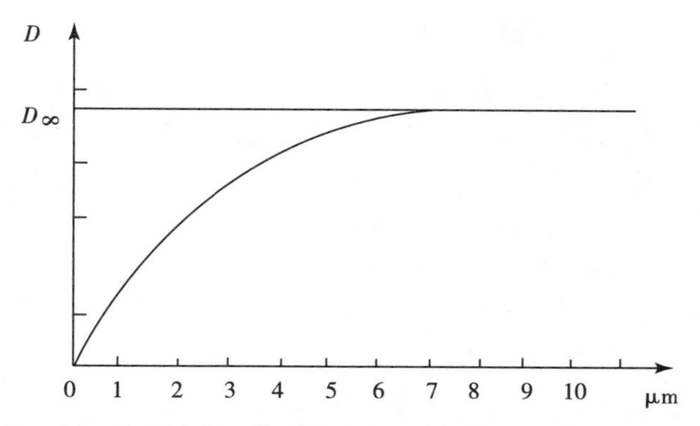

图6－13　印刷油墨层的光学密度与纸张油墨厚度之间的关系

式（6－10）中密度D、油墨厚度l可用实验的方法确定，从而可以求出式中的另外两个参数D_∞和m。

例如用新闻纸在印刷适性仪（IGT）上，以$l_1=1.097\mu m$、$l_2=2.194\mu m$进行压印，测得其相应的密度为$D_1=0.69$，$D_2=1.01$，则按式（6－10）可写出方程组：

$$\left.\begin{aligned}D_1&=D_\infty(1-e^{-ml_1})\\D_2&=D_\infty(1-e^{-ml_2})\end{aligned}\right\}\tag{6-11}$$

消去D_∞则有：

$$D_1=\frac{1-e^{-ml_1}}{1-e^{-ml_2}}\cdot D_2$$

$$0.69=\frac{1-e^{-m\times1.097}}{1-e^{-m\times2.194}}\times1.01$$

解方程式可求得纸张平滑度常数：

$$m=0.571$$

由式（6－11）可以求得饱和状态时的密度值：

$$D_\infty=D_1/(1-e^{-ml_1})=0.69/(1-e^{-0.571\times1.097})=1.484$$

将所求得的参数D_∞和m代入式（6－10），就可以得到适用于新闻纸的油墨密度与厚度关系计算式：

$$D=1.484(1-e^{-0.571\cdot l})\tag{6-12}$$

朗伯－比尔定律是在理想条件下推出的，它只考虑了油墨颜料的吸收性，而没有考虑在实际印刷中的许多复杂因素，更没有考虑到承印物（如纸张、塑料等）对油墨转移与呈色所造成的影响，因而产生了理论计算与实际情况的差异。但是，尽管实际情况千差万别，影响因素种类繁多，然而“吸收性”仍然是油墨呈色的根本原因。当油墨浓度保持不变时，影响油墨密度D的主要参数也仍然是墨层厚度l［见式（6－12）］。墨层厚度l，一直是印刷中主要控制对象。

第三节　彩色密度

一、彩色密度

色料三原色是青、品红、黄三色墨，它们可以控制吸收红、绿、蓝三原色光进入人眼的量。用什么方法才能测量出这种吸收控制量的大小呢？以青墨为例，它是用来吸收控制进入人眼红色光的量，为了要测得青墨对光谱中红光的吸收能力，在进行密度测量时，我们在密度计里放置一个红色滤色片。如果不放置红色滤色片，则所测得的密度反映的是青墨对入射光整个光谱吸收的程度；而放置红色滤色片，就可以直接测得青墨对照射光光谱中红光的选择性吸收程度，也就是直接测得青墨对进入人眼中的红光吸收控制的程度，并以此来判断青墨的饱和度和厚度。放置红色滤色片后，密度值高表明青墨对照射光中的红光吸收量多，表示青墨饱和度高或墨层厚；反之，若密度值低则表明青墨对照射光中红光吸收量少，这表示青墨的饱和度低或墨层薄。

用红、绿、蓝三种滤色片测量的密度，称为彩色密度或三滤色片密度，分别用 D_R、D_G、D_B 表示。D_R 反映了色料对入射光光谱中红光的吸收程度，同样 D_G、D_B 分别表示色料对入射光光谱中绿光、蓝光的吸收程度。因此可以用彩色密度这三个独立的参数 D_R、D_G、D_B 来准确地表示某一色样的色彩属性。

二、色料（油墨）颜色质量的 GATF 密度评价方法

（一）对油墨颜色质量进行评价的必要性

彩色图像印刷品的最终色彩效果，在一定条件下与油墨的颜色质量直接相关。因为油墨是彩色印刷品色彩的来源，其最后的视觉效果是由油墨印刷在纸张上的效果来决定的。所以彩色图像印刷要求油墨的颜色能使印刷品色彩鲜艳、明亮。就彩色印刷的全过程来说，如分色、制版、印刷以及纸张质量的好坏，虽然都会影响到印刷品的颜色，但是油墨颜色的优劣，则是影响色彩效果的最重要的条件。假如油墨的颜色不好（包括油墨的色相、明度、饱和度等），不论采用多么先进的工艺方法，也印不出好的彩色印刷品来。所以，我们在讨论油墨的各性质时，必须对油墨的颜色质量（好坏）以及彩色印刷对油墨的要求等方面加以研究。

（二）影响油墨颜色质量的最主要因素

前面已经讨论了影响油墨密度值的各种因素，其中对油墨颜色质量最主要的影响因素就是各原色油墨的光谱选择性吸收不纯。这涉及油墨本身的色相和饱和度，是油墨颜色纯洁性最根本的问题。

1. 不应有吸收和不应有密度

从图 6－12（a）中可以看到：青色油墨在 400～500nm 的蓝色波段和 500～600nm 的绿色波段内都不应有吸收性，应该全部反射，因而不应该有密度值存在，或者说在此区间其密度值应为 0。所以我们称 400～500nm 和 500～600nm 中的密度为青墨的不应有密度。之所以产生不应有密度，是因为青墨中掺杂有黄色的成分，造成它在 400～500nm 区间吸收蓝光，这可以用密度计上的蓝色滤色片来测量，以 D_B 表示。又由于青墨中还掺杂有品红的成分，造成它在 500～600nm 区间又吸收绿光，产生不应有密度，这可以用密度计上的绿色滤色片来测量，以 D_G 来表示。由上述因素影响，使青墨有三个密度值：其一是由红色滤色片测得的 D_R 称为主密度值；另外两个不应有密度 D_G 和 D_B，被称为副次密度值。同理对于品红墨和黄墨亦因颜色不纯净而产生不应有密度。表 6－1 为一组青、品红、黄三原色油墨用红、绿、蓝三个滤色片所测得的密度值。

表 6-1　一组青、品红、黄三原色油墨用红、绿、蓝三个滤色片所测得的密度值

色别	红滤色片（R）密度 D_R	绿滤色片（G）密度 D_G	蓝滤色片（B）密度 D_B
青（C）	1.23	0.50	0.14
品红（M）	0.14	1.20	0.53
黄（Y）	0.03	0.07	1.10

2. 密度不够和吸收不足

从图 6-12（a）中还可看到，青墨在 600～700nm 区间对红光吸收不足，密度值不够高。在表 6-1 中的青墨，主密度 $D_R = 1.23$，实际吸收红光为 94%；品红墨主密度 $D_G = 1.20$，实际吸收绿光为 93.5%；黄墨主密度 $D_B = 1.10$，实际吸收蓝光 92%，三者吸收性都不够强。因为在理想的情况下，各原色油墨的主密度值至少应达到 2 以上，吸收率为 99%，其副次密度应为 0，如表 6-2 所示。由此可见，采用密度测量法评价油墨的颜色质量很方便，也是比较容易判断的。

表 6-2　理想油墨各密度值

色别	D_R	D_G	D_B
青（C）	2.00	0	0
品红（M）	0	2.00	0
黄（Y）	0	0	2.00

（三）评价油墨颜色质量的参数

目前在印刷界广泛采用上述红、绿、蓝三个滤色片密度值来评价油墨颜色特征的方法，是由美国印刷技术基金会 GATF 推荐的，它提出了四个参数来表征油墨的颜色质量特性。

1. 油墨色强度

不同的油墨进行强度比较时，三个滤色片中密度数值最高的一个为该油墨的强度。例如，在表 6-1 中的青墨强度为 1.23，品红墨强度为 1.20，黄墨强度为 1.10，它们也是各自的主密度值。油墨强度决定了油墨颜色的饱和度，也影响着套印的间色和复色色相的准确性和中性色是否能达到平衡等问题。油墨的强度，在一般的印刷工艺情况下，黄墨主密度值 D_B 在 1.00～1.10，品红主密度值 D_G 在 1.30～1.40，青墨主密度值 D_R 在 1.40～1.50，黑墨主密度值 D_{Bk} 在 1.50～1.60。

2. 色相误差（色偏）

因为油墨颜色不纯洁，使得其对光谱的选择吸收不良，产生不应有密度，而造成色相误差。不应有密度的大小就是这种色相偏差的反映。从表 6-1 中可以看到，各种原色都可以用 R、G、B 滤色片进行测量，得到高、中、低三个大小不同的密度值。色相误差可由这三个密度值按照式（6-13）进行计算。油墨的色相误差用百分率表示：

$$色相误差 = \frac{中密度值 - 低密度值}{高密度值 - 低密度值} \times 100\% \qquad (6-13)$$

以表6－1中的青墨为例，其色相误差为：

$$色相误差=\frac{0.50-0.14}{1.23-0.14}\times 100\%=33\%$$

3. 灰度

油墨的灰度，可以理解为该油墨中含有非彩色的成分。如前所述，这是由于油墨在低密度值处发生不应有吸收所造成的，它只起消色作用。灰度以百分率表示，按照式（6－14）进行计算：

$$灰度=\frac{低密度值}{高密度值}\times 100\% \tag{6-14}$$

仍以表6－1中的青墨为例，其灰度为：

$$灰度=\frac{0.14}{1.23}\times 100\%=11.38\%$$

灰度对油墨的饱和度具有很大影响，灰度的百分数越小，油墨的饱和度就越高。

4. 色效率

油墨色效率是指一种原色油墨应当吸收1/3的色光，完全反射2/3的色光。由于油墨存在不应有吸收和吸收不足的问题，就使得油墨颜色效率下降，按照式（6－15）进行计算：

$$色效率=1-\frac{低+中}{2\times 高}\times 100\% \tag{6-15}$$

以表6－1中的青墨为例，它的色效率为：

$$色效率=1-\frac{0.14+0.5}{2\times 1.23}\times 100\%=74\%$$

色效率只对三原色油墨有意义，对于两原色油墨叠印的间色（二次色）就没有实际意义了。

表6－3是牡丹牌快干亮光胶印油墨的颜色质量参数，这相当于欧洲标准四色油墨的颜色质量参数数据。

表6－3　牡丹牌快干亮光胶印油墨的颜色质量参数

色别	颜色密度			色相误差/%	灰度/%	色效率/%
	D_R	D_G	D_B			
Y（05－28）	0.06	0.11	1.00	5.0	6.0	91.0
M（05－14）	0.18	1.45	0.77	46.0	12.0	67.0
C（05－32）	1.55	0.52	0.17	25.0	11.0	78.0
G（C+Y）	1.48	0.54	0.85	32.9	36.5	
R（M+Y）	0.18	1.46	1.43	97.6	12.3	
B（C+M）	1.57	1.55	0.72	97.6	45.8	

（四）GATF色轮图

图6－14是美国印刷技术基金会所推荐的色轮图，该图是以油墨的色相误差和灰度两个参量作为坐标，圆周被分为六个等分：三原色Y、M、C和三间色G、R、B，圆周上的

数字表示色相误差，从圆心向圆周半径方向分为 10 格，每格代表 10%，最外层圆周上灰度为 0（饱和度最高为 100%），圆心上灰度为 100%（消色，饱和度最低，等于 0）。在色轮图上描点时要注意下面两点：

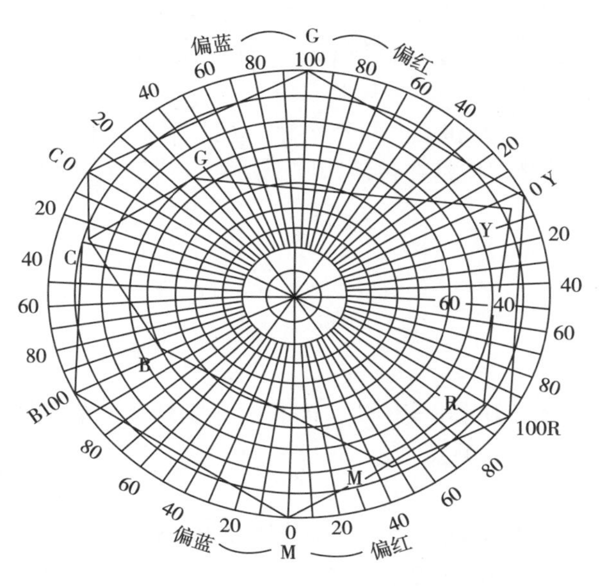

图 6－14　GATF 色轮图

① 对于 Y、M、C 三原色的色相误差以零为标准，在确定这一色相误差偏离原色坐标的方向时，以那个滤色片测得的密度值最小为依据，即表示某颜色较多地反射了该滤色片的色光，故偏靠该滤色片的方向，即色相误差就偏向该滤色片的颜色。

例如表 6－3 中的品红 M，其色相误差为 46%，最小密度值是由红色滤色片测得的，故确定坐标时应往红色方向偏 46%。灰度坐标由外往里计算为 12%，这样就可确定 M 点。同理可以确定 Y 和 C 两点在图中的位置。

② 对于 R、G、B 三间色的色相误差以 100 为标准，因为理想的绿色（G）在绿色滤色片的密度值应为 0，而在红色和蓝色滤色片下的密度应呈现最高值，如表 6－4 所示，所以理想绿色的色相误差可以计算得出：

$$\text{理想绿色的色相误差} = \frac{\text{中}-\text{低}}{\text{高}-\text{低}} \times 100\% = \frac{2.00}{2.00} \times 100\% = 100\%$$

但是实际工作中，很难实现理想条件，故实际绿色的色相误差为：

$$\text{实际绿色的色相误差} = \frac{\text{中}-\text{低}}{\text{高}-\text{低}} \times 100\% = \frac{0.85-0.54}{1.48-0.54} \times 100\% = 32.9\%$$

表 6－4　理想绿色和实际绿色的密度值

样品	D_R	D_G	D_B
理想绿色（G）	2.00	0	2.00
实际叠印绿色 G（C＋Y）	1.48	0.54	0.85

所以实际叠印绿色的色相误差为 32.9%，其最小密度值是由蓝色滤色片测得（本色

滤色片的密度值除外），故该绿色应偏向蓝色方向，在32.9%的位置上。灰度坐标仍然由外往里计算36.5%，这样就确定了G点。用同样的方法可以确定红色R和蓝色B在色轮图中的位置。

将图6－14中的Y、R、M、B、C、G 6个点连接起来构成的六边形，就是这组三原色油墨的色域。该六边形愈大，则油墨色域愈大，色效率愈高。完全理想的一组彩色油墨，为图6－14中所表示的正六方形。

GATF色轮图采用色相误差和灰度两个坐标，直观清晰，很容易理解，尽管这种方法并不能像CIE系统那样精确，但是在包装印刷上用来分析油墨的颜色的印刷特性，却是很受欢迎和有效的。

1. 一个反射物体表面反射率$\rho=10\%$，问它的光反射密度是多少？
2. 试述油墨密度与厚度的关系。
3. 什么是彩色密度？
4. 若一种油墨的彩色密度D_R、D_G、D_B分别是0.18、1.45、0.77，求该油墨偏色方向，灰度、色相误差及色效率。

包装 第三部分 色彩的设计

第七章 包装色彩的心理理论

人的心理活动是一个极为复杂的过程，它由各种不同的形态组成，如感觉、知觉、思维、情绪、联想等，而视觉只是感觉的一种，还包括听觉、味觉、嗅觉、触觉等在内。当视觉形态的“形”和“色”作用于心理时，人会因自己对大自然和社会的固有认识，表现出一种综合的、整体的心理反应。同理我们对于色彩的嗜好和色彩的象征意义会造成特别的心理效应。

色彩为第一视觉语言，具有影响人们心理，唤起人们感情的作用。作为包装设计的从业人员，应该了解色彩在包装设计中的重要地位，并能够利用色彩心理学的研究成果，进行色彩设计时让色彩带给人以美感，突出产品的特性，使所设计的产品在同类产品中脱颖而出，实现产品和企业形象的准确定位。

第一节 基于色彩联想的色彩形象与色彩的象征性

一、色彩联想

色彩心理效果主要基于色彩联想来体现，主要指对人的心理形象的一种诱发现象。人们的这种色彩联想具有很强的普遍性。在人类长期发展进化过程中，对其产生影响的生长环境、语言环境、气候环境等造就了每个人的个体差异，他们的性格、经验、思想、记忆等的差异使得他们对颜色的认识也存在差异。色彩联想大体上可分为“具象色彩联想”和“抽象色彩联想”两类。不管哪种联想都是属于人类自身的属性或者特性，对其加以利用对改造人们的生活和精神世界是有着重要价值的，这也就是所谓的“色彩联想价值”。在这方面，包装设计的色彩联想价值运用得可谓成果丰硕。

“具象色彩联想”的象征意义主要表现在人们在看见红色能联想到血、火；看见蓝色能联想到蓝天、大海等有着具体象征内容的心理。而“抽象色彩联想”则是看见蓝色就会联想到忧郁、寂静、寒冷；红色则联想到热烈、快乐、暑热等这些看不见的抽象的心理感受。值得注意的是：“具象色彩联想”相比“抽象色彩联想”形式上要多，这就使得包装开发人员可以更好地对其进行研究开发，也可以考虑结合二者，达到对消费者心理消费开发的最佳状态。如图 7－1 所示，CD 包装的设计中充满着对大自然、对生命的联想，兼顾了抽象和具象两种色彩心理联想。

图 7－1　绿色心理联想的设计作品

在人的成长过程中对颜色的联想也是有不同的，通过专家调查少年以下的人群运用“具象色彩联想”的现象比较多，青年开始到成年、中老年运用“抽象色彩联想”会慢慢地多起来。此外性别不同对颜色的心理反映也会不同，女性对颜色的“具象色彩联想”较男性更多。

人们对颜色的联想非常丰富，表 7－1 列举了常见的色彩联想现象。

表 7－1　色彩的具象联想和抽象联想

颜色		具象联想	抽象联想
彩色	红	血、太阳、火、玫瑰、西红柿、樱桃、草莓、西瓜、晚霞、朝阳	热情、危险、革命、反抗、胜利、残忍、亢奋
	粉色	樱花、桃花、京剧旦角脸谱	幸福、爱、甜美
	橙	橙子、桔子	积极、热闹、快乐、果感、成熟
	茶色	土地、树木、茶叶、巧克力	平静、自然、厚重、朴素
	黄	柠檬、香蕉、向日葵	光、明亮、轻快、玩笑、笑容、开朗
	黄绿	嫩叶、嫩草、油菜花	未成熟、自然、青春
	绿	树叶、草原、绿茶、绿山、池塘	自然、和平、希望、新鲜、安全
	深绿	森林、深山	深远、包容、深沉
	蓝	大海、天空、湖泊	理智、冷静、寂静、悠久
	淡蓝	外空看地球、晴朗的天空、瀑布	理想、清净、透明、晴朗、爽朗
	藏青	深海、湖泊	深远、沉静
	青紫	受伤的皮肤、紫荆花	高贵气质
	紫	紫罗兰	优雅、神秘
	淡紫	水莲花、牵牛花	优雅气质
	紫红	牡丹、双瓶梅	优美、女性感

续表

颜色		具象联想	抽象联想
无色彩	白	雪、云、砂糖、盐、事物、用纸、婚纱、医生	清楚、清洁、明亮、无污染
	灰	老鼠、灰尘、水泥墙、城市	忧郁、平凡、寂寞、阴沉、个性
	黑	夜空、木炭、宇宙深处、墨汁、葬礼	悲哀、恐怖、严肃、死亡、稳重

二、色彩形象

根据色彩的联想性质，我们可以结合研究者对色彩和人们性格相结合的研究成果判断色彩在人类心理上形成的性格形象特征。

构成色彩的心理形象主要根据人自身的性格特征来划分，分为“正取向”和“负取向”。色彩的形象和人的性格是相通的，同样一个事物（色彩）在人的心理都会有正负两种相对的形象构成。每一种颜色都会有它独特的感性形象，图7－2中只列举了黄和黑的两种色彩正负形象，以作参考。虽然在包装的设计方案中极少使用负面的形象去构成设计，但负面的颜色其实也是常常用到的，所以，在掌握正、负两种色彩心理形象的基础上灵活运用文字、图形、材料的相互组合配合，最终做到和商品营销相适应的正面色彩形象是包装工作人员需要掌握的知识。如图7－3所示，通过色彩表现了商品的某种形象，色彩来源于商品本身；图7－4通过色彩表现的是商品消费群心理形象，实际上是消费者对商品色彩形象的一种形象期待。

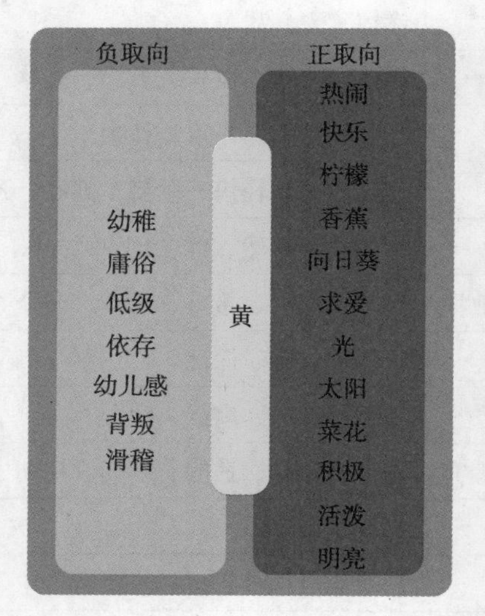

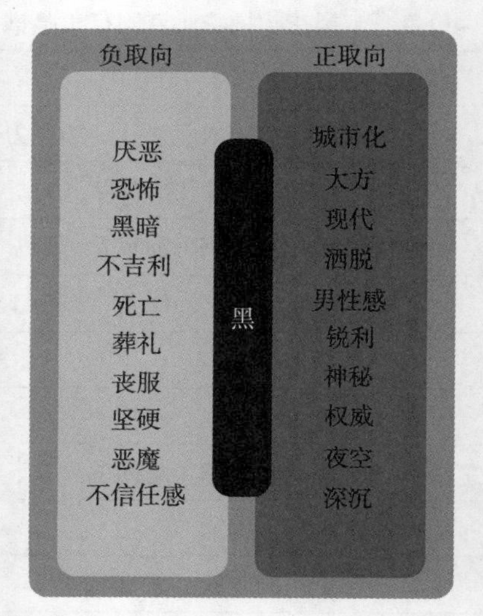

图7－2 色彩形象的正取向和负取向

在包装行业飞速发展的今天，对色彩形象的联想运用非常广泛，有关专家也对颜色色相的形象联想做了归纳，如表7－2、表7－3所示。但是要指出的是，这不可能覆盖所有的包装样式，它具有广泛性但不是绝对性。

图7－3　古巴雪茄包装系列

图7－4　日本水果蔬菜饮料包装

表7－2　色彩联想形象

色彩联想出形象			
红色	激动、热情、强大、强烈、炽热	黄绿色	年轻、新鲜、未成熟、酸
橙色	积极、明亮、温暖、活泼	绿色	新鲜、清爽、自然、朝气
黄色	明亮、可爱、幸福、幼稚	蓝色	寒冷、冷淡、理智、爽朗、平静
紫色	高贵、文雅、优雅、神秘、性感、女性化	白色	无污染、神圣、清洁、清楚、圣洁
粉色	幸福、甜美、可爱、温柔、女性化	灰色	忧郁、平凡、质朴、烦闷
茶色	平静、质朴、雅致、朴素、自然	黑色	城市化、大方、现代感、神秘、不吉利、悲伤

表7－3　形象联想色彩

形象联想出色彩			
快乐	黄色、橙色、蓝绿色	积极	橙色、黄色、红色
幸福	粉色、乳白色、浅橙色	甜美	乳白色、粉色
稳重	米色、灰色、淡蓝色	忧郁	暗灰色、咔叽色、灰色、紫色
安静	亮灰色、淡蓝色	脏的	咔叽色、暗灰色、深棕色
男性感	灰色、黑色、藏青色、茶色	女性感	粉色、紫红色、紫色
高级	白色、黑色、金色、银色	低级	橙色、黄色、紫红色、橄榄色
高雅	白色、黑色、米色、亮灰色	低俗	橙色、紫红色、橄榄色

同时，我们也注意到关于色彩形象和色彩名称之间的微妙心理变化，比如，“白”和“雪白”，后者肯定更能给人以具象而且生动之感，这种色彩的联想更为精确形象生动，所以在现代包装色彩理论体系中色彩名称与色彩形象之间的微妙变化关系被越来越广泛地运用。

三、色彩的象征性

在人们长期对色彩的联想当中，有些已成为固定模式被流传下来，便形成色彩的象征，这种抽象的象征概念自古就紧密地与人们的精神世界相关联。宗教领域，运用色彩突现对某些精神世界的象征指示已非常广泛，但不同的地域这种精神世界的色彩象征是不同的，如中国的“五行思想”、日本的“冠位十二阶”等，所以地域文化对色彩象征意义的解释有着至关重要的指导作用。表7－4列举一些典型的地域色彩象征的差异性。

表7－4 色彩的象征性

日本的冠位十二阶（603年）	紫	德（至高无上的地位象征）
	青	仁
	红	礼
	黄	信
	白	义
	黑	智
中国的五行说的色彩方位	红	南（朱雀）
	黄	中央（天子象征）
	青	东（青龙）
	白	西北（白虎）
	黑	北（玄武）
英国徽章色彩象征	银与白	信仰与纯粹
	红	勇气与热情
	绿	青春与肥沃
	紫	王位与权威
	黑	悔恨与悲惨
	金与黄	名誉与忠诚
	青	敬意与诚实
	橙	智力与忍耐
	紫红	牺牲

续表

美国大学各学院、系的色彩定位	粉	音乐
	深红	神学
	金黄	理学
	绿	医学
	青	哲学
	紫	法学
	白	艺术、文学
	黑	美学
日本安全色彩定位	红	防火、停止、禁止
	黄红（橙）	危险、保安设备
	黄	注意
	绿	安全、进行、急救
	青	指示、小心
	紫红	放射性
	白	通路、整理
	黑	辅助色

另外，色彩与一些固定的社会生活习惯、组织和场所相结合形成了一些固定的象征，如金黄色象征财富；红色与十字结合象征医疗驻地、组织；各国国旗的色彩象征等，但在包装设计中，由于包装的机能是对商品的保护和促销，有时需要赋予有着固定象征意义的一些其他颜色，以适应商品销售。图 7－5 是医药用品包装，如果使用红色就会有太过激烈刺激的感觉，不利于销售，应该用舒缓、对比弱的色彩，这样会增加与消费者的亲近、温馨感，提升心理接受程度。所以在包装设计中，对于一些固定象征意义的色彩要灵活处理，而不能盲目照搬这些有着强烈社会职能象征的色彩。

图 7－5　医药用品包装设计

四、色彩的形状、材料的心理认同

日常生活中，人们通常在无意识的状态下把颜色和形状联系在一起，如容易把红色和正方形相对应；蓝色和圆形相对应；黄色和三角形相对应。虽然这种联想没有色彩联想那么明显，但也是确实存在的。

一些色彩学家通过研究也得出了相同的结论。如色彩学家弗巴·比林、瑞士的伊顿、美国的比莲、俄国画家康定斯基，他们都认同正方、三角、圆是形状的三个基本型，分别对应红、黄、蓝三种色彩的心理感受，并延伸出梯形相对应橙色、六角形对应绿色、椭圆形对应紫色等，如图 7－6 所示。

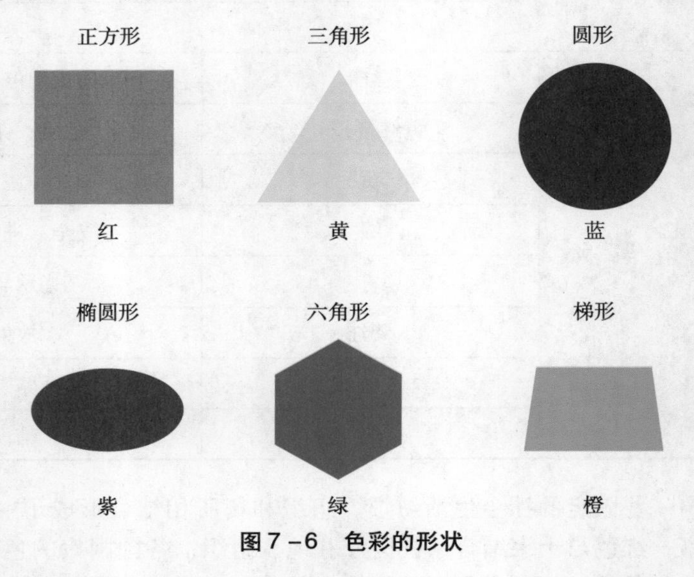

图 7－6　色彩的形状

另外色彩和材料的联系也是客观存在的，比如明快柔和的颜色容易和柔软的材料相关联；黑色等深色容易和坚硬的材料相关联。这反映出颜色在人的心理上有触感性。

第二节　基于色彩联想的各种心理现象

一、色彩的情感性

人类在长期生产生活中积累了丰富的色彩感性认识，逐渐形成了一些特定的物品对应一些特定色彩的习惯，并逐渐把一些对物品的情感转嫁到色彩上，从此色彩具有人的喜怒哀乐，人们赋予了颜色的情感性，并深深固化在人们心理上，形成了一种本能。这些本能对人的影响可谓是无处不在，但都是在不知不觉中产生作用，影响着人的情感、情绪。正因为如此，在商品包装中，积极导入色彩的情感影响力来调动消费者的消费欲望是很有必要的。

二、色彩的喜好性

（一）性别和年龄的色彩喜好差异

人们对颜色的喜好因人各异，但总的来说不同人群也有着相似之处，其中也还是有规律可循的。表7－5、表7－6、表7－7总结列举了不同性别、不同年龄、不同国度的人群对色彩喜好特点。由此可以看出色彩在人的好恶心理上的复杂性，对包装从业人员提出了更高、更细致的要求。图7－7就是依据儿童对色彩的偏好心理设计出来的儿童用具。

图7－7　儿童阶段喜好色彩与儿童用具的结合设计

表7－5　男女色彩喜好的差异

性别	喜好的色相	喜好的色调	喜好的范围
女性	红、紫红、紫、蓝紫	淡色调、亮色调	较分散
男性	蓝、蓝绿、绿	冷色调、暗色调	较窄、保守，较女性更喜好无色彩

表7－6　不同年龄的色彩喜好差异

婴幼儿期	红、黄、绿、青、橙等高纯度偏暖色系，但应该避免太过对比强烈的配色
少年期	以高纯度色系为主，对青、绿、橙、黄色偏爱， 开始对淡色调和亮色调有较强反应
青年期	开始关注冷色和暗色，对紫色的喜好开始增多
成年期	各种色相的纯色为主
中老年期	暗色调、素色喜好增加

表7－7　不同国家地区的色彩好恶

洲	国家和地区		爱好的色彩	禁忌的色彩
亚洲	中国	内地	红、黄、蓝、白	黑
		港澳地区	红、黄、绿等艳丽的颜色	群青、白
	韩国		红、黄、绿等艳丽的颜色	黑色、灰色
	印度		红、橙、黄、绿、蓝等艳丽的颜色	黑、白、紫、浅色
	日本		粉红、黄色、柔和色	深灰、黑、黑白相间色
	马来西亚		红、橙、金、艳色、宗教用绿色	黑、黄色为皇室专用
	巴基斯坦		绿、金、银、橙、艳色	黑、黄
	阿富汗		红、绿	黑
	缅甸		红、黄、鲜艳的颜色	

续表

洲	国家和地区	爱好的色彩	禁忌的色彩
亚洲	泰国	艳色、纯色	红、白、蓝的组合（国家专用）、皇室专用黄色、黑
	土耳其	绯红、白、绿、艳色	
	叙利亚	红、白、绿、青蓝	黄
	印尼	红、绿、黄、白、淡黄、粉红	
	菲律宾	红、黄、白、艳色	
	斯里兰卡	红、绿	
	伊朗、科威特、沙特、巴林、也门、阿曼	白、绿、深蓝与红相间色	粉红、紫、黄
	伊拉克		黑、橄榄绿
非洲	埃及	红、橙、浅蓝、绿、青绿、亮色	深蓝、紫、暗色
	贝宁		红、黑
	摩洛哥	红、绿、黑、艳色	白色
	突尼斯	犹太人喜欢白色、伊斯兰喜欢绿、白、红	
	多哥	白、绿、紫	红、黑、黄
	乍得	白、粉红、黄	黑、红
	尼日利亚		红、黑
	加纳	亮色	黑
	博茨瓦纳	浅蓝、黑、白、绿	
	埃塞俄比亚	鲜明色	黑
	象牙海岸		暗色、黑白相间色
	塞拉利昂	红	黑
	利比里亚	艳色	黑
	马达加斯加	艳色	黑
	毛里塔尼亚	绿、黄、浅色	
	南非	红、白、蓝	
	东非	白、粉红、水蓝色、天蓝色	
	西非	红、蓝绿、藏蓝、黑	

续表

<table>
<tr><th>洲</th><th colspan="2">国家和地区</th><th>爱好的色彩</th><th>禁忌的色彩</th></tr>
<tr><td rowspan="2">北美洲</td><td colspan="2">美国</td><td>浅色、洁净色</td><td>灰暗色</td></tr>
<tr><td colspan="2">加拿大</td><td>除少数宗教影响的村庄，无显著色彩喜好</td><td></td></tr>
<tr><td rowspan="10">拉丁美洲</td><td colspan="2">巴西</td><td></td><td>紫、黄、暗茶色</td></tr>
<tr><td colspan="2">委内瑞拉</td><td colspan="2">黄色是卫生医疗专用色；红、绿、茶、黑、白是五大政党的象征色，不宜乱用</td></tr>
<tr><td colspan="2">厄瓜多尔</td><td colspan="2">高原凉爽地区好暗色，沿海炎热地区好白色、明朗色，农民喜好艳色</td></tr>
<tr><td colspan="2">墨西哥</td><td>红、白、绿组合色</td><td></td></tr>
<tr><td colspan="2">秘鲁</td><td>红、紫红、黄、艳色</td><td>紫为宗教色，慎用</td></tr>
<tr><td colspan="2">阿根廷</td><td>黄、绿、红</td><td>黑、紫黑相间色</td></tr>
<tr><td colspan="2">哥伦比亚</td><td>红、蓝、黄、亮色</td><td></td></tr>
<tr><td colspan="2">尼加拉瓜</td><td></td><td>蓝、白平行条纹组合</td></tr>
<tr><td colspan="2">古巴</td><td>艳色</td><td></td></tr>
<tr><td rowspan="18">欧洲</td><td rowspan="2">比利时</td><td>南部</td><td>粉红、蓝、灰</td><td rowspan="2">墨绿</td></tr>
<tr><td>北部</td><td>粉红、蓝</td></tr>
<tr><td colspan="2">德国</td><td>艳色、金、黑相间色</td><td>茶色、深蓝</td></tr>
<tr><td colspan="2">爱尔兰</td><td>绿色、艳色</td><td>红、白、蓝</td></tr>
<tr><td colspan="2">法国</td><td>灰、粉红、蓝</td><td>墨绿色</td></tr>
<tr><td colspan="2">意大利</td><td>绿、黄红砖色、艳色</td><td>紫色</td></tr>
<tr><td colspan="2">瑞典</td><td>黑、绿、黄</td><td>蓝</td></tr>
<tr><td colspan="2">瑞士</td><td>红、黄、蓝、红白相间色、浓淡相间色</td><td>黑</td></tr>
<tr><td colspan="2">保加利亚</td><td>沉着的绿和茶色</td><td>鲜艳色彩、饱和度高的绿色</td></tr>
<tr><td colspan="2">荷兰</td><td>橙、蓝、金黄、对比强烈的色彩组合</td><td></td></tr>
<tr><td colspan="2">挪威</td><td>红、绿、蓝等鲜艳色彩</td><td></td></tr>
<tr><td colspan="2">丹麦</td><td>红、白、蓝</td><td></td></tr>
<tr><td colspan="2">葡萄牙</td><td>红、白相间的色彩、绿、青</td><td></td></tr>
<tr><td colspan="2">罗马尼亚</td><td>红、白、绿、黄</td><td>黑</td></tr>
<tr><td colspan="2">捷克斯洛伐克</td><td>红、白、蓝</td><td>黑</td></tr>
<tr><td colspan="2">英国</td><td>黄、金、银、白、红、青、绿、紫、橙</td><td>黑</td></tr>
</table>

（二）不同地域的分类

生活在城市的人们习惯纯度较低的各种色彩，更喜欢缓和一些的配色方案；而在农村人们可能更喜欢纯度较高的红色、橙色，更青睐对比度较高的搭配。

作为一个合格的设计师，必须具备一些不同国籍、不同地域、不同民族、不同信仰的文化认同差异意识。如西方宗教中尊贵的紫色到了伊斯兰教中却成了禁忌色，不能乱用。

图7－8、图7－9、图7－10、图7－11分别是日本、韩国、印度、墨西哥四个不同地域的包装色彩特点，可以看出不同地域具有鲜明的地域色彩喜好。表7－7是专家在对世界各地的文化作了深入研究后得到的部分地域、国家的用色喜好、禁忌的归类总结，具有一定的参考价值。

图7－8　日本风格的酒包装

图7－9　韩国食品包装

图7－10　印度风格的檀香包装

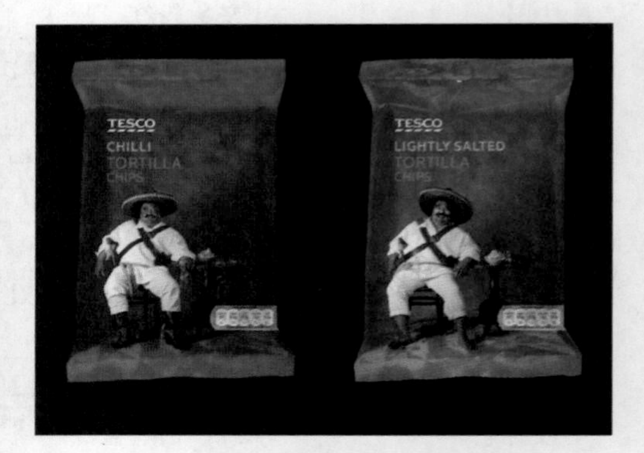

图7－11　墨西哥风格食品包装

（三）色彩的错觉感

在色彩长期给人类的视觉和心理刺激之下，人们把原本色彩不存在的一些视觉现象在心理上表现出来，如："冷暖感"、"轻重感"、"软硬感"、"华丽朴素感"、"静与动"、"强弱感"、"面积感"、"远近空间感"、"醒目感"、"凹凸感"、"缩涨感"、"清洁感"等。色彩联想与色彩形象相对于人心理效果的变化是非常丰富的，其中典型的就是色彩给人的"冷暖感"。"冷暖感"的心理效果使得人们对颜色属性有了基本的色相区分，即"冷色调"、"暖色调"、"中性色调"，在这些基调的基础上，延伸出其他如"轻重感"、"软硬感"、"华丽朴素感"等诸多色彩心理感受。无彩色系中白色偏冷，黑色偏暖，灰色为中性。

1. 冷暖感

冷暖感是色彩给人最直接的心理感受效果。长期以来，人们对冷暖的色彩联想完全来源于对自然的观察。根据实验研究，看见暖色调会分泌更多的肾上腺素，出现血液循环加速，血压升高等现象。这些缘于人们长期对温暖的阳光、火焰等暖色调摄入的心理沉积。相反冷色调便是对冰川、蓝天的心理反应。如图 7－12、图 7－13、图 7－14 所示。

图 7－12　自然界中色彩的寒冷感

图 7－13　自然界中色彩的温暖感

2. 轻重感

轻重感是色彩伴随物体质量给人的感官刺激，有的颜色显得重，有的显得轻。首先这和色彩的明度关联紧密，明度高的显得轻，明度低的显得重。然而在深入研究就会发现，轻重感除了这些还有明显的心理联想因素，一些接近金属颜色的深褐色、金属灰色等容易联想到坚硬、笨重的金属、岩石之类，如图 7－15 所示。其次色相的轻重感也是显而易见的，总的来说暖色调比冷色调显得轻，有研究者把色相的轻重排序，依次是：白、黄、红、灰、绿、蓝、紫、黑。同时饱和度也在各色相基础上也起到了促进轻重错觉感的作用，如饱和度高的色彩要显得轻。

图 7－14　利用冷暖色调设计的包装系列

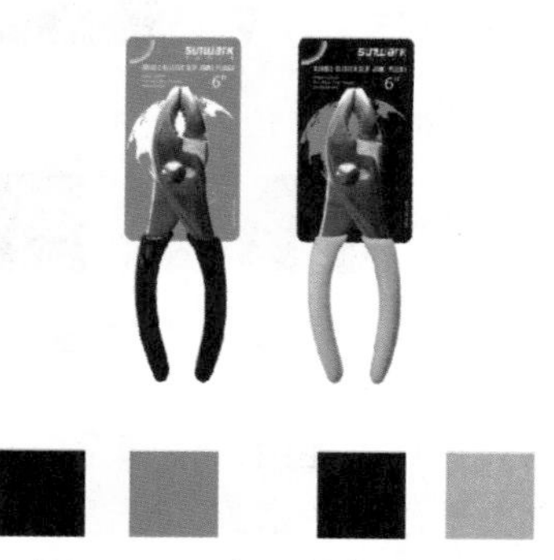

图 7－15　色彩的轻重比较

3. 软硬感

软硬感是人对物质材料的一种色彩联想，它和色彩的明度、纯度都有着密切联系，一般来说，明度高纯度低的颜色显得柔软，反之则相反，如图 7－16 所示。设计中，改变色彩的反差度，利用色彩的冷暖、明度和纯度对比的强弱也能营造出一些商品的软硬色彩心理感受，如图 7－17 所示。

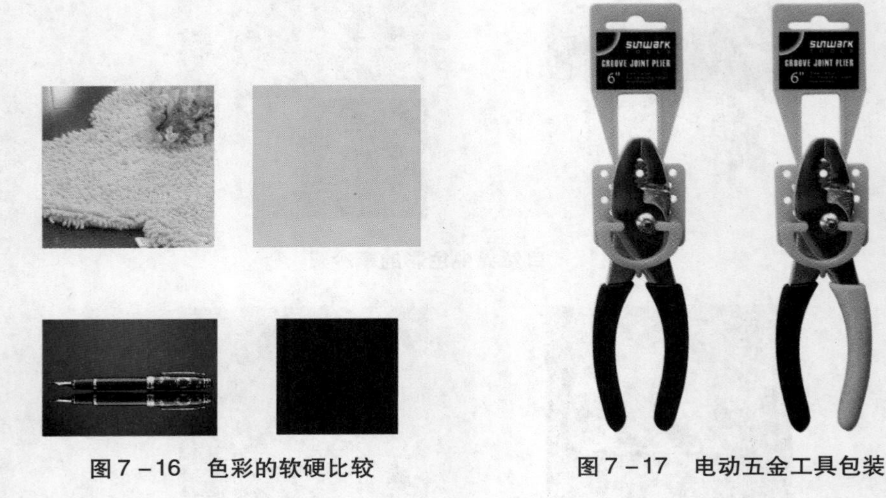

图 7－16　色彩的软硬比较　　图 7－17　电动五金工具包装

4. 华丽朴素感

华丽朴素感是人类的社会生活带来的心理感受，它和色彩的明度、纯度紧密相关。明度、纯度高的颜色显得相对华丽；相反明度、纯度低的颜色则显得相对朴素，如图 7－18 所示。

图 7－18　色彩华丽与朴素感的比较

但其实真正能给人带来全方位的“轻重感”、“软硬感”、“华丽朴素感”的心理感觉主要取决于色彩的搭配，合理的色彩搭配能突出色彩的这些心理联想效果，从而通过包装体现商品的特性。通常来说色彩搭配时，对比弱、色彩纯度低的色彩搭配更能体现轻、软、朴素的效果（见图7－19）；相反，对比强烈、色彩纯度高的色彩搭配更能体现重、硬、华丽的效果。

在我们生活当中，这四种色彩错觉感运用得最为普遍，效果最为明显。在色彩的搭配、设计中几乎都要先考虑以上几种色彩心理的影响，再加入一些其他方式进行补充或者变化，以达到预期效果。

5. 动与静

宁静和动感的色彩心理在包装设计中有着非常特殊的意义，然而，这两种心理错觉很难针对某一种颜色而存在，而通常在设计师进行色彩的搭配的过程中实现。但是一般来说暖色调比冷色调更具动感，因为暖色调更能调动人热烈的情绪。同时，在颜色与形状组合设计时，也常会影响消费者的宁静和动感情绪。暖色调中适当加入冷色经过搭配能够使动感更明显、效果更好，反之也是一样，如图7－20、图7－21所示。

图7－19　朴素感的纸包装

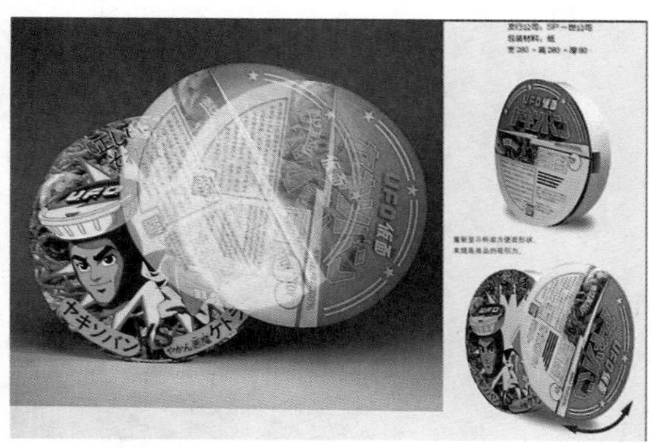

图7－20　动感十足的食品包装

6. 强弱感

强与弱的色彩错觉和色彩的许多方面有关，其中包括色彩的色相、明度、纯度、配色方式、面积等。

通常颜色的可见度决定了色彩的强弱，明亮的、可见度高的色彩在知觉上强度更高。色彩的纯度也是影响可见度的关键因素，纯度越高越容易看见，视觉强度也就越高。色相对色彩强弱的影响不如前两者那么明显，但是一些波长较长的颜色的强度要高于波长短的色彩，如红色的色彩强度要高于蓝紫色，有色彩的色彩强度高于无色彩的色彩强度等。

配色的方式对于色彩的强弱感有着非常的意义，特别是对于设计人员，色彩在搭配时，对比强烈的配色一定在视觉上强于对比弱的配色；色彩比较集中且面积较大的色彩在视觉上强于面积小且分散的色彩。包装设计师也常用这些方法来区别主体物和次要物，如图7－22所示。

7. 面积缩涨感

在相同底色的背景当中放入两个面积相同、形状相同、颜色不同的色块，你会发现其中一块颜色的面积好像比另一块颜色的面积要大，有一大一小的感觉，这种现象就叫做色彩的面积缩涨感。对此研究者也总结了一些特性规律：暖色系的面积感显得大，冷色系面积感显得小；明度高的色彩心理尺寸大；饱和度高的色彩心理尺寸大。包装设计中，通过色彩的面积缩涨感来达到影响包装尺寸比直接改变包装尺寸的方法更方便，如图 7－23、图 7－24 所示。

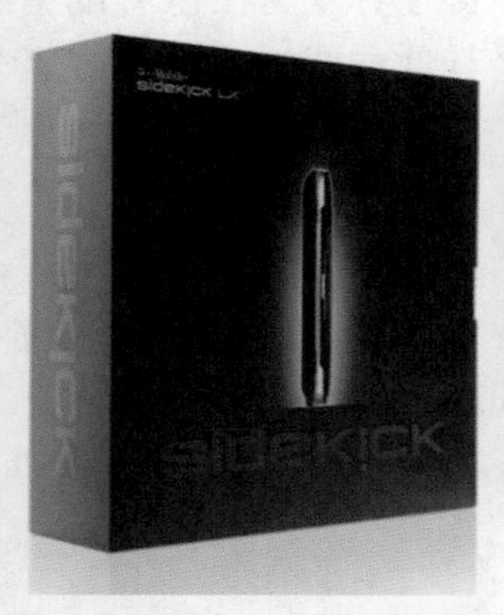

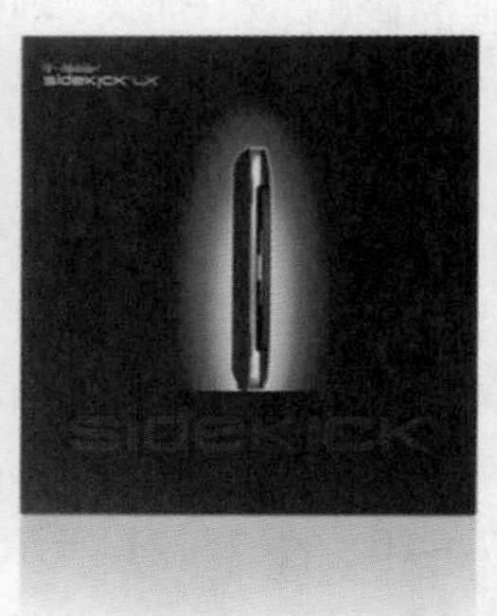

图 7－21　冷色调的静感 CD 包装设计

图 7－22　强弱对比搭配的包装系列

图 7－23　饱和度、明度都很高的食品包装

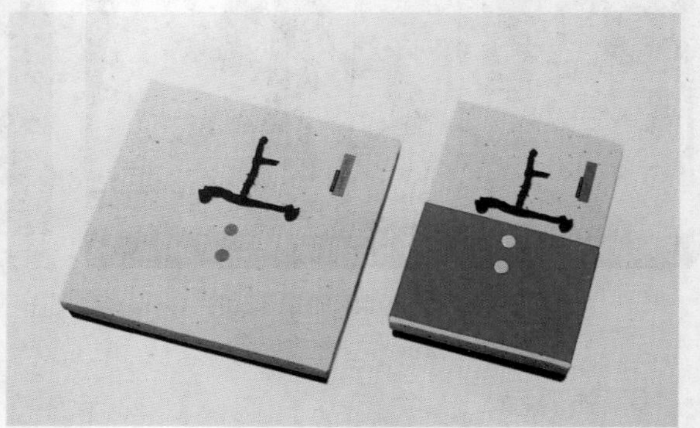

图 7－24　书籍装帧

8. **凹凸空间、醒目感**

由于各种色彩的光波不同，折射率也不一样，从而在我们视网膜上形成的影像也会不同，所以在同一块平面上的颜色，不同的色彩会使你感到有的好像向外凸，有的好像向内凹，这种现象就是色彩的凹凸色彩错觉，如图 7－25 所示。其规律是：波长较长的颜色（如暖色）有凸感、波长较短的颜色（如冷色）有凹感；明度高的颜色有凸感、明度低的颜色有凹感；饱和度高的颜色有凸感、饱和度低的颜色有凹感。灵活运用这一色彩错觉心理现象能够极大地丰富包装的视觉营销效果，实现设计中所需要的醒目效果，以此达到对商品色彩营销的目的，如图 7－26 所示。

9. **清洁与脏感**

人的这种清洁与脏的感觉主要来源于人的生活经验，对清洁和脏都有相对固定的模式，然而，单独对某一颜色而言，很难去感受它有多清洁或者有多脏，只有两种以上的颜色放在一起对比时才会有一种相对清洁感。通常纯度、明度、饱和度高，亮丽、鲜艳的颜色会显得清洁，灰色、饱和度、明度低的颜色显得脏，如图 7－27 所示。

图 7－25　色彩的凹凸现象

图 7－26　包装中的凹凸视觉

图 7－27　对清洁感要求比较高的护肤品包装

第三节　色彩的联觉和色彩记忆的心理现象

一、色彩的联觉

人的五感即视觉、听觉、味觉、嗅觉和触觉。视觉是人的第一感觉，大约占到摄入信息量的 87% 以上，由视觉引发的并与其他感觉相混合的感觉包括：色听感、色味感、色香感以及色触感，通常把这些混合的感觉叫做共感。共感促使人在接受视觉感觉刺激的同时会有另一些感觉的呼应，人的这种复杂感觉心理学上叫做“联觉”，心理学上又叫做“共感觉”或者“通感”，如图 7－28 所示。但人的差异性使得不是所有人都会有这些感觉的混合，并且强弱程度也不一样。一些天生敏感的人会感觉强烈些，而有些人则完全没有这些感觉，同时需要指出的是儿童时期这种感觉要强烈些，成年后这种感觉会慢慢消退。

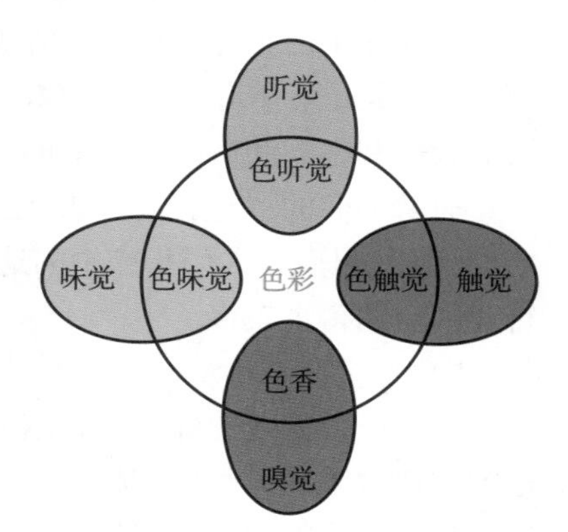

图 7－28　色彩的联觉分析图

许多绘画艺术家在色彩的共感上要较普通人更为敏锐，特别是视听感，他们能够敏锐地把高亢尖锐的小号声音联系成艳丽刺眼的黄色；也能把大提琴那浑厚低沉的音调联想成深蓝、蓝紫色；激烈欢快震撼的鼓声在画家眼里就是火红的红色。这些在艺术家们的心理活动中变得更为突出。Hans · hening 在 1924 年提出的味觉联觉实验成果普遍受到认同，如表 7 - 8 所示。

表 7 - 8 Hans · hening 1924 年提出的味觉联觉定位

酸味	黄、橙、黄绿、绿	苦味	茶、灰、黑、深绿
甜味	粉、乳白、红、白	咸味	白、深红、深黄

在包装领域，色彩的运用和这种联觉也是紧密相关的，比如我们常用一些鲜艳、欢快、跳跃的颜色来设计一些食品包装的主色调，用以刺激人的这种色味心理联觉，达到销售的目的。如图 7 - 29、图 7 - 30 都很好地抓住了食品本身在色彩上的联觉作用而具有较好的视觉效果。

图 7 - 29 乳制品包装

图 7 - 30 水果饮料包装

二、色彩记忆的心理现象

包装的色彩有一个重要的问题就是如何让消费者对色彩产生记忆，在色彩的记忆方面有着两个十分相似的概念“记忆色”和“色记忆”。

“记忆色”（memory color）指的是我们在成长过程中对身边一些经常接触到颜色的记忆，它存在于内心深处对一些客观事物颜色的保存，它不需要面对实物就能表述出事物的颜色。但是也有着非常大的地域、环境、经历等影响而具有个体差异。比如在赤道附近生活的人们和在高纬度附近生活的人们对蓝天颜色的记忆就会不一样。

通常人们的“记忆色”要比实际颜色的印象更深，比如一些鲜艳花朵的颜色成为“记忆色”以后，人们头脑中的这些颜色就会比实际事物的颜色更鲜艳，这一现象在包装行业的运用得也较多。

“色记忆”（color memory）指的是每天我们都会感受着外来的色彩刺激，但是我们能准确记住或者复述的却极少，这种现象使我们认识到有些颜色容易让人记忆而有些却让人模糊。通常来说，暖色调相对冷色调比较容易正确记忆。饱和度高、亮度高的颜色相对质朴、黯淡灰调的颜色更容易记忆，所以人们在商品色彩的设计上通常都采用加强色记忆的方式来促销，如图 7 - 31、图 7 - 32 所示。

图 7－31　需要色记忆典型的食品包装

图 7－32　不同色彩的不同色记忆效果

思考题

1. 色彩联想可分为哪两大类？它们都有什么特点？
2. 色彩形象可分为哪两大类？我们应该如何加以利用？
3. 思考色彩的各种情感、好恶、错觉的实战意义。
4. 画图说明色彩的冷暖感和远近感。
5. 用色彩表现“节日”气氛。
6. 用色彩表现几种风格不同的音乐。
7. 用色彩表现茶、酒、水、咖啡等味道。
8. 用色彩表现早晨、中午、黄昏、夜晚。
9. 用色彩表现春、夏、秋、冬。
10. 用色彩表现喜、怒、哀、乐。
11. 用色彩象征理论，论述中国文化与色彩的关系。

第八章 包装色彩的设计应用

在第四章中，提到了各种色彩显色系统的表示方法，它们都自成体系，而在包装设计中，最常采用的是孟塞尔颜色系统标注法。它以色彩三要素来描述色彩性质的变化，即：色相（H）、明度（V）和纯度（C）。其中，第一个要素用来区别色彩的面貌，第二个要素表示色彩的明暗强度，第三个要素表示色彩的浓度。本章将围绕这三个方面来描述包装的色彩设计。

第一节 包装中的色彩对比

任何两种或两种以上的颜色并置，都能够看到或大或小的差别，产生色彩对比的感觉，而色彩差别的大小决定色彩对比的强弱。色彩学中，将这种色彩构成要素之间的差别称为“对比”。它主要是通过色相对比、明度对比和纯度对比等多种形式实现的。当然，这几组对比并不是壁垒分明的纯粹的对比，在一类对比中可能还具有另一类对比的性质，如色相对比中同时存在明度对比或纯度对比。

包装色彩追求“具有变化的统一”。其中“统一”是指整个包装的色彩应和谐而具备整体感；而“变化”则是由对比带来的，它使画面产生明快的跳跃感，以引起消费者的关注，是包装色彩设计中不可或缺的、用来活泼画面的重要手段。

色彩对比理论除包括色彩色相、明度和纯度三要素的对比外，还包括肌理对比，面积对比等。

一、色相对比

色相，即色彩的相貌，是区别不同色彩的名称，表示的方法是“色相环”。如日本的配色体系，如图 8 -1 所示。

色相对比是将两个或两个以上不同色相的色彩并置，所产生的色相差别的比较。这是一种生理现象，即在颜色视觉中需要有相应的补色来对特定的色彩进行平衡，如果这种色彩没有出现，视神经会自动产生这种补色。也就是说，若将两种不同色相的色彩并置，视

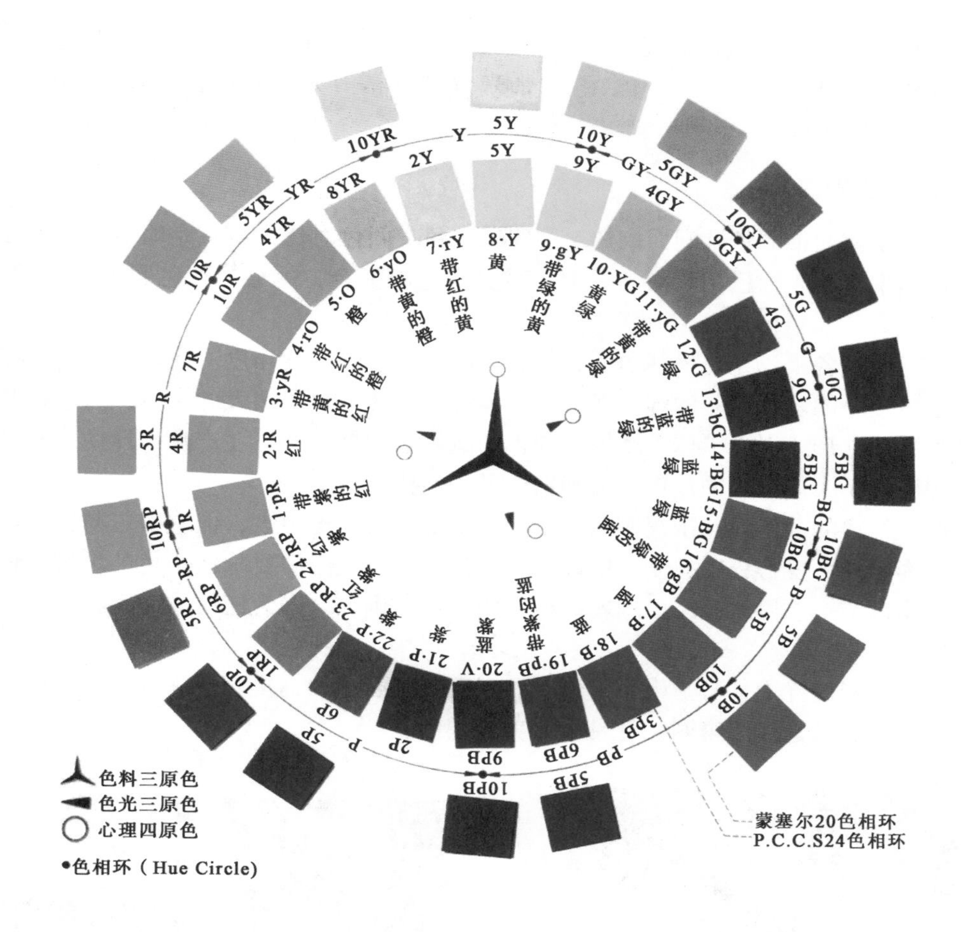

图8－1　色相环

神经就会自动地使色相向自己的补色转变，如红在黄的背景中变为红中显蓝色。通常，红—绿、黄—蓝被称为心理补色，如图8－2所示。

图8－2　补色的应用
（暨南大学珠海校区学生作品）

色相对比构成是指因色相间产生差别而形成的色彩匹配效果。实验证明，红、黄、蓝三色采用适当的比例，可以调配出任意一种其他的色彩，因此它们被称为色料三原色。在这个基础上，我们可把色相对比构成分解为原色对比构成、间色对比构成和复色对比构成等多种色相对比基调。

（一）原色对比

原色对比是颜色对比中最基本的形式。红黄蓝三原色是色环上最极端的三个颜色，表现了最强烈的色相气质，它们之间的对比属于最强的色相对比。用原色来控制色彩，令人感受到一种极强烈的色彩冲突。

原色对比中，两个颜色之间的色相区别愈明

显，则它们之间的对比效果就愈强烈。但是，深红色底上的红色会显示出热度渐衰的效果，若在红色底上配以黄色，就会给人带来热情、精力充沛和积极主动的感觉，如图 8－3 所示。

（二）间色对比

间色，是由两种原色调配而成的，又叫二次色。间色对比的特点是略显柔和。在调和色彩的过程中，某一种色相只要与任何一种其他色相混合，就会导致色彩鲜艳度的降低，色彩学上称为“减色混合”。

在色光中，各单色光是最纯净的，颜料无法达到色光的纯净度。在颜料中，色相环上的色彩是最纯净的。就色彩的纯度而言，在纯绘画领域发生了很大的变革，为了提高色彩在作品中的独立形式意义，体现个性，纯色的运用越来越普遍。在产品设计中，对纯度的注意也很明显，人们运用纯色设计来塑造产品的性格。

虽然，纯净的色彩看起来很刺激，视觉效果上冲击力也很大，但它很难与其他的色彩相配合，因此画面变得难以控制。所以，在设计中有时我们需要降低颜色的纯度，使画面中所有色彩都统一、协调起来，这就需要利用间色来调和。因为任何一种间色都会减弱色彩的纯净度。

在包装色彩设计中，常常引入间色对比来活跃画面。如，橙与绿（见图 8－4）、绿与紫这些间色对比都是活泼鲜明，且具天然美的配色。

图 8－3　运用原色对比的色彩构成图
（暨南大学珠海校区学生作品）

图 8－4　橙与绿
（海报作品）

（三）复色对比

复色，也叫三次色，是由三种原色按不同比例调配而成，或是由间色与间色调配而成的。因三原色混合后为黑灰色，所以复色纯度较低。

复色种类繁多，千变万化。在自然界中，矿物颜色多为复色。复色因本身的纯度限制，对比很弱，整体感觉比较暧昧，有沧桑感。它在包装中使用较少。但环保油墨印刷的效果为复色，因此在强调环保或历史的商品或品牌中仍有用武之地，如图 8－5 所示。

相对来说，原色间的对比效果最为强烈，间色的对比效果较弱，复色之间的对比最弱。

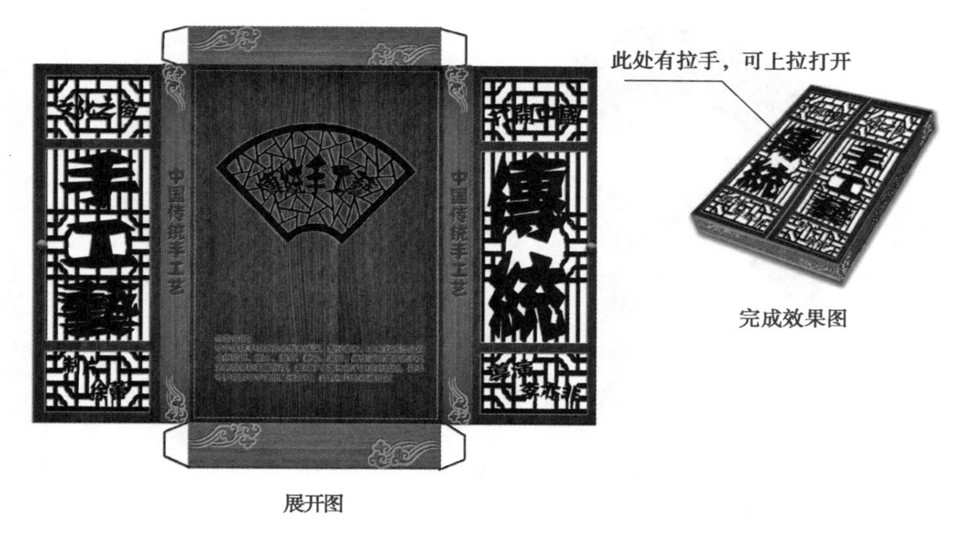

图 8－5　传统手工艺 DVD 包装盒
（暨南大学珠海校区学生作品）

二、明度对比

明度是色彩的明暗或深浅程度。在非彩色体系中，明度由黑、白、灰组成，色彩越近于白色就越明亮；越近于黑色则越黯淡。在有彩色体系中色彩的明度有两种情况：一是同一色相的明暗变化，即同一颜色加黑、白以后产生不同的明暗层次；二是各种不同色相的明暗变化。每一种纯色都有与其相应的明度，如黄色明度最高，蓝紫色明度最低，红绿色为中间明度。

明度对比是将两种或两种以上的颜色并置，所产生的色彩明暗程度的对比。它利用人对明度变化的敏锐体察，使明的更明，暗的更暗，也称色彩的黑白度对比。

色彩之间的明度差别的大小决定了明度对比的强弱。正是这种差异对比的存在，使得画面或空间有了一种近似素描的效果，产生了空间感和层次感，表现出色的立体感。因此，许多人把色彩的明度称之为“色彩的骨骼”。在整个包装设计中，明度对比是最重要的设计因素，在色彩构成中起主导作用。

明度对比构成是指因色彩三属性中的明度变化关系而形成的色彩匹配效果。人们感觉明暗的能力比感觉纯度的能力强三倍。在全部可视的色彩现象中，黑色与白色是反差效果最强烈的明度对比色。虽然纯黑色与纯白色都只有一种，但是把无色彩的白色与无色彩的黑色用不等量调和，就能产生不同阶度的灰色。把这些深深浅浅的灰色按一定的规则安排，就是色彩的明度等阶表。即不同数量的深浅灰色在白色和黑色之间构成了一个连续的色阶，它有 11 个间隔均匀的等差色阶。最暗色阶黑色是 0，最亮色阶白色为 10。其间 1 ~ 9 为深浅不等的系列灰色色阶。中等明亮度的灰色处于色阶表的中心部位，如图 8－6（右）所示。

类似的明度对比也可以在有彩色体系中产生，把色彩的各种色相与白色、黑色不等量地调合，色彩由于明度的变化而产生了丰富的变化，产生出不同颜色的明度等阶表，如图 8－6（左）所示。

图 8－6　明度色阶

我们按照一定的搭配秩序，把黑白灰构成的 11 个等级明度色阶归纳为三种各具色彩审美效果的明度构成基调。

（一）由明度近似的颜色构成的基调

调子反映的是画面整体的明暗配置风格，包括低调、中调和高调三种表现形式，如图 8－7 所示。

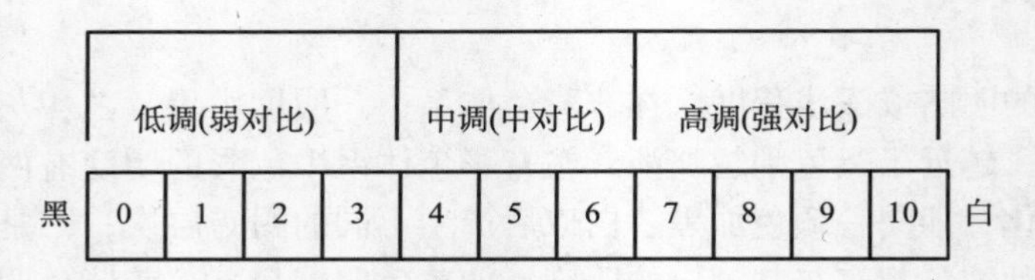

图 8－7　明度基调示意图

（1）低调

配置的色彩明度都很低，画面色调暗沉的色彩构成关系，我们称其为“低调”。它是由 0～3 明度色阶上的颜色搭配而成的。给人朴素、宏大、沉稳、端庄、深沉、悲伤的色彩联想，如图 8－8 所示。

（2）中调

配置的色彩明度居中，画面不明不暗的色彩构成关系，我们称其为“中调”。它是由明度色阶为 4～6 的颜色组合而成的。传递出优雅、含蓄、平凡、明确的色彩语意，如图 8－9 所示。

（3）高调

配置的色彩明度都很高，画面很亮，这称之为高调。它是由明度色阶为 7～10 的颜色配置而成的。表露出明朗、纯洁、活泼、轻盈的色彩意境，如图 8－10 所示。

（二）由明度跨度不同的颜色构成的基调

画面上有两种或两种以上的颜色，依照这些颜色的明度色阶间隔大小来分类，有短调、中调和长调三种表现形式。

（1）短调

明度色阶跨度为 3 档以内的弱对比颜色搭配而成的色彩构成关系叫短调，其明度对比

图 8－8　低调

图 8－9　中调

图 8－10　高调

在包装设计中最不明显。短调中颜色的明度对比较弱，画面趋于柔和如图 8－11 所示，所以，短调对比的包装可以给人神秘、奥妙、优雅等良好的视觉效果；但也会给人带来暧昧不清的感觉，因此，在包装设计中要慎重选用短调对比。

（2）中调

明度色阶跨度中等的称为“中调”。它是由色阶跨度为 4～7 的颜色搭配而成的色彩构成关系，对比上不会产生很强烈的视觉冲击。色彩效果舒适、柔和，是包装图形中最佳的明度效果，属平中见奇的调性，因此是包装色彩设计中应用最广泛的色彩构成方法，如图 8－12 所示。

（3）长调

明度色阶跨度很大的称为“长调”，长调是由明暗跨度为 8～10 个色阶的颜色并置而成的，是明度的强对比。因明暗对比尖锐鲜明，在色彩效果上显得层次丰富，空间感强，能给人带来明快的视觉感受。但因其明度跨度比中调更强，若组织欠妥，极易造成画面色彩太过刺眼或凌乱无序。杜绝此弊端的最好办法是尽量把较明和较暗的颜色集合在一起，以使其画面相对具有整体性，形成应有的视觉合力，如图 8－13 所示。

图 8－11　明度短调对比

图 8－12　明度中调对比

图 8－13　明度长调对比

（三）明度九调子

由明度跨度不同，面积比例各异的色彩构成的调子共有九种表现形式，俗称明度九调子。它们包括：低短调、低中调、低长调，中短调、中中调、中长调，高短调、高中调和高长调。

高短调 9 8 7	中短调 4 5 6	低短调 2 3 4
高中调 9 8 5	中中调 4 5 8	低中调 2 3 6
高长调 10 9 2	中长调 5 6 10	低长调 1 2 10

基调名称的第一个数字代表占主导地位的颜色所属的调性范围，该颜色通常在图形中

的面积占二分之一以上；第二个数字表示其他颜色与主色的对比程度，它们的搭配构成了各种不同的色彩效果。调名后的数字代表构成基调的颜色的明度色阶值，顺序是根据色彩面积由大到小排列。如“高长调 10 9 2”表示高长调是由明度色阶为 10 或 9 的颜色与色阶为 2 的颜色搭配构成。

各种调子所产生的视觉效果有很大的差别，如图 8－14 所示，从上到下，从左到右依次是：

图 8－14 明度九调子

高长调：反差大，对比强，明快，有力，爽朗。

高中调：平乏，无力，梦中的感觉。

高短调：反差小，对比弱，优雅，明亮，轻柔，包装上多用于女性用品（如丝织品、化妆品等）、幼儿用品。

中长调：丰富，充实，强壮，男性。

中中调：不太和谐，简单，生硬。

中短调：对比弱，模糊，含蓄，用在特殊的情况下有特殊效果。

低长调：反差大，对比强，压抑，深沉，苦闷，但很有感召力和爆发力。

低中调：朦胧，模糊，忧郁。

低短调：反差小，深暗，沉重，用在特殊的情况下。

每一种调子都会给人一种感受，设计出好的明暗调子，包装的色彩设计就成功了一半。明暗调子就像那些黑白照片所呈现出的影调，这也是色彩明度对比设计能产生的魅力所在。

1. 短调对比

（1）低短调

指以低调区域的色阶颜色为主导色，衬托略显变化的色阶颜色，呈现出低调弱对比效果的明度调性。其构成特点是反差虚弱，呈现出力量、厚重、雄浑、忧郁等色彩涵义，给予我们一种朴实、沉闷和迟钝的感受。因此，不太适合大面积的包装。但可用于某些局部功能的色彩表达，如图 8－15 所示。

（2）中短调

指以中调区域的色阶颜色为主导色，辅助高调或低调色阶颜色，呈现中调弱对比效果的明度调性。其构成特点是反差细小、色彩和谐。如以土黄色、肉桂色等为主体色调的包装，如图 8－16 所示。

（3）高短调

指以高调区域的色阶颜色为主导色，辅以稍有变化的邻接色阶颜色，产生高调弱对比效果的明度调性。由于其色彩间明暗反差微弱，常体现出优雅、柔和、淡泊等色彩意境。此调属于亮调色，有种明亮圣洁感，如图 8－17 所示。

图 8－15　低短调

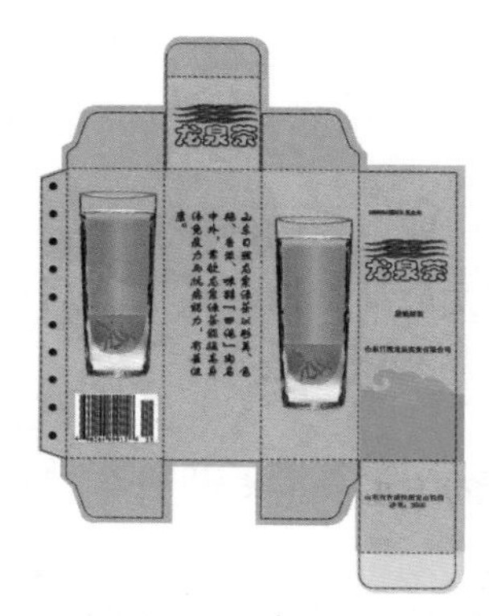

图 8－16　中短调

图 8－17　高短调
（暨南大学珠海校区学生作品）

2. 长调对比

（1）低长调

指以低调区域的色阶颜色为主导色，辅以高调色阶颜色，形成低调强对比效果的明度调性。其构成特点是反差大，刺激性强。属于一种内在爆发力和强劲的精神感召力的色彩构成方式。如图 8－18 所示，许多包装都是将与底色反差强烈的白色用作字体色或图案色、腰线色。这样的色彩设计能使包装图案结构清晰，而且显得深沉而不压抑。

（2）中长调

指以中调区域色阶颜色为主体色，辅以高调或低调色阶颜色，构成中调强对比效果的明度对比组合，统一中有变化，是常用的包装色彩调性，如图 8－19 所示。

（3）高长调

指以高调区域的色阶颜色为主导色，陪衬低调色阶颜色，展示出高调强对比效果的调性。高长调反差大、对比强，在视觉上有很大的刺激性；体现简单、明快、活泼的效果。但该调子明暗对照强烈，组合不当，会令包装色彩显得过于简单、唐突、缺乏应有的色彩过渡节奏及色彩组织。因此，该对比手法很少用于包装整体色彩规划和布局。但若表达到位，将会产生不错的色彩效果，如图 8－20 所示。

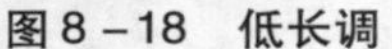

图 8－18　低长调

图 8－19　中长调

图 8－20　高长调

明度对比很少单独使用，往往与纯度对比、色相对比结合在一起，任何一种色相都有各种层次的明度变化，因此在实际应用中，明度对比的层次相当丰富。

三、纯度对比

纯度也叫鲜艳度、饱和度或彩度，即色彩的纯净程度。人的眼睛对色彩的纯度感觉是不同的。在颜料中，彩色系的红色纯度最高，橙、黄、紫居中，绿和蓝色纯度最低；非彩色系黑、白、灰色的纯度均为0。

色彩的纯度和明度并非成正比。

色彩的纯度是一个非常值得注意的方面，它与设计的风格和设计的调子有关，同时也与追求的气氛有关。

纯度对比是指因纯度差别而形成的色彩对比。即将两个或两个以上的不同纯度的色彩并置，产生色彩的鲜艳感或灰浊感的对比。色彩间纯度差别的大小，决定了纯度对比的强弱。图 8－21 为纯度推移。

图 8－21　纯度推移

纯度对比是一种很不好把握的对比，因为它受明度和色相的影响比较大，设计时不易被重视，但纯度的基调和对比层次是影响整个画面风格的一个很重要的因素。

纯度对比构成即依据色彩饱和度的变化关系而展开的包装色彩设计活动。一般来讲，纯度的区别是由每一种颜色对应标准色（光谱色）饱和程度的差异而被规定的。例如，一个高饱和度的鲜橙色与一个低饱和度的灰橙色并置时，纯度的变化可以依靠比较二者的鲜艳程度得到准确的反映。

光学实验测定显示：太阳光谱中各色相拥有的纯度值是不尽相同的。依次为：红 14、橙 12、黄 12、绿黄 12、绿 8、黄绿 6、蓝 8、蓝紫 12、紫 12、紫红 12，要想把众色相统一在一个纯度等级尺度中是不切实际的。我们把各个色相的纯度值按照色立体的排列顺序归纳为 10 个标准等级色阶来诠释纯度对比原理，体现典型的纯度基调特性，如图 8－22 所示。

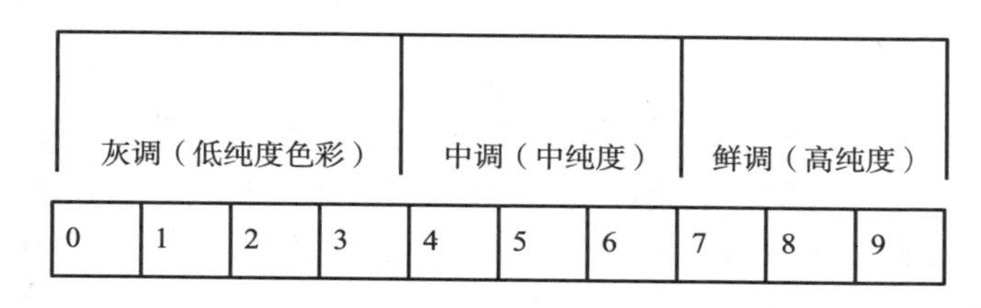

图 8－22　纯度基调示意图

（一）由纯度近似的颜色构成的基调

把明度接近于所选定色相的灰色纯度定为 0，而把最饱和最鲜艳的色相定为 9。在由二者转调移动构成的 10 个等级色阶表中，产生了 3 个意境迥然有别的纯度对比构成基调。

1. 灰调

0～3 度称为低纯度色彩，在纯度序列中，靠近灰色一方的色彩相互搭配称作灰调。低纯度的灰调，色彩朦胧，具有不确定感，甚至失去了色彩的色相特征。以低纯度调性规划与设计而成的色彩，由于以半透明或不透明含灰色味主导调性，其包装画面显得含蓄、朦胧、淡雅，具有神秘感。灰调配色方案适合高档次、高品位，具有明显品牌优势力量的商品包装。但其色相对比感弱，容易让人感到单调乏味，缺少激情，如图 8－23 所示。

2. 中调

4～6 称为中纯度色彩，在纯度序列中，灰调与鲜调之间的色彩称作中调。

中调色彩既丰富又含微妙变化，能够显示出典雅、温和、端庄等独特色彩品位与气质，具有亲和力，以及调和、稳重、浑厚的视觉效果。但若运用不好，画面将苍白无力、污浊灰暗，如图 8－24 所示。

3. 鲜调

7～9 称为高纯度色彩，在纯度序列中，靠近纯色一方的色彩相互搭配称作鲜调，如图 8－25 所示。高纯度的鲜调，色彩颜色倾向明确，具有跳跃感、刺激、醒目。鲜调构成的布局明朗坚定、积极华丽、易见度高、色相感强、色效稳定，具有亲切感、鲜明性和个性化的特点，比较适合饮料、食品、运动商品等具有活力的商品包装。但持久观看易生疲惫，若组合欠妥，会造成刺激、生硬、低俗、杂乱等色彩弊端。

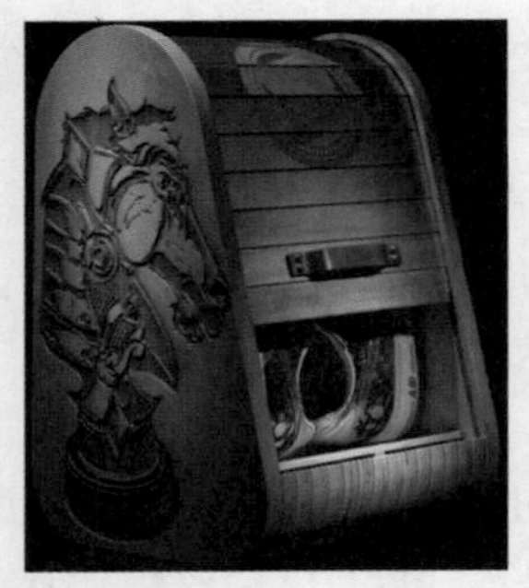

图 8－23　灰调

图 8－24　中调

图 8－25　鲜调

（二）由纯度跨度不同的颜色构成的基调

将以上高、中、低三种调性相互配置，又可派生出强、中、弱三个档次的纯度对比效果。

1. 弱对比

是指间隔 3 度之内的纯度色阶搭配而成的色彩纯度对比关系及效果。其特点是视觉舒适，给人以柔和、含蓄的感觉。灰调和中调的弱对比一般要求低纯度的色彩面积要大，用色相的差别加强画面的力度，如图 8－26 所示。鲜调中的弱对比，因为色彩纯度很高，在色相上一般采用较为接近的颜色。

该调处理倘若欠妥，容易使包装色彩在纯度变化方面显得缺乏层次感。

2. 中对比

是指由间隔 4～6 度的纯度色阶搭配而成的色彩纯度对比关系及效果，其特点是刺激适中，形象含蓄，视觉温和，给人典雅、自然、中庸和平凡等心理感受。一般中对比，以灰调为底，纯度较高的色彩为图，形成高雅精致的画面。如果在大面积低纯度的画面中有纯度较高的色彩，则面积要小，使之更突出，形成肃目而丰富的配色，如图 8－27 所示。

纯度的中对比视度适中，统一中有变化，所以在包装设计中会经常用到。

3. 强对比

是指由间隔 8 度以上纯度色阶排列而成的色彩纯度对比关系及其效果，其特点是刺激性大、层次感强、对比效果显著。鲜的更鲜、浊的更浊，整个画面显得生动、活泼、响亮，给人以冲动的视觉体验，如图 8－28 所示。

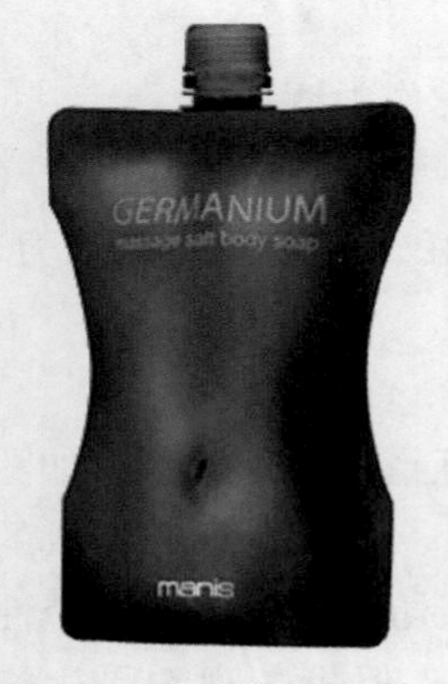

图 8－26　纯度弱对比

图 8－27　纯度短调对比

图 8－28　纯度强对比

纯度强对比构成若表现适宜，能够充分展示出虚实相生、跌宕起伏的包装色彩语境。

（三）纯度九调子

由纯度跨度不同，面积比例各异的色彩构成的调子共有九种表现形式，俗称纯度九调子。它们包括：灰弱调、灰中调、灰强调，中弱调、中中调、中强调，鲜弱调、鲜中调和鲜强调，如图 8－29 所示。

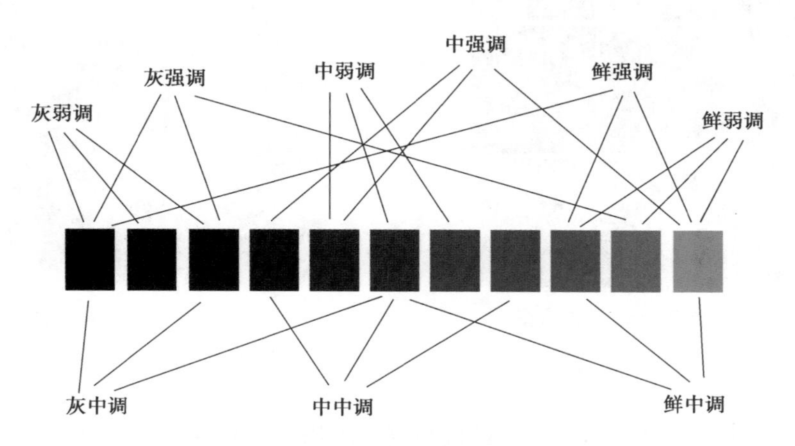

图 8－29 纯度九调子示意图

灰弱调：如 1 3 4 等，感觉雅致、细腻、耐看、含蓄、朦胧、较弱。

灰中调：如 1 3 6 等，感觉沉静、大方。

灰强调：如 1 3 10 等，感觉高雅、大方、活泼。

中弱调：如 4 5 6 等，感觉平板、含混、单调。

中中调：如 4 6 8 或 7 6 3 等，感觉温和、静态、舒适。

中强调：如 4 6 10 或 7 5 1 等，感觉适当、大众化。

鲜弱调：如 10 8 7 等，因色彩纯度都高，组合对比后互相抵制，故感觉刺目、俗气、原始、火暴，且距离越远，越觉刺激。

鲜中调：如 10 8 5 等，感觉生动、活泼。

鲜强调：如 10 8 1 等，感觉鲜艳、华丽、强烈。

基调名称的第一个字代表占主导地位的颜色所属的调性范围，该颜色通常在图形中的面积占二分之一以上；第二个字表示其他颜色与主色的纯度对比程度，它们的搭配构成了各种不同的色彩风格。

由于纯度倾向和纯度对比的程度不同，九调子所含的视觉作用与感情影响也大相径庭。如图 8－30 所示，从上至下，从左向右依次是灰弱调、灰中调、灰强调，中弱调、中中调、中强调，鲜弱调、鲜中调和鲜强调。

在现代色彩设计中，根据不同的消费者性别、爱好，商品自身风格和包装画面内容的需要，结合其他设计因素，应用好纯度的各种调子，既避免了片面追求视觉冲击力的高纯度色彩刺激，又可以营造出包装色彩独树一帜的效果。

下面举例介绍包装中常用的几种纯度调性：

（1）鲜强调

在鲜调子里放入灰色块我们称作是鲜强调。跨度为 7 级以上的高纯度对比具有强烈、醒目的效果。视觉感觉非常浓烈，色彩倾向明显，容易引起人们的注意。适应于食品包装，民族风味浓厚的商品包装等，如图 8－31 所示。

图 8－30　纯度九调子应用图

图 8－31　鲜强调

（2）鲜弱调

包装画面中大面积都为鲜艳的高纯度色彩，辅以纯度相差不大的其他颜色，形成鲜调弱对比的调性。其特点是纯度差别小，鲜艳而变化少，对眼球刺激较大，在包装中使用较少，如图 8－32 所示。

图 8－32　鲜弱调

（3）中强调

指以中调为主导色，辅以小面积的高纯度或低纯度色彩，使整个画面呈现中调强对比效果。其构成特点是反差较大，色彩和谐中有变化，是包装常用调性，如图 8－33 所示。

（4）灰强调

指以灰调为主导色，辅以少量高纯度色彩，形成灰调强对比效果的调性。其构成特点是反差大，刺激性强。灰色的大面积底色反衬出鲜艳的商品或者商标，使消费者的视觉中心明确，包装画面重点突出，淡雅而明快，在包装中很常见，如图 8－34 所示。

（5）灰弱调

主导色为灰调，辅以纯度跨度不大的一种或几种暗颜色，对比暗弱，画面总体感觉灰暗暧昧，但若搭配得当可以得到沧桑陈黯，淡漠高雅的视觉效果。适用于化妆品，护肤品和高级酒类包装等，如图 8－35 所示。

图 8－33　中强调

图 8－34　灰强调

综上所述，对比是包装色彩设计的一种手段。值得注意的是，以上是在纯化和强化各自属性概念的基础上，论述了色彩三属性的各自对比构成类别。实际上，在包装色彩的运用实践中，各种要素及其各种对比经常是混杂在一起的，只是各自的视觉分量不同而已，很难完全分清楚。很少有由一个单独色彩要素匹配而进行设计的情况，一般都是以三要素中的一种属性为主导构成色彩的综合组合关系。而在这种关系中，明度对比的作用可能相对大一些，这主要同它的空间塑造功能有关。在视觉的张力上，纯度对比的作用也是不可轻视的。总之，将以上种种对比归纳起来，可以从视觉与心理两个角度出发，提高设计视觉形态的张力，提高包装画面的层次感和空间感。

图 8－35　灰弱调

第二节　包装中的色彩调和

一、色彩调和的概念

色彩调和是指合理地选择两种或多种颜色，然后按秩序组织它们间的关系，使其形成有变化、和谐的搭配。在色彩学中，对比是为了寻求色彩的差别，调和则是强调色彩构成要素之间的内在联系，所以说，调和是多种对比关系的统一，是“求大同存小异”的色彩艺术原则，是构筑色彩和谐之美的重要元素。

包装色彩设计中，调和有两层含义：一是对明显差异或暧昧的色彩搭配进行有针对性地调整，使之处于赏心悦目、和谐统一的画面之中；二是对有显著区别的颜色进行合理布局，使画面和谐美观。

“调和是色彩与审美需求的统一”。色彩配置的总效果与视觉生理反应之间的调和不仅要求色彩配置不应过分刺激，也要求色彩关系不过分柔和、平淡，要求色彩之间对比与调和恰如其分。

二、色彩调和的理论

（一）色调组成的调和

伊顿认为和谐的基本原则来源于生理学上假定的补充色原则。在视觉活动中，当眼睛看到冷色时，同时会看到暖色，眼睛的色觉机能有导向其补色的平衡要求。因此，色彩和谐包含着视觉生理的平衡与色彩力量的对称，如果两种或更多的色彩混合后，产生一种中性灰色能满足色觉平衡的要求，那么它们之间就是和谐的。

1. 色调调和色

伊顿认为“理想的色彩和谐就是要选择正确的对偶来显示其最强效果”。色彩的和谐可以由二种、三种、四种或更多的色调组成，并将这种和谐称作二色调和、三色调和、四色调和等。

二色调和是双色对偶的调和，即补色对比，是用色相环上的对偶补色来达到互相衬托的效果。

在色相环中，直径相对的两种色彩是互补色，凡是互补色都可以组成调和的色组，通过色立体中心任意两个相对的颜色都可以组合得到和谐的二色色组，如图 8－36 所示。这两色是相配的，只是对比很强烈。如：红、绿，蓝、橙，黄、紫。譬如，取一种红色的淡色，那么相应的绿色就必须暗化到与红色淡化相同的程度，这种色组配色才调和。

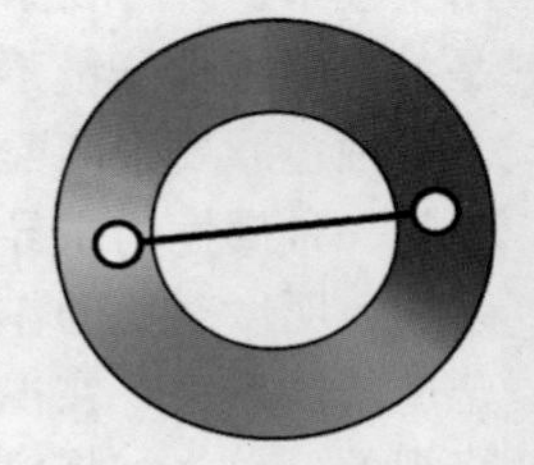

图 8－36　二色调和

三色调和是三色对偶选色调和。即凡是在色相环中构成等边三角形或等腰三角形的三种颜色是调和的色组。

如果将这些等边或等腰三角形或任意不等边三角形的三点做自由转动，可找到无限个三色调和色组。譬如：红、黄、蓝是三色组合中最清晰、最有力的一种，橙、紫、绿则是另一种清晰的三色组合。黄橙、红紫、蓝绿或红橙、蓝紫、黄绿又是其他的三色组合，它们在色轮图中的构成都是等边三角形。

如果将黄－紫互补二色色组中的一种色彩放回到它的两种邻色旁边，将黄色同蓝紫和红紫色相联系，或者将紫色同黄绿色和黄橙色相联系，结果是：这两种三色色组在特点上同样是和谐的，它们的几何图形均是一个等腰三角形。

四色调和是四色对偶的调和。即凡是在色相环中构成正方形或长方形的四种颜色是调和的色组，如果我们在色相环中连接直径相互垂直的两对互补色，就可得到一个方块形状，在色相环中这类典型的四色色组有三个：黄、紫、红橙、蓝绿；黄橙、蓝紫、红、绿；橙、蓝、红紫、黄绿，如图 8－37 所示。

图 8－37　橙、红紫、黄绿
（暨南大学珠海校区学生作品）

如果用一个包含两对互补色的长方形，如图 8－38 所示，可以获取更多的四色色组：黄绿、红紫、黄橙、蓝紫；黄、紫、橙、蓝。

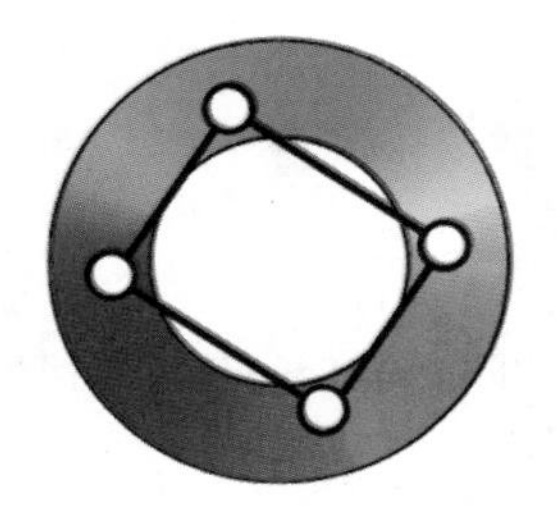
图 8－38　四色调和

如果采用梯形或不规则的四边形，则可以获得更富有变化的四色调和色组；如果在色彩球体上划出多边形并转动它们时，可以获取更多的四色调和色组。

多色调和凡在色相环中构成五角形、六角形、八角形等的五、六、八个色是多色调和色组。在色相环中将五色以上的颜色连接，形成相对应的等边五角形等多边形，可使配色更加丰富，而且可以任意旋转，获得更多的多色调和色组。

2. 色调调和原则

① 配色要保持总体色调的一致，色彩之间尽可能形成呼应。

② 避免大面积强对比色的冲突，必要时可通过降低纯度和调节明度的方式加以缓和。

③ 一般情况下一种主色的面积不少于 80%，其他增补色尽可能少于 3 种。但可以使用小面积纯度很高的颜色来提高色组的活跃度。

④ 单色系配色法是最保险的，可以通过同种颜色在纯度和明度上的变化使物体活跃而富有层次感。

（二）面积对比的调和

孟塞尔调和理论认为要实现色彩的平衡，最主要的是各色面积的大小比例要平衡。总体规律是色彩强度高的，面积比例小；色彩强度低的，面积比例大，而色彩的强度则由明度和纯度共同构成。

如果把一组色彩搭配全部混合或置于混色转盘上，得到明度是 5 级的中性灰，孟塞尔认为它们就为调和色；若是单色相，只变化明度和纯度，全部色混合后不会出现中性灰，但是变化后，该单色相的明度和纯度均是 5 级，孟塞尔认为它们也是调和的。

1. 色彩面积平衡公式

孟塞尔色彩调和论主要包括计算调和面积的公式，和在其色立体上按方向、距离选色求取调和的方法。他用数字来衡量色彩的强度（明度和纯度），并列出色彩面积平衡公式：

$$\frac{A\text{色明度}\times A\text{色纯度}}{B\text{色明度}\times B\text{色纯度}}=\frac{B\text{面积}}{A\text{面积}}$$

即画面色彩要达到平衡，各色的强度和面积须呈反比关系。也就是说，色彩面积的均衡变化以明度和纯度的数字乘积的比例而定。

比如红（R）与青（BG）这一对补色，在色立体中的位置表示为：R5/10、BG5/5，即前者明度是 5，色度是 10；后者的明度是 5，色度是 5。其各自的面积就可根据公式换算为：

$$\frac{R5\times10(50)}{BG5\times5(25)}=\frac{BG\text{面积}(2)}{R\text{面积}(1)}$$

即红色面积应为青色面积的一半。

根据孟塞尔面积平衡公式，我们可以得到如下推论：

① 在对比各色属性不变的条件下，色彩的平衡可以通过变换各自的面积的方式来实现；

② 在对比各色面积不变的条件下，根据画面的效果需求，可以通过调节各色属性的数值来实现平衡。如上述的红与青的平衡可以调节为：

$$\frac{R5\times5(25)}{BG5\times5(25)}=\frac{BG\text{ 面积}(1)}{R\text{ 面积}(1)}$$

即减弱红色的纯度到5级，或者增强青色的明度和纯度，来获得相对的平衡：

$$\frac{R5\times10(50)}{BG7\times7(49)}=\frac{BG\text{ 面积}(1)}{R\text{ 面积}(1)}$$

2. 面积调和的原则

① 调和色之间的和谐，一定要介入面积比例。

② 面积大的用纯度低的弱色，面积小的用纯度高的强色。

孟塞尔的色彩面积平衡公式，不仅适用于互补色相、对比色相，同样也可以解决邻近色相或单色相的面积平衡问题。

三、色彩调和的方法

色彩的对比让我们了解色彩与色彩本身的个别性，而色彩的调和才是让我们驾驭色彩的真正技巧，才是设计师使用色彩技能的最高理想。人们在进行色彩设计时，总是力求画面的生动。因此，在色彩的组合上就必然要加大色彩之间的差异性，而色彩和谐的本质则是将其组合的色彩进行赏心悦目的调和。这种调和富含求同存异的美学原理。

（一）趋同调和

趋同调和是强调色彩组合要素相近性关系的调和手段，包括同一调和、类似调和等。

在包装色彩设计中，强调将画面控制在一个色彩里是不现实的，也是枯燥无味的。合理利用色彩构成要素的相近性，使色彩组合中各种颜色的明度接近，或者纯度接近，使它们巧妙地融成一个相互关联的色彩整体，如图8－39所示。

（二）秩序调和

秩序调和又称渐变调和。指在尖锐对比的两色或多色之间，以梯级递减渐变方式进行色彩调和。它可以是：色相渐变、明度渐变和纯度渐变等。其特点是能够表达出有条理、有节奏和有组织的色彩整体关系。

要实现从一个颜色有规律地转到另一颜色的过渡性变化效果，通常至少需要三个以上的色彩层次变化。而色彩过渡等级越细致，调和效果就越明显，色彩整体感越强。但在实际构成时，对于过渡色阶数量的选择要视颜色之间的色相差、明度差和纯度差来定。例如，黑与白明度反差大，其间色阶等级可多些，而黄与白明度反差小，其色阶等级可少些，如图8－40所示。

1. 色相渐变

色相渐变是完全依循色相环的色位排列秩序进行的渐变性色彩构成。具体分为邻近色、互补色、冷暖色、对比色、全色相等多类渐变组织形式。达·芬奇曾说过："如果你希望使相近的颜色并列而又要美观悦目，请注意组成霓虹的阳光的次序。"近年来常采取这样的色彩表现手法，因为这种色彩构成方式常常能够在不知不觉当中，使人最大限度地去体会色彩的变化与丰富。

图 8－39　日本百代唱片封套包装明度趋同调和法

图 8－40　可口可乐设计

2. 明度渐变

明度渐变是根据色彩的深浅变化规律进行的渐变性色彩组合。例如，从白到黑，其间至少要包括浅灰、中灰、深灰三个渐变明度层次，使色彩布局显得节奏分明，一气呵成。

3. 纯度渐变

纯度渐变是根据饱和度的变化进行渐变性色彩构成。例如，从高纯度的颜色逐渐向低纯度的颜色过渡等。

4. 综合渐变

综合渐变是将以上三种色彩渐变方法予以综合应用的色彩构成形式。目前在国内外应用渐变式方法进行包装设计的实例也是越来越多。

总之，渐变式色彩调和使人感受到音乐之美。它的色彩变化就犹如逐渐变化的音符，或从高音到低音，或由远处及近处，或由辉煌转入到平淡。因此，随着国内外色彩设计者对它的认识与研究的不断深化，该色彩调和手法将会被挖掘出更大的应用潜力。

（三）隔离调和

隔离调和是指为改善对比过度引发的色彩刺激，或对比不足引发的色彩虚弱，而有目的地在这些色彩组合中嵌入某种分离色，以协调色彩的整体关系。常用的方法：

① 插入带有双方共性的颜色。如在橙红、黄绿的搭配中插入黄色。

② 插入与双方无关的中间色。如图 8－41 所示，在黄色与紫色间插入棕色。中间色也可以是非彩色系的黑白灰以及金银色等。

③ 用非彩色和光泽色勾勒轮廓。用这种方法来增加颜色之间互相联结的因素。

（四）呼应调和

呼应调和是利用一个或多个色彩要素的反复出现而获取色彩的和谐效果。它可以是单一色彩的反复，也可以是组合方式变化的反复。包括上下呼应、左右呼应、前后呼应、内外呼应或者面积呼应等多种方式。该调和构成的最大特点是能够为包装色彩营造一种连贯与统一的整体效果。

（五）点缀调和

点缀调和，指在占据包装支配地位的主体色中，置入明显对立的颜色，以充实与强化包装的色彩关系。如图 8－42 所示，点缀色同周围的主体色，通过建立一种能够调节视觉平衡的色彩补偿关系，形成一幅富于张力的色彩构图，调节了包装色彩的紧张感或虚弱感。点缀色的构成规则是数量少而精，面积大小适宜。过大，会因对比过于强烈而失去统一感；反之，又极易被映衬它的色彩所同化。

图 8－41　隔离调和茶叶包装
（2003 中南星奖）

图 8－42　日本夏季糖果包装强调调和

点缀色除在色相构成中能够通过色相对比形式应用外，还适用于明度与纯度的并置调和构成方法。例如，在整体色彩呈现出灰色调时，则可选择华美的鲜艳色调作为色彩变化因素，以此达到中和与强调色彩关系的意图。相反，当整体色彩显得过于亮丽时，则可以采取暗淡的色彩进行平衡。这种反衬效果，可以使主体明显起来，让整个结构在复杂中求得统一，变化中求得强调。

综上所述，色彩的对比因色彩的属性而产生，色彩的调和更是依色彩的属性来完成。色彩有了对比才能体现色彩本身的意义，但没有调和的对比是杂乱无章的，调和是基础，对比是内容，二者的总体关系，是既相互依存又相互对立的辩证统一的美学关系。在进行包装色彩创作时，割舍任何一方，都无法形成真正美学意义上的色彩之美。了解了这一理论，我们就能够建立包装色彩设计的用色技巧和配色原则：在应用对比法则时，要寻求恰当的调和措施；而选择调和法则时，则要辅佐适宜的对比手段。

第三节　包装中的色彩设计

色彩是影响视觉感觉最活跃的因素，是视觉的第一印象，产品包装上的色彩也不例外。在包装设计中，色彩起码应具备三种功能：传达企业形象、加深产品印象、刺激购买欲望。日本色彩学专家大智浩，对包装色彩设计提出了具体要求：

① 包装色彩能否在竞争商品中有清楚的识别性。

② 能否很好地象征着商品内容。

③ 色彩能否与其他设计因素和谐统一，有效地表示商品的品质与分量。

④ 能否被商品购买阶层所接受。

⑤ 能否有较高的明视度，以及能否与文字形成很好的相互衬托作用。

⑥ 单个包装的效果与多个包装的叠放效果如何。

⑦ 色彩在不同市场，不同陈列环境能否充满活力。

⑧ 商品的色彩能否不受色彩管理与印刷的限制，实现设计与印刷后的效果统一。

本节将重点介绍实现以上功能及要求的基本原则和常用方法。

一、设计的基本原则

色彩的视觉效果往往带有很大的主观性，因此包装设计师对色彩设计的嗜好和方法也不尽相同，但总有一些共同的原则是可以遵循的。只有掌握了这些方法和原则，才能在色彩设计中调配出和谐真实而又动人的色彩。

（一）相关原则

1. 与品牌相关

品牌是厂家的代号和信誉，代表其质量水平和技术水平，是一种质量的保证。突出品牌特色的包装色彩设计可以增强消费者对商品的信任感，在强化企业形象，区别同类商品，开辟品牌市场中扮演着重要的角色。

现代包装色彩设计品牌定位包括两个层次：

一是强化企业形象，突出品牌特色。一般品牌都有标准色、辅助色，包括搭配组合规范。有的设计把企业形象（VI）的专用色彩延用到该企业的产品包装上，使之产生统一感，深化企业形象。这种包装整体的印象给消费者以强烈的品牌视觉暗示。

二是强调品牌系列，突出功能特色。即采用区别同一产品的不同成分、不同功能等的标志色彩。比如用于同一品牌不同香型的香皂，同一品牌不同口味的食品等。有的厂家还采用固定的色彩和图案来形成系列包装产品、家族的象征，如图 8 – 43 所示。

2. 与商品相关

商品色彩定位的含义，就是通过色彩的明示性，直接告诉消费者卖的是什么产品，使其能够迅速地识别这是一种具有什么特点的商品。

① 常用的商品包装设计，是以色调的心理感受来表达商品的功能与特点，正确地体现商品的性质。例如化妆用品的包装色彩要给人以清爽、舒适的感觉；冷饮的包装要以冷色调为主，给人以清净、凉爽的心理感觉；冬天使用的商品包装，则应以红、橙、橙黄等暖色调为主，给人以温暖的感觉。

② 运用色彩的象征性，寓意包装内容物的品质、气味、性能等特点。比如绿色象征生命、自然、环保；蓝色象征宁静、深远、科学；白色象征纯洁、和平、干净等。

③ 直接运用形象色，即直接体现包装内容物固有色彩，比如橙汁包装用橙黄色、咖

啡包装用棕色，蔬菜包装用绿色等。这种形象色彩直观性强，能够很自然地引起顾客对包装中产品的联想，如图 8－44 所示。

图 8－43　固定的色彩和图案的应用

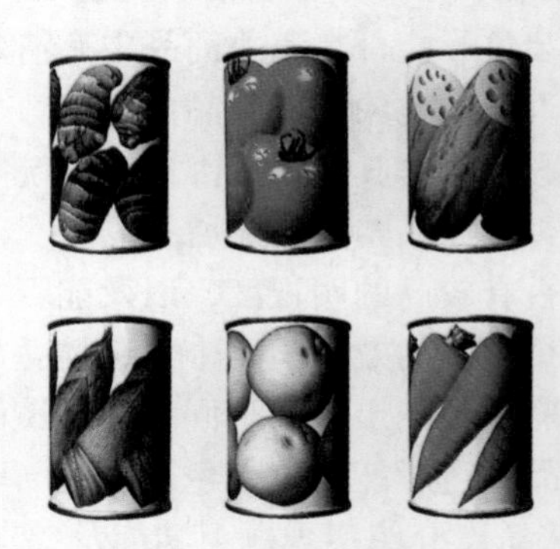

图 8－44　形象色的应用

同时，用色还须考虑商品档次和销售方式的不同。一般来说，高档商品着重用淡雅名贵的色彩，低档商品则更多地使用普遍色调；设计师还应考虑商店销售的规模，内销或外销的形式，采取灵活的色彩设计手段并把各种色彩设计手段加以整合，以展示色彩的效果。

3. 与消费者相关

色彩的消费者定位，即根据商品针对的不同类型的消费人群，选择符合其审美情趣的色彩，告诉顾客此类商品是专门为其生产的。以引起共鸣，刺激购买欲望。

一般情况下，女性商品应该选择明度高、对比弱、质量轻的色调；男性商品的色调则应对比强、庄重、简洁；儿童商品色彩纯度要高；老人用品色彩纯度要低。可口可乐公司在德国出品的维生素 D 饮品“ipsei”包装设计，就是采取鲜艳的红色作为单一的包装色彩，形成非常强烈、独特的视觉冲击效果，十分符合年轻人活跃、不安分的审美诉求和消费习惯，如图 8－45 所示。

图 8－45　按消费习惯进行的色彩设计

（二）主从原则

即统辖和主调原则。包装画面的色彩布局，必须突出对比双方中的一方，形成主次关系。这样才能既加强对比的效果，又使画面形成整体的统一。绝对不能随意安排，切忌强调了色彩的客观关系而忽略了突出主题的艺术要求。

安排画面的色彩关系时，首先要明确它的主色调是什么，其他的颜色则必须服从主色调，并与主色调统一；其次要明确画面的主体与陪体，一般来说，主体的色彩应该饱和实在些，陪体的色彩则可以轻薄些，清晰度的要求也没有那么严格。这样的处理虽然与色彩关系的客观规律有较大的差别，但却满足了消费者的视觉需要和心理需要。

（三）匀称原则

色彩的配合应符合视觉上匀称的要求，一般暖色、饱和度高的色彩能产生沉重的感觉；反之冷色、饱和度低的色彩却给人以轻快的视觉效果。

要获得画面匀称的效果，可以选择不同性质的颜色加以搭配，也可以用面积的大小来调整。

（四）空间原则

色彩的空间感取决于色相和明度。亮色有扩大感，暗色有收缩感；暖色有前进感，冷色有后退感。在表现空间关系时，暖色、纯色、明度高的颜色感觉距离近；而冷色、柔和色感到距离远。

在搭配色彩时，必须使近景的物体用色暖些，饱和度高些，远景的物体则用色冷些、饱和度低些。以此使色彩与构图有机地配合，相辅相成地表现画面的透视关系，产生远近的视觉效果。

另外，还可以利用不同明度的调和色之间带有透视暗示的特点，采用冷暖不一，或是色相相近、深浅不一的颜色，使处于同一位置的画面，呈现出略有凹凸的透视视觉效果，增强画面的空间感。

（五）习惯原则

不同类别的商品，有着各自不同的习惯用色，在运用色彩时，需要加以考虑，让顾客从习惯用色中，比较容易地了解包装内装的是什么商品，产生某些感情或引起思想情绪上的共鸣。如果使用了与商品习惯色毫无联系的颜色，违反了人们心目中已经形成的某种习惯印象，不但包装设计的艺术价值不能表现出来，还会影响产品的销售。

1. 食品类包装习惯色彩

食品包装的色彩必须突出其美味之感，让人联想起食品的色香味。如看到奶白色就会联想到香喷喷的奶油，看到黄色就会想到新鲜的橙子（见图 8－46）或松软的蛋糕、面包。因此，常用红色、黄色和橙色来强调食品的美味；绿色强调蔬菜、水果的新鲜；蓝色、白色强调食品的卫生或是清凉的感觉；低纯度的暗沉色调表示酒类等悠久的酿造历史。

在我国，食品包装常以鲜明丰富的暖色调为主。如图 8－47 所示，以高纯度的红、黄二色构图，营造出浓艳的色彩氛围，将包装内所装食物香甜浓郁的口感渲染到了极致。

而冷饮或冷冻类的食品包装则大多采用冷色调。运动后满头大汗，急需降温散热，因此，运动类饮料包装多采用大瓶口设计，用色上突出显示清凉爽口的感觉。有些香水包装为了传达出宁静高雅的感觉也采用冷色调。如图 8－48 所示。

图 8－46　日本糖果

图 8－47　西饼包装

图 8－48　香水包装

在系列品牌的设计中，若是将冷暖两种色调同时使用，有时可得到出人意料的效果。如图 8－49 所示，相同品牌的饮料包装，暖色系列包装设计给人带来香醇感，而冷色系列的包装设计则有清爽感，两相呼应对照，给人留下了深刻的印象。

2. 化妆品包装习惯色彩

化妆品承载美的特性，决定了其设计应该是将商业性与文化性、艺术性融为一体。而且就商品本身来说，化妆品本身看起来都差不多，非专业的消费者仅凭视觉和嗅觉是很难判断其档次的。因此，其包装的指向性就显得尤其重要。

知名度较高的品牌，包装色彩应以该品牌标准色为主，追求单纯化、标志化。这样才能让信任这个品牌的消费者第一时间找到它。如奥莉薇香水包装，以红、黑、白为主，可爱的外形可唤起人们童年的回忆，如图 8－50 所示。

功能、性质等颇具特色的产品，多用一些与产品有关的象征色彩作为包装的主色调。如有防晒效果的 sun flowers 香水包装设计运用了阳光般的明黄色，强调了产品的特色和功效，如图 8－51 所示。

图 8－49 饮料包装

图 8－50 奥莉薇香水包装

图 8－51 sun flowers 香水包装

具有特定消费群的化妆品，则要通过画面色彩，使消费者感到这件产品是专门为我设计的。如女性化妆品常用白色、淡蓝、淡紫、粉红等柔和、温馨的色彩，表现出典雅的女性美感，如图 8－52 所示；男性化妆品则大多以灰、黑为基调，搭配蓝黑色、深赭色，体现出男性的厚重、阳刚和力量。如图 8－53 所示，黑底色，加上金色点缀，再配上真皮的质感和浑厚的瓶形，尽显男士魅力；儿童化妆品则以明快、跳跃的色彩为主，配以圆润卡通的造型，塑造出童话般的故事画面，强调趣味性和可爱感。如图 8－54 所示，将儿童嫩肤霜的包装设计成小蘑菇，清新又不失夸张，惹人喜爱。

图 8－52 女性香水包装

图 8－53 男士香水包装

图 8－54 儿童嫩肤霜包装

3. 医药品包装习惯色彩

药品包装设计与其他商品包装设计不同，它受到药品性质的限制。首先，药品首要是安全，对症。因此，包装色彩与图形最好能让消费者直接获得药品属性的信息，并体现出它的专业性，使消费者产生舒适感和信任感。

白色给人清洁、宁静之感，所以大量地运用于药品的包装设计。成功的药品包装用色多采用简洁、明快的调子，让消费者觉得干净、严谨、有科技感，如图 8－55 所示。

同时，根据药品性质的不同做适当的色彩设计：消炎解毒的药品是治疗因“内火”引起的病症，所以包装设计多采用蓝、绿等冷色系列，给人宁静、降火、凉爽之感，如图 8－56 所示；红、黄等暖色系列给人以兴奋、热烈、活血、滋补等感觉，常用作滋补、提神和保健药品的包装色彩，如图 8－57 所示；中药包装设计为了体现出中药纯天然的特性，用色比较传统，纯度一般较低，以配合包装图形中的传统元素，如图 8－58 所示。

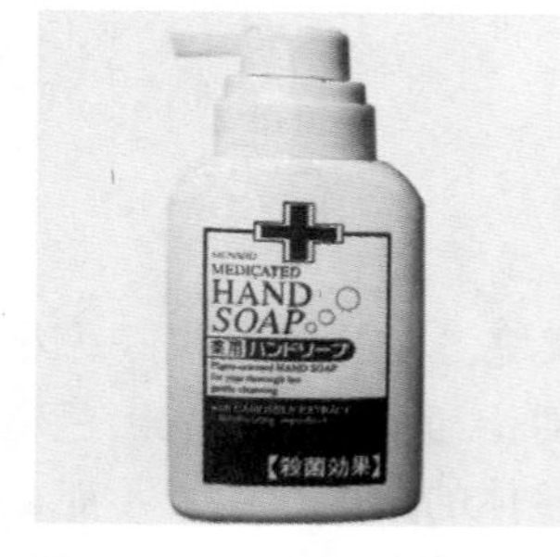

图 8－55 医用洗手液的包装

图 8－56 消炎药包装

图 8－57 保健药品包装

4. 日用品包装习惯色彩

日用消费品包含的种类繁多，用色也各具特色，既可用暖色调表现温暖舒适，也可用冷色调表现干净清爽，还可用白底细线条展现活泼可爱。但总的用色宗旨是：用色简单，装饰较少，如图 8－59～图 8－64 所示。

图 8－58 中药包装

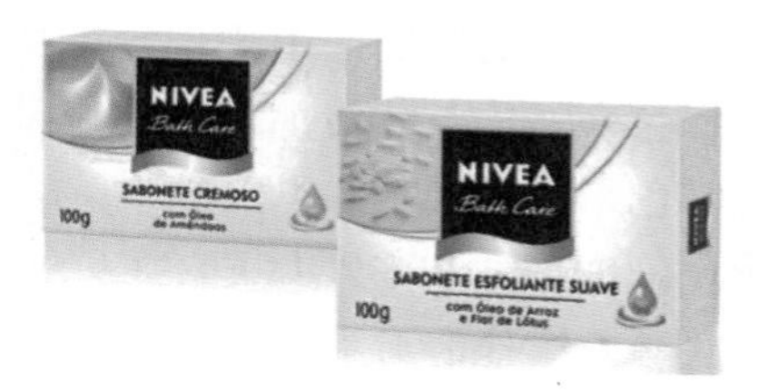

图 8－59 化妆品包装

图 8－60 卷纸的包装

图 8－61 酒的包装

图8－62　食品包装　　图8－63　运动鞋的包装　　图8－64　日用品包装

5. 其他包装习惯色彩

其他包装也各有自己行业的习惯色彩。如金属类，常用红、黄、蓝、黑及其他明度较低，纯度也不高的沉着色块来象征内容物的坚实、耐用；五金电器包装的色彩则多用黑、灰、蓝等冷色系列，给人以严谨、庄重、精致和高科技感。

二、包装色彩设计的常用方法

从美学角度来说，色彩设计追求的是“统一中有变化”的意境，以及“大统一，小对比”的效果。所以说，包装色彩设计的常用方法：有机地调和对比与统一，创造出色彩的韵律感、层次感和空间感。在实际案例中，对比与调和是一个整体的两面，二者不能截然分开。因此，本节先简要地介绍一下强化法、异化法和系列法，再重点研究内含调和与对比等基本设计手法的色彩构成方式。

（一）强化法

选择与内容相符合的色相进行设计，通过包装色彩来强化产品的自然色或产品原料色，产品品质特征等，这是包装中最常用的色彩设计手法，所选用的大面积色彩大多受行业习惯色影响。它的好处是中规中矩，信息传达力好，缺点是不容易获得突破，给人惊喜。如用绿色来强化茶叶清凉天然的品质；用白色和天蓝色来强化药品的卫生洁净的特征；用咖啡色来强化咖啡的香浓醇厚；用水果原色来强化果汁、果脯等制品的果香，如图8－65所示。ROYAL PROPOLLEN是一种综合5种健康要素：蜂王浆、蜂胶、蜜蜂花粉、美国野生人参及维他命E制成，是全世界最知名的蜂巢产品。它的包装如图8－66所示，用黄色来象征商品的制作原料，强化蜂巢的感觉。高纯度且高明度的暖色，传达出明确的产品信息，让人远看就觉得这是一种有吸引力的保健品。

（二）异化法

为了突出品牌的独特性，打破固有色，采用与其他同类产品包装常用色差异很大的色相来进行包装色彩设计，以示与同类产品的区别。黑色一直是商业用色禁区，尤其是食品包装中，由于黑色容易给人脏的感觉，所以更是少见。但美国一家冰激凌公司却反其道而行之，设计了纯黑底色的冰激凌包装，如图8－67所示。在黑底色的映衬下，乳白色的奶油冰激凌越发诱人。这个设计获得了当年的包装设计大奖，同时也给公司带来了几倍的收益。

图 8－65　果脯包装

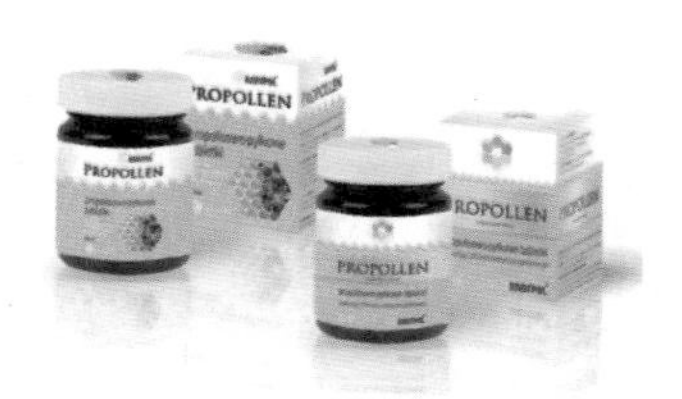

图 8－66　ROYAL PRO POLLEN 蜂巢产品包装

图 8－67　冰激凌包装

现代超市的普及使得人们在选购商品时受包装形象的影响更大。在超市货架上，商品一般都是分类存放，大量的同类型商品被并置在一起。试想在大面积的红色包装中有一小块绿色，它怎么会不成为消费者视觉的焦点呢？从商品营销的角度看，引起了消费者注意，就至少成功了一半。

由于异化法有时违背了行业习惯性用色，所以不适合用在消费群品味较为保守的商品包装设计中。“注意”毕竟不等于“购买”，因此异化法是一种比较冒险的选择，多用于刚上市，急于给人印象的新产品和新品牌。它设计的消费群体多以喜欢新奇的年轻人为主，是高风险与高回报并存的设计法。以异化法设计包装，首先需要大量的前期调查，搞清楚同行们的常用色调，然后再设计出让消费者接受的“与众不同”。

（三）系列法

又称家族式包装。这种方法包装色彩多样化，通常成组成套，具有连续感和节奏感。具体内容有：色相系列、明度系列、纯度系列、交叉系列等。这种包装设计方法多用于同一品牌的产品系列中。设计时以相同的商标、图形、字体与构图营造出统一感，然后在颜色和细节上进行变化，颜色的选用通常与商品性质有关，用以标示每款商品的不同之处。如图 8－68～图 8－73 所示。

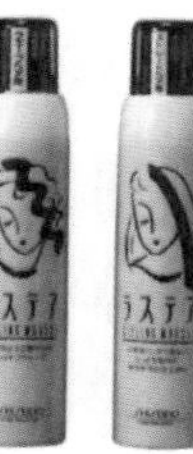
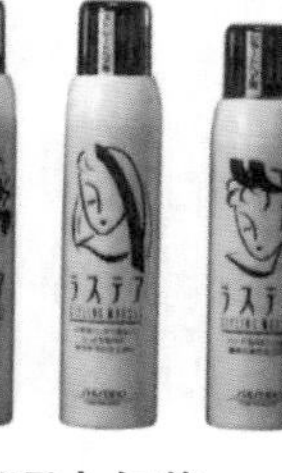

图 8－68　啫喱水包装

图 8－69　洗面奶包装

图 8－70　饮料包装

图 8－71　洗浴用品包装

图 8－72　Moonstruck 巧克力包装

图 8－73　Giant 冰激凌包装

三、包装色彩构成技巧

很多人在调配色彩时都是跟着直觉走，随意性很大。凭着自己的色感任意混搭。对于色彩感觉好的人来说，往往也能得到不错的效果。但更多的时候，你会觉得无论怎样搭配，看起来都有些别扭，却无法判断问题在哪儿，如何解决，这时下面介绍的色彩构成技巧就有了用武之地。

每一个成功的包装色彩设计方案都是和谐而不呆板的，每一组色彩搭配都兼有对比与调和。对于色环上距离较近、色彩对比较弱的组合，时间长了，容易模糊、乏味；反之，距离较远，色彩对比较强的组合，却易让人疲劳、焦躁。也就是说，完全一致的色彩或是不具备任何相同因素的色彩，均是不和谐的色彩。在对它们进行调整时应当遵循一个原则：过分统一的色组，就要在细节上增强对比，营造趣味点；不够协调的色组，则以构造秩序或铺设过渡等手法来增强统一，使色组有变化但不过分刺激；既统一又不流于单调。

色彩的搭配虽然千变万化，但总结起来也不过三类：同类色搭配、类似色搭配和对比色搭配，如图 8－74 所示。下面分别介绍它们的色彩构成技巧。

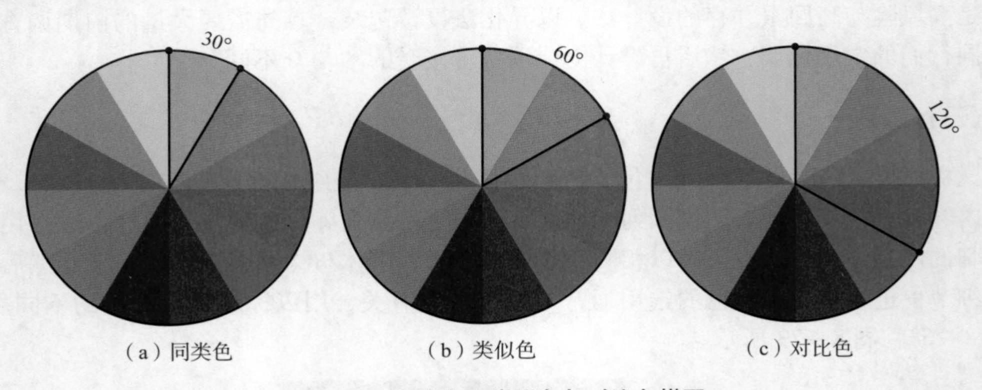

（a）同类色　（b）类似色　（c）对比色

图 8－74　同类色、类似色与对比色搭配

（一）同类色构成

同类色搭配是几乎无色相差的对比。即将同一色相（色相环 30°以内）中，稍带明度、纯度或冷暖倾向差异的色彩搭配在一起，以求得生动、美观的艺术效果，如红紫、紫红、红、橙红、橙等。按照色环可以划分出多种色彩匹配形式，如红色系构成、橙色系构成、黄色系构成、绿色系构成和蓝色系构成等，如图 8－75 所示。

同类色搭配具有色调和谐的特点，令人产生单纯、朴素、含蓄的色彩情趣，但因其共性有余、个性不足，存在呆板、单调之处。需要通过调节色彩之间明度和纯度的差异来使其色彩简洁而不单调。如图 8－76 所示，Heineken 啤酒包装中酒瓶是低纯度的绿色半透明玻璃，而标贴则采用高纯度低明度的深绿色，通过颜色本身的差异与质感形成特色的调子。

1. 差异的营造

将色相对比太弱的色彩，从明度和纯度两方面拉远距离，利用同类色彩明度的深浅变化和纯度的差异形成对比，营造出层次上的差别，得到统一中有变化的效果。图 8－77 是沐浴乳包装，为表达柔软、温和的质感，选用了两种不同的黄色搭配。从色彩条上看，

第 1 条为明度接近的构成，第 2 条为纯度接近的构成，而第 3 条则是明度与纯度都调开距离后的构成。虽然还是同色搭配，但两种黄色间纯度与明度对比极大，形成了很好的层次感。

图 8－75　同类色构成

图 8－76　Heineken 啤酒

图 8－77　沐浴乳包装

橙红与红的对比组合，因色相对比距离小，易给人单调、暧昧的感觉。只要从明度和纯度上拉远距离，就可以使画面富有生气，这点从图 8－78 所示的色彩条上便可以看出来。第 1 条中两色的明度太过近似，色调显得暧昧；第 2 条纯度接近，搭配比较生硬；而第 3 条的两种颜色经过调整，既有明度差异，又有纯度差异，形成了层次分明的同色组合，淋漓尽致地展现了化妆品的高贵和雅致。

2. 肌理的弥补与映衬

肌理效果包括两类：一种是包装材质本身所呈现的质感，如图 8－79 所示，纹理细腻的乳白色包装盒与褶皱的蝴蝶结形成鲜明的对比，使色彩简洁的香水包装既大方又精致；另一种是用手写、揉蹭、印刷等方法在二维平面上模拟出的特殊效果，如图 8－80 所示。不论是哪种，都可以给色彩构成过于平稳的同类色包装带来惊喜，以肌理来弥补单色的平庸，使包装色彩简洁而不简陋。

图 8－78　化妆品包装

图 8－79　香水包装

3. 要素的调节与活跃

利用特殊的形状、文字、图形等设计要素从旁衬托，使简单的色彩活跃起来，产生动感和空间感。如图 8－81 所示，只用了一种颜色，可是它夸张的造型配上高纯度的柠檬黄，非但不再单调，反倒显得逼真可爱。

图 8－80　孔乙己 VCD 包装
（暨南大学珠海校区学生作品）

（二）类似色构成

类似色搭配是软弱的色相对比。它选用含有共同因素的邻近色彩（在色相环上顺序相邻或相隔 2～3 个数位）作为搭配用色，所以色相间色彩倾向近似，感情特性一致。如黄绿与橙、黄绿与红、黄绿与紫的组合等，其组合的相同之处是，双方或三方都含有共同的黄色成分；而相异的是绿色中带蓝色成分，橙色中带红色成分。如图 8－82 所示，橙与黄的对比本来并不强烈，但将黄色明度调高，纯度调低后，淡淡的浅黄就与浓艳的橙色拉开了距离，形成了鲜艳有活力的包装色彩构成。

类似色对比，色调鲜明，美感突出，雅致、含蓄、耐看，是一种既便于操作又易于呈现色彩效果的配色方式。但因缺乏对比，容易失去活力。可以利用以下方法扬长避短。

1. 加大各色明度差异

加大各色间的明度差异，增强其明度对比，可以使各色间的关系明晰而醒目，改变模糊、暧昧的形象，达到有对比的调和效果。如图 8－83 所示。加重红色的明度，使之呈现赭石色，与明度较高的橙色构成节奏。

图 8－81　柠檬汁包装

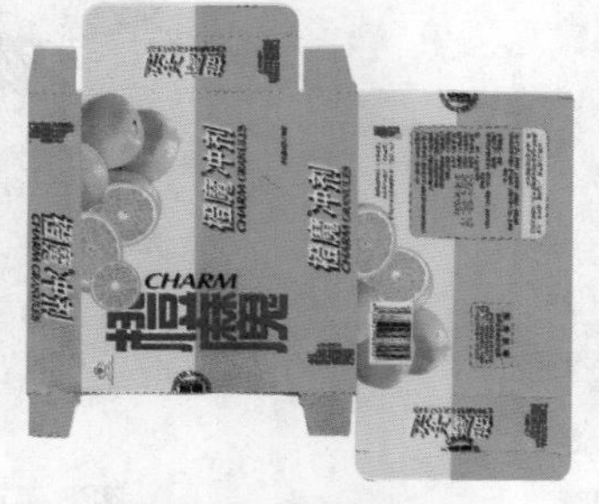

图 8－82　橙魔冲剂包装

图 8－83　贵族高级保暖内衣包装

2. 增强各色纯度对比

类似色的搭配可以营造出柔和的氛围。为了突出商品和品牌，设计时会刻意减弱底色与辅助图形的颜色纯度，增强纯度对比，使得主要元素更加突出。如图 8－84 所示，在包装整个主要展示面中，为了突出商品，巧克力的图形色彩纯度最高，而作为陪衬的女人和底色就相对黯淡很多。而图 8 – 85 中，麦子的颜色也是最鲜艳的，强调了饮料的来源与口味。

3. 调整各色面积大小

包装的面积与色彩也有很大的关系。鲜明的色彩有较强的感觉，雅淡的或晦暗的色彩则有较弱的感觉；大面积的纯色具有强烈的个性和冲击力，而大面积的低纯度高明度色彩具有素雅、明快的色调。因此，大面积的色块一般都会降低纯度，饱和度高的纯色多用在面积较小的地方作为点缀。

包装色彩设计要在两种或两种以上的的色彩之间，创造适当的色量比例，才能使画面的对比平衡稳定。两色搭配，面积为一大一小；三色搭配，面积分配为：大量、适量和小量（设计用色一般不会超过三种）。

通常，在一个设计中，面积大的颜色决定了画面的色彩基调，其他的色彩则通过对比使主体色调更加具有性格。若画面各色的面积相等，没有主次，可以改变各色的面积大小，以明确主角色与配色、辅色的对比关系。如图 8 – 86 所示，第 1 种设计中，黄色与红色面积相当，没有主次之分，形成喧宾夺主的局面；第 2 种设计中，缩小黄色的面积后，整体效果反而更加紧凑。黄色成了视觉焦点。把第 2 色彩构成设计用于果脯包装，减小面积后的黄杏，起到了画龙点睛的作用，红色成为底色。各色关系更加明确，画面有张有弛。

图 8 – 84 巧克力包装

图 8 – 85 饮料包装

图 8 – 86 果脯包装

4. 加入骨骼构成层次

为了体现商品的特色，切合消费者的口味，设计者选用了较为柔和的色彩构成，各种颜色之间的色相、明度、纯度要素对比都比较类似，这样的组合容易给人软弱、模糊的感觉。这时，可以运用一些低纯度的色彩勾勒部分图形或色块边缘来进行补救。描边的色彩需经过精心选择：较接近的浅色组合，用深灰色线条作勾勒阻隔处理；较接近的深色组合，用浅灰色线条作阻隔处理；较接近的暖色调可用金色阻隔；较接近的冷色调可用银色阻隔。如图 8 – 87 所示，以紫色勾勒边线，使黄白搭配焕发光彩。这些描边线条遍布整个画面，分割类似色块的同时也将画面组成有机的整体，形成各色的骨骼，使色彩柔而不怯，层次分明。如图 8 – 88 所示，画面中的各种色彩明度和纯度都偏低，清淡有余，稳重不足，色彩结构涣散缺少力度感，加入黑色的线条与字体后，色组中有了重颜色，使整体包装显得十分有活力。

5. 增加点缀制造亮点

在包装画面上加入小面积的对比色加以点缀，制造出“万绿丛中一点红”的效果，使整个色彩构成形成长调对比，产生较强的视觉冲击力。图 8 - 89 是 Rarefoot doctor 包装，第 1 种设计是一组邻近色的组合，用色柔和、统一，但过于沉静、模糊。第 2 种设计中加入了一块小面积的对比色——蓝色后，色相的差异营造了趣味点。第 3 种设计缩小了蓝色的面积，用色更加紧凑生动，令消费者兴趣倍增。

图 8 - 87　紫色骨骼手提袋包装

图 8 - 88　黑色骨骼手提袋包装

图 8 - 89　Rarefoot doctor 包装

（三）对比色构成

对比色配合组成的作品调子，可以突出产品的形象或品牌名称，使包装图案的底色与文字色、商标色的差别明显，视觉效果清晰、明快、强烈而具有跳跃感，极易引起注目性，所以在包装装潢中被广泛采用。

这类搭配属于中强对比效果，色感鲜明、强烈，但各色相之间缺乏共性，容易相互排斥，造成视觉疲倦。色彩构成的关键是建立过渡，弱化强对比，调和难度很大。

1. 等阶色过渡

当两色差异过大时，要在它们间建立联系，可以采用等色阶过渡的办法，在色相对比强烈的两色之间插入一些介于二者之间的色相，让相互对比的色彩有序地过渡一下，以分散对比强度，达到调和目的。比如在黑与白中间加入深深浅浅的灰色，在冷色与暖色之间安排绿色或紫色等中性色调，以弱化尖锐的对比，使之有序地趋向于柔和。如图 8 - 90 所示，在黄与蓝两种对比色之间插入了一些明度类似的品红，使色组搭配清丽柔和。

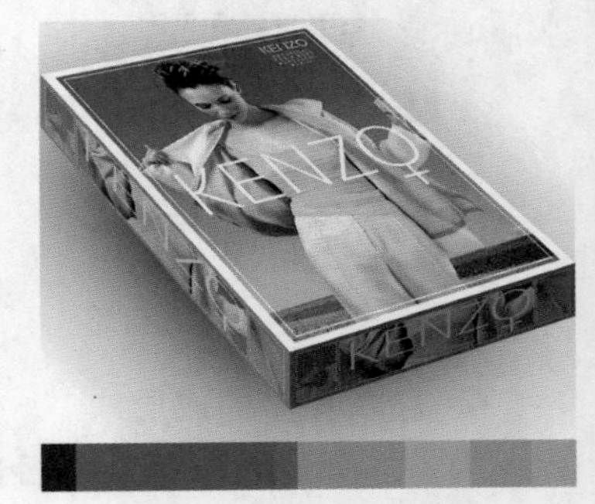

图 8 - 90　内衣包装

2. 非彩色分隔

以多个高纯度对比色相构成的组合，效果艳丽，刺激强烈。为使它们相安无事，可用中性色介入法进行协调。

非彩色是指黑、白、金、银与各种灰色，它们本身不具备色彩倾向性，色彩性格沉稳，适应性很强，可以与任何颜色相协调。常用来隔离对比强烈的两种色彩，以缓解和削弱对比，也可以采用勾边、衬底等手法来统一杂乱的画面。在各种非彩色中，白色是应用最广的，设计师常在包装画面中加入大面积的白色，以抑制过于强烈的对比或过于喧闹的用色，创造纯净、凝练的效果。如图 8 - 91 所示，在对比的橙色与绿色之间加入白色，缓和了喧闹，橙色和绿色也显得更加活泼。

用来分隔的第三种颜色还有绿色和紫色等中性间色，以及棕色、藏青等纯度比较低的颜色。如图 8－92 所示，蓝黄对比鲜明强烈。插入色彩性格稳定的棕色后，对立感被削弱，使包装色彩展现出稳重高雅的一面。

图 8－91　Smaltwool 袜子包装

图 8－92　Fancy 包装

3. **第三色调入**

在成对比关系的各色中混入同一种原色或间色，使各种颜色向此色靠拢，以达到调和的目的。

如图 8－93 所示，蓝与黄是 180°的补色对比，用色十分活跃。如果在蓝色和黄色中各加入 5% 的红色，则蓝色转化为蓝紫色，黄色转变为橙黄，两者在色相上靠近了很多，整个包装的色彩顿时显得和谐柔和。

4. **对比色互渗**

要使强烈对比的两色取得调和的效果，可以将一种颜色少量地加入到另一种颜色之中，使对比的两色具有共同的色素。图 8－94（a）中红色与蓝色是强对比，并置后色彩过于活跃，缺乏调和感。图 8－94（b）中在红色中加入了 10% 的蓝色，蓝色中也渗入了一些红色，形成红紫配蓝紫的色彩构成，削弱了对比，给人整齐、和谐的感觉。

图 8－93　坚果包装

（a）渗色前

（b）渗色后

图 8－94　Fleris 香皂包装

5. **互补色穿插**

互补色彼此之间很少含有对方的成分，在视觉效果上表现出最鲜明的对立。

最典型的补色对是红与绿、黄与紫、蓝与橙，每对补色都有自己的独特性。

一般暖色、明度高的颜色与冷色形成对比时，面积越小越容易得到平衡。互为补色的颜色对比，可缩小其中一种颜色的面积来达到平衡。

设计师要突出包装画面中的个别色域时，最好的方法就是在该色的周围施以其补色。如果想使红色变得更为纯艳，就在红色的周围涂上暗绿色。如果想突出黄色的纯度，就在它的周围使用蓝紫色。

当色调结构要求不降低色彩纯度而求得和谐时，在色彩的版面布局中，相互穿插些许补色，让对比色双方形成“你中有我，我中有你”的关系。

如图 8－95 所示，麻辣木耳菜的包装中，红绿二色纯度都很高。但在版面编排上二色互相穿插，在绿底色中用红字，红底色中用绿色点缀，色彩鲜艳、明亮而又互为呼应，传达出商品鲜辣的口感。

6. 余补色构成

采用余补色（即色相环上相隔 120°左右的颜色）可形成不同程度的对比，如红与蓝、黄与青、橙与绿等。这些色组分别引入了对方颜色的成分，使补色之间彼此靠近了，相互映衬，对比效果也随之和谐。在设计用色时，红与蓝、橙与绿是最常用的。这两种搭配庄重中不失活泼，是男女皆宜的色彩构成，如图 8－96 所示。

7. 多色相重复

俗话说，秩序产生和谐，这规律同样适用于色彩的调和。由一组纯度很高，甚至是互为补色的色彩组成的包装画面，对比效果极易让人不适。但是，若将其色相的渐进顺序打破，随机分离成各色散块，并重复地使用这组色彩（当然面积和组合上可有变化），就可以缓解不适，让整个色组变得有序、调和。如图 8－97 所示，护肤品包装中所用色相非常多，而且纯度都很高，但打破各色顺序后可重复使用，随机排列，既突出了各色的独立性，又产生了节奏感，显得活泼又有品位。

图 8－95 麻辣木耳菜包装

图 8－96 薯片包装

图 8－97 护肤品包装

8. 高纯度叠印

对于组成画面的几个强烈色彩，可以充分利用印刷时油墨透明的属性，将其叠印出混合色，使各色在色相上互为关联，达到调和的目的，如图 8－98 所示。

9. 集中色调整

要想使强对比的高纯度色彩获得调和的效果，可以通过调整色彩的面积和形态来改变色彩的对比度。对比再强的色彩，当扩大一方色彩面积时并缩小另一方色彩面积，或同时缩小对比双方的面积时，都会减弱色彩对比。同样是那些颜色，如果每种色相都聚集在一起，就会形成一些不相容的色块互相对峙，但要是把其中一种或几种色相打散为点状、线状形态等，分布在画面各处，不但弱化了对比，而且形成了呼应。如图 8－99（a）所示，色彩对比过强，缺乏呼应。图 8－99（b）将大面积的黄色块打散后，分散后的黄色色块总面积没有减小，但却削弱了与蓝色间的对比度；将小面积的黄色花朵分布于包装的各个角落，相互间产生了呼应，形态有动感，画面更活泼。

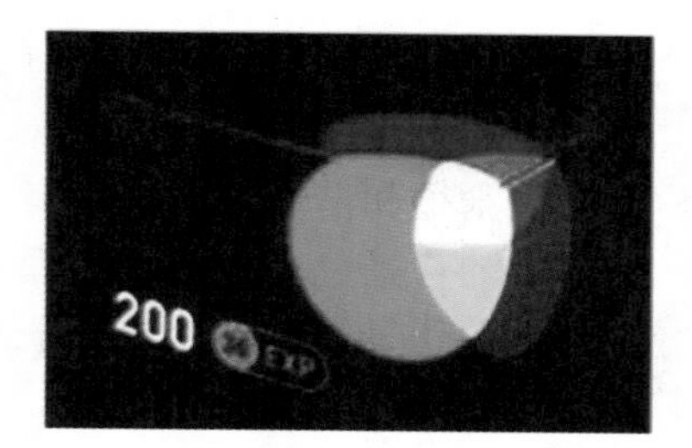

图 8－98　胶卷包装

（a）调整前

（b）调整后

图 8－99　抽纸包装

10. 多彩色划一

多种强烈色彩或多种色相进行对比组合时，可以采取强行划一的方法，加入共同要素，让统一色调去支配全体色彩，达到统一、和谐的目的。主要通过以下三种形式使对比色相划一。

① 在各种色相中加入不等量的白色或黑色，来统一它们的明度。如图 8－100 所示，日本阪急百货公司在对手提袋进行设计时，采用了粉红、浅紫、粉蓝、淡黄、草绿、橙黄等色的组合，加入不等量的白色统一成明快、优美的“粉彩”色调，吸引了各年龄层次的消费者，使公司销售量大幅增加。

② 在各种色相中加入等量的灰色，降低各色的纯度。如图 8－101 所示，包装由黄、紫、蓝等色彩组合而成，由灰色统一成雅致、细腻、含蓄、耐看的灰色调。

③ 在各种色相中加入不等量的另一色相，来营造相似的色彩倾向。如图 8－102 所示，雪碧包装，黄绿、绿、蓝绿、蓝、青等色彩的组合，由绿色统一成象征清凉与希望的色调。

图 8－100　日本阪急百货公司手提袋设计

图 8－101　麦片包装

图 8－102　汽水包装

11. 背景色同化

采用同化背景色的方法可以使高纯度的各种色相统一起来，达到和谐。在外国，我们经常可以看到很多色彩艳丽的小房子建在一起，彼此挨着。虽然颜色纯度都很高，又是应用大面积的色彩，但偏偏看起来很和谐。这是因为有了蓝天白云的衬托，它们拥有共同的背景色。同样的原理也可以应用于包装色彩设计中。纯色背景可以烘托纷繁杂乱的多种色彩，使它们达到统一。如图 8－103 所示。

图 8－103 水果派包装

威廉·荷加斯说："最好的色彩美有赖于多样性的正确而且巧妙的统一。"要使包装的色彩赏心悦目、独具品位，就必须保证色彩的和谐，不断地追求"具有变化的统一"。具体操作：在设计对比为主的画面时，一定要寻找或制造出协调的因素；而在设计以协调为主的画面时，就必须营造出对比的元素。总之，在包装色彩设计中，对比与调和二者相辅相成，缺一不可。在调和中求对比，在对比中求调和，是包装色彩设计师创造和谐美的魅力所在。

思考题

1. 色相的对比有哪几类，它们各自的特点是什么？
2. 明度九调子与纯度九调子的特点是什么？
3. 怎样理解包装色彩设计追求的"具有变化的统一"？
4. 色彩调和的常用方法有哪些，它们分别适用于何处？
5. 包装色彩设计应该遵循哪些基本原则？
6. 当包装色彩为同类色搭配时，应采用什么技巧进行设计？
7. 当包装色彩为类似色搭配时，应采用什么技巧进行设计？
8. 当包装色彩为对比色搭配时，应采用什么技巧进行设计？
9. 用不同形式做调和练习。

包装

第四部分

色彩的复制

第九章 包装色彩的复制理论

连续调原稿的色彩是丰富的，层次也是丰富的。比如，天然色正片，色彩和层次与自然景色基本一致，反差也比较大。如何能在印刷达到的范围内实现对原稿色彩的再现呢？通过观察，我们会发现装潢印刷品上的色彩和层次并不是连续的，而是由许多不连续的点子组成，这些点子就是我们所说的网点。

第一节 色彩复制中的网点

一、网点的作用

网点是印刷品图像上最基本的单位，可通过面积和墨量变化再现原稿浓淡层次和色彩。

在彩色复制中，借助于网点，连续调图像的色彩和阶调才能被正确地复制。因此网点是胶印中色彩和层次变化的基础。网点的主要作用表现在：①网点是再现层次的基础。在胶印中，网点是最小的感脂单位，它的大小起着调节墨量大小的作用，大的网点着墨量大，再现层次深些；小的网点着墨量少，再现的层次浅些。②网点是再现色彩的基础。根据色光加色理论和色料减色理论，网点的大小起着调整组成混合色的原色量多少的作用。网点在胶印中的重要性是显而易见的。

二、阶调

所谓阶调，从主观评价上看，是人们对图像明暗变化的印象。从客观评价上看，是图像明暗变化从连续的密度向网目调的转换。

阶调分为连续调和网目调，如图 9－1 所示。连续调是指画面上明暗的变化是以渐变晕染的方式表现的。网目调是指从高光到暗调部分用网点表现的浓淡层次。通常一幅图像分为亮调（高调）、中间调、暗调三个层次。原稿明亮的部分叫做亮调，原稿深暗的部分叫做暗调，明暗之间的部分叫做中间调。

1. 理想的阶调复制曲线

复制品的阶调再现可以由阶调复制曲线体现，即将原稿和复制品上对应区域的密度值绘制在直角坐标系中，得到阶调复制曲线。若复制品与原稿上相对应的区域处处相等，则曲线应为一条45°的直线，如图9－2中A曲线所示，为理想的阶调复制。

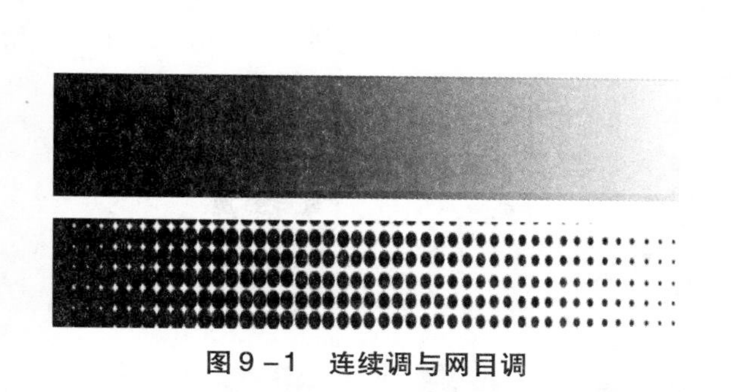

图9－1 连续调与网目调

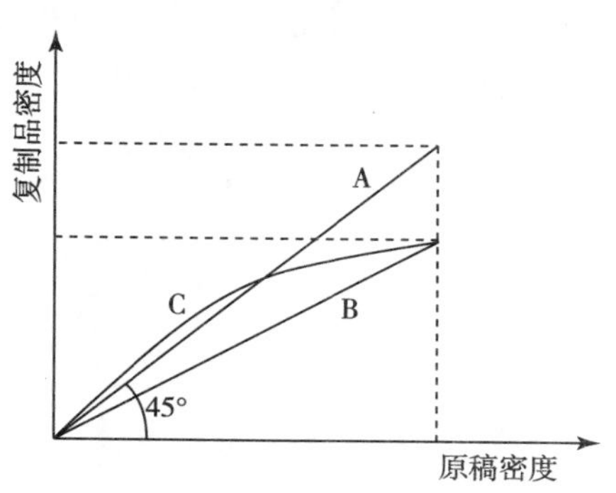

图9－2 阶调复制曲线

2. 压缩复制曲线

反差是图像的最高密度和最低密度之差。在实际工作中，印刷品的反差一般要小于原稿的反差。印刷品的最高密度受到印刷适性及复制方法的局限，其最大的光学密度 D_r 不可能很大，一般在1.7～1.9之间。但原稿的光学密度却不受此限制，可以达到很高，如彩色反转片，其最大密度在2.5～3.0之间。这样，在复制中要达到上述的理想复制是不可能的，只有对原稿的密度范围进行压缩，才能保证在可复制的光学密度范围之内线性地再现原稿的阶调，如图9－2中B曲线所示，即成比例压缩复制。人眼对亮调区域光学密度变化的敏感性要比暗调区域光学密度的变化敏感性大，因此在实际工艺中，对暗调区域的压缩要比亮调区域大，如图9－2中C曲线所示。特别对以亮、中调为主的阶调明快的人物、风光等原稿，采用该工艺压缩复制曲线，提高亮、中调的反差，牺牲一些暗调层次，可以使印刷品得到满意的效果。

因为图像印刷品的阶调和原稿阶调的特性不同，所以当图像印刷品的视感明度变化，保持了原稿的视感明度变化特性，就认为达到了忠实的复制。

为了把原稿上图像的明暗层次再现出来，必须用加网的方法，将图像分割成许多不连续的点子，晒制到印版上，而后用来印刷。印张上单位面积内，点子的总面积大，则油墨覆盖率高，反射光线少，吸收光线多，使人感到阴暗；印张上单位面积内，点子的总面积小，油墨覆盖率低，反射光线多，吸收光线少，给人以明亮的感觉，这样原稿图像的浓淡层次，在印刷品上便可得到再现。

三、彩色复制的加网要素

网点的形态确定一般有四个要素，即网点大小、网线角度、网点形状和加网线数。

（一）网点的大小

1. 网点百分比

网点百分比亦即网点的相对面积，是指图像经分割后所得到的每一单位面积中能接受油墨的面积占单位面积的百分比。简单地说，就是单位面积内网点面积的覆盖率。而单位面积是受形成网点时网屏的粗细所决定的，相同的网点百分比在不同的单位面积上的网点的绝对面积是不同的。

把实地看成一个整点，定为100%，然后按网点在单位面积内所占的面积比，依次定为90%、80%、70%、60%、50%、40%、30%、20%、10%，共10个层次。再在每个层次之间设立5%的网点级差加上小于5%的小黑点和介于95%与100%之间的小白点，划分为22个级。所以网点百分比总共是10个层次22个级。如图9-3所示。

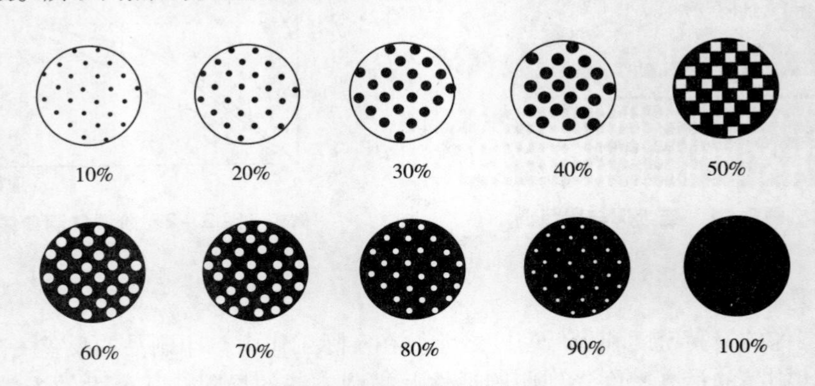

图9-3 网点百分比

我国传统上是以网点的成数来表示网点的百分比。一成网点相当于10%的网点，二成网点相当于20%的网点，三成网点相当于30%的网点……依次类推，100%的网点（全黑），称为实地。

网点百分比控制了纸张单位面积内被油墨所覆盖的面积的大小，使光线部分被吸收，部分被反射。例如，一成网点，单位面积的纸上就有10%的面积被油墨所覆盖，吸收光线，另有90%纸面反射光线；同理，五成网点，单位面积的纸上就有50%的面积被油墨所覆盖，纸面吸收和反射的光线各半；而九成网点，单位面积的纸上就有90%的面积被油墨所覆盖，吸收光线，另有10%的纸面反射光线。可见，相比之下，一成网点吸收光线少，反射光线多；而九成网点吸收光线多，反射光线少，前者显得明亮，而后者显得阴暗。因此，介于一成和九成之间的网点，按它们的成数，便显示了不同的明亮程度。

2. 网点大小的识别

实际应用中，网点的大小直接用网点密度计来测量。网点大小与密度之间的关系式为

$$a = 1 - 10^{-D_t} \tag{9-1}$$

式中 a——网点百分比；

D_t——网点积分密度。

表9-1是用麦克佩（Macbes）密度计测出的 D_t 值以及按上式计算的网点百分比 a 的值。

表9-1 密度与网点百分比

密度	0.045	0.097	0.155	0.220	0.300	0.398	0.523	0.699	1.000	1.698
网点百分比%	10	20	30	40	50	60	70	80	90	98

原稿上的高光部位（最明亮部位），一般相当于网点百分比为1%～10%的区域；亮调（原稿上的明亮部位），相当于网点百分比10%～30%的区域；中间调部位（原稿上的

明暗交接的部位），相当于网点百分比为 40% ~60% 的区域；暗调部位（原稿上的阴暗部位），密度值最大，相当于网点百分比为 70% ~90% 的区域。

（二）网线角度与龟纹

1. 网线角度

用于形成网点的网屏，是以正交的网线组成的。这样网点会自然地排列成线。当网屏转动某一角度后，网点的排列线也会随之转动同样的角度。我们把网点的排列线与水平线之间的夹角称为网线角度。常用的网线角度 90°、75°、45°、15°，如图 9 –4 所示。

从对常用网线角度的视觉效果的分析来看，45°的网点所引起的视觉感受最舒服、最美观，表现为稳定而不呆板，有一种动态的美感，被认为是最佳的网点角度；15°与 75°次之，它们虽不稳定，但也不呆板；视觉效果较差的是 0°和 90°，它们虽然也稳定，但是太呆板，美感较差。由此，我们可以观察到单色网纹印刷品，例如报纸上的新闻图片等，都是采用了 45°网线角度。不同的网点角度，仅仅影响了视觉效果，而画面的色彩表现及层次反应是不受影响的。

2. 网点的角度差与花纹

彩色复制中的层次和色彩是由黄、品红、青、黑四个色版套合实现的。每个色版应采用什么样的网点角度是个很重要的问题。理论上讲，各色版都要严格地按照 45°即所谓的同角度印刷是最理想的。但由于复制的工艺过程是个复杂的过程，四个色版很难做到复制时的角度相同。如果有两种以上不同角度的网点套印在一起时就会产生干涉花纹，俗称花纹或莫尔花纹。当花纹的边长较大，浓淡相差很大时，印刷品表面的色彩再现就会受到影响，这种花纹被称为龟纹。

两色版按不同的角度所产生的花纹情况，都包括在一个 45°范围内。如图 9 –5 所示。

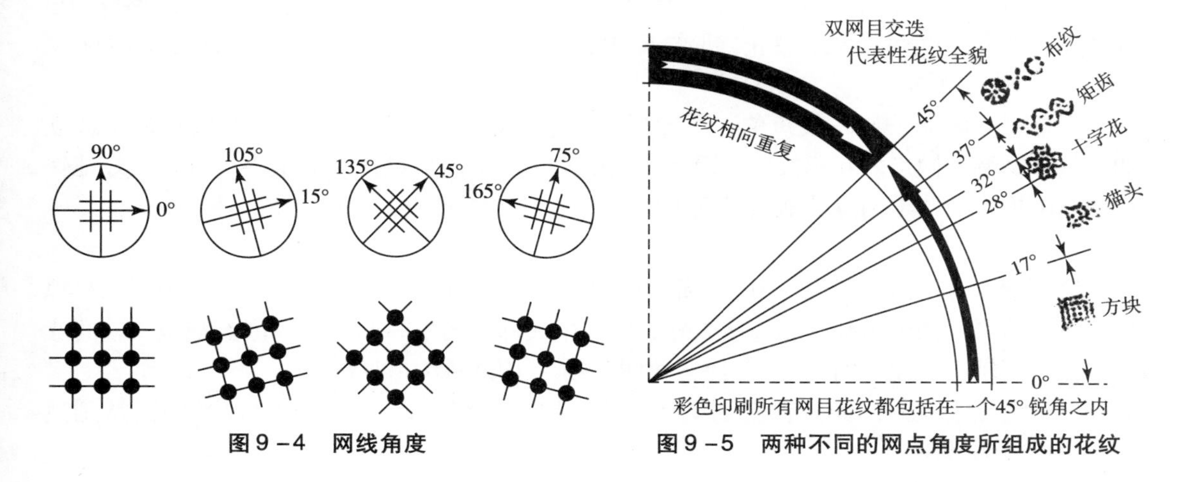

图 9 –4　网线角度　　　图 9 –5　两种不同的网点角度所组成的花纹

从实验可知，两种不同的网点角度相交后所形成的花纹，是随着角度差的变化而变化的。从视觉效果来看，30°和 60°角度差的花纹最细腻、最美观，45°次之，15°有波纹方块形状的不美观图案产生。其他各种不规则的角度都不甚美观。

最普遍使用的网线角度是 0°、15°、45°、75°，对于如何安排色版，可从下面几个方面考虑：

① 黄版宜安排在0°（或90°）。油墨中，黄墨反射系数最大，最不易被眼睛所察觉，故称为弱色，而青、品红和黑色为强色。弱色网点组成的条纹不易显示，因此通常将黄色安排在0°。

② 15°、45°、75°相互之间各相差30°，形成的花纹对印刷品质量影响较小，应安排给强色版。

③ 画面的主色宜安排在45°。在彩色印刷中，45°应安排给最主要的色版，而15°和75°则安排给其他两个强色。例如：

A. 暖色调为主的原稿，可将品红版安排在45°。

B. 冷色调为主的原稿，青色是主要的颜色，它在整个画面中起着控制全局的作用，可安排为45°。即黄0°、品红15°、青45°、黑75°；黄0°、黑15°、青45°、品红75°。

C. 在国画复制或以非彩色结构工艺的复制中，黑版是重要的色版，可以采用下列角度：黄0°、品红15°、黑45°、青75°。

（三）网点形状与密度跃升

1. 网点的形状

网点的形状是指单个网点的几何形状，它由相应的网屏结构所决定。不同形状的网点除了具有各自的表现特征外，在复制过程中还有不同的变化规律，从而影响了最后的复制效果及质量。

网点的形状主要有方形、圆形、链形及艺术网点。

（1）方形网点

方形网点是传统的点形，网点呈正方形，50%的网点，黑点与白点的大小相同，成为棋盘状。方形网点容易根据网点间距来判别其相对面积百分率，并能较灵敏地传递原稿的层次。

50%的方形网点才能真正显示它的形状，随着网点大小的缩小或增大，在网点形成的过程中受到光学和化学的影响，使正方形的四角受到了损伤，结果就成了方中带圆直至圆形网点。

（2）圆形网点

圆形网点的周长比是最短的，用圆形网点表现的画面，高、中调处的网点都是孤立的，只有暗调处网点才互相接触。因此画面中间调以下的网点扩大值很小，可以较好地保留中间调层次。圆形网点的缺点是反映层次的能力较差。

（3）链形网点

链形网点，网点呈菱形。由于菱形的两对角线是不等的，因此除了高调处小网点呈孤立状态、暗调处四个角都互相连接以外，画面中大部分的中间调层次的网点都是长轴间互相连接、短轴仍是脱空的，形状很像一根根链条，因此称为链形网点。

链形网点表现的画面阶调特别柔和，反映层次也很丰富。对人物、风景画面特别适用，目前较为常用。

（4）艺术网点

对于某些有特殊艺术要求、要达到特殊效果的印刷品的复制，往往采用艺术网屏，来产生特殊的艺术网点。

2. 密度跃升

密度跃升指网点在搭接时，图像密度急剧增加而造成的阶调不连续的现象。如图9－6所示。

网点在由小变大过程中，总有开始搭接的那一部位，在这个部位上，由于网点的搭接会造成密度的突然上升，因而破坏了阶调曲线的连续性，造成某阶调区域的层次损失。例如肤色，恰好处于黄、品红版的中间调，由于网点的突然扩大，极易造成阶调生硬，缺乏细微层次变化。相比之下，链形网点所引起的密度跃升较小，这是因为：第一，网点搭接避开了中间调；第二，网点搭接分成两次，减弱密度跃升程度。

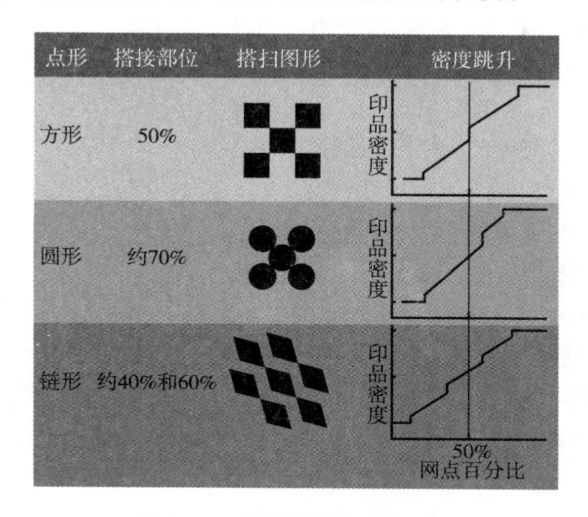

图9－6　网点形状与密度跃升

（四）加网线数与人眼的分辨率

加网线数也叫网点线数或者网屏线数，是指单位长度内所含有的平行线数目或含有的网点个数。网点线数用线/厘米或线/英寸（lpi）表示，数字越小，单位长度内含有的网点越少，画面越粗糙，而且这两种表示方法间可以进行互换（1 英寸 =2. 54 厘米）。表 9－2 列出了常用的几种网点线数。

表9－2　常用的网点线数

网点线数	线/英寸	60	80	100	120	133	150	175	200
	线/厘米	24	32	40	48	54	60	70	80

单位面积内网点的多少是由加网线数决定的，线数越多，划分得越细，再现的层次就越丰富。图 9－7 是选用不同网线数的复制效果。

图9－7　不同网线数的复制效果

网点线数的选择，主要取决于印刷品的类别、用途及纸张的种类和表面状况。人们观赏印刷品的远近即视距也是决定网点线数选用的重要因素之一。

1. 网点线数选择的生理依据

物体在视网膜上成像的大小决定了视觉的清晰度，可以用视角和视力来衡定，如图3－5（见本书第30页）所示，A是物体的大小，D为物体到眼睛节点的距离称为视距。从物体上、下两点画线相交于眼睛的节点O，并在视网膜上成像S，如果物体A在眼睛里形成了一个张角α，则此张角α就称为视角。可用下面公式计算视角：

$$\mathrm{tg}(\alpha/2)=A/(2D) \qquad (9-2)$$

当α较小时，有：$\mathrm{tg}(\alpha/2)=\alpha/2$

因此有：$\alpha=A/D$（弧度）$=57.3A/D$（度）

或 $\alpha=S/b$（弧度）$=57.3S/b$（度）

式中 b——是眼睛节点到视网膜上成像处的距离，约等于17mm。

于是物体A在视网膜成像S的大小即可计算出来：

$S=17\cdot\mathrm{tg}\alpha=17\cdot A/D$（mm）

可见物体A在视网膜成像的大小，取决于视角α的大小。具有正常视力的人，能够分辨物体空间两点间所形成的最小视角为$\alpha=1'$（视角可用弧度和度分秒来表示，1弧度等于57.3°，$1°=60'$，$1'=60''$）。当视角$\alpha=1'$，视距D为250mm时，对应的物像和视网膜像大小的计算如下：

$A=D\cdot\mathrm{tg}\alpha=D\cdot\alpha=250\div(60\times57.3)=0.072\mathrm{mm}$

$S=17\mathrm{tg}\alpha=17\alpha=17\div(60\times57.3)=0.0049\mathrm{mm}$

当视距D＝250mm时，物像A＝0.027mm。这一概念在实用中，关系到彩色印刷品的观视效果，并且决定了所使用的网点线数和印刷网点大小。

设网屏线数为N，则相邻五成网点的间距，$A=1/(2N)$（mm），如图9－8所示。

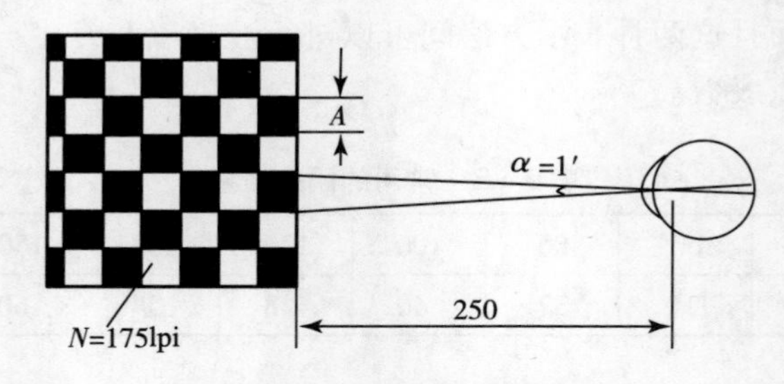

图9－8 网点成像示意图

网点线数可按下式计算选用：

$$N=\frac{1}{2A}=\frac{1}{2}\times\frac{1}{D\cdot tg\alpha}=\frac{1}{2D\alpha} \qquad (9-3)$$

如果视力为1.0，则有$\alpha=1'=1/(60\times57.3)$（弧度）

$$N=\frac{1}{2}\times\frac{1}{D\times\frac{1}{60\times57.3}}=\frac{1719}{D}\ （线/厘米）$$

当视距为D＝250mm时，

N＝1719/D＝1719/25＝68.76（线/厘米）＝175（线/英寸）

由此可见，在视距为250mm时，若网点线数小于175lpi，则五成网点的间距A所构成的视角均大于1′，按此情况来观赏画面，网点清晰可见（如报纸图像80lpi），从而影响了画面和色彩的整体效果，这种情况只能用于大视距（大于250mm）的场合。如果网点线数大于175lpi，则五成网点的间距A所构成的视角小于1′，在此条件下观赏画面时，网点不易被清晰地辨认（如精印美术画册图像200lpi），从而加强了画面的整体效果和色彩效果。

根据上述公式就可以很方便地按照视距D的大小来计算网点线数。

2. 网线数选择的质量依据

从前面的分析可以知道，网线越细，印刷品上层次损失得越少，层次和色彩的再现性也越好。但由于胶印工艺的特殊性，比如橡皮布的弹性变形、网点的扩大等情况，采用过细的网线往往会给复制工艺带来许多困难。如造成印刷的操作困难、糊版、印品清晰度下降、反差降低等故障。因此，网线的选择应依据印刷品的用途和质量要求等而定。如表9－3所示。

表9－3　不同的印刷品的网线数的选定

印刷品类别	印刷用纸	网点线数/lpi
全张宣传画、招贴画	招贴纸	80～100
对开年画、教学挂图	胶版纸	100～133
日历、明信片、书刊封面	铜版纸、画报纸	150～175
精细画册、精致科技插图	铜版纸	175～200

四、加网技术

1. 调幅加网和调频加网

传统的“调幅加网（AM Screening）”是通过改变网点的大小来表现图像画面的层次及颜色变化的，如图9－9所示。它的优点是网点的间距和角度都是固定的，且能够稳定地表现图像的阶调变化，缺点是容易导致龟纹和密度跃升。

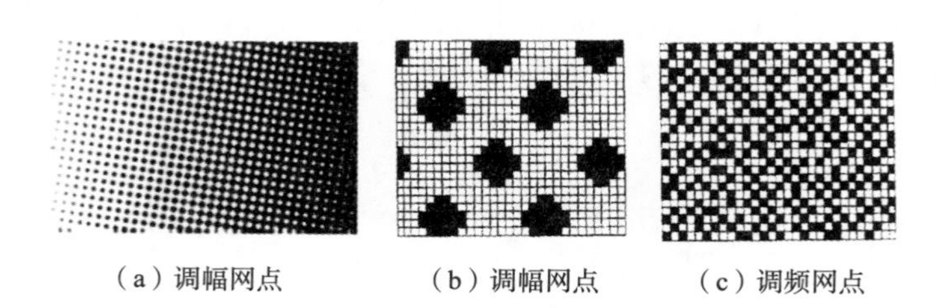

（a）调幅网点　（b）调幅网点　（c）调频网点

图9－9　调幅网点和调频网点

“调频加网（FM Screening）”是通过改变网点出现的个数（频率）来实现的。即分色图像信息调制的不是网点的大小，而是改变网点的疏密来表示图像的浓淡层次，如图9－9所示。这种技术不仅能够避免龟纹及密度跃升问题，更能提高印刷品的分辨率。然而，调频加网也有一些严重的缺点。它对印刷工序的要求苛刻，中间调及暗调部分的层次表现不易掌握，且高光和暗调部分的颗粒化现象严重。

2. 混合加网（Hybrid AM/FM Screening）

AM/FM混合型网点“视必达”，是结合了AM Screening和FM Screening的所有优点而成。在网点百分比1%～10%的亮调和90%～99%的暗调地方，它会像FM Screening一样，使用大小相同的细网点，并通过这些网点的疏密程度来表现画面中的层次变化，在10%～90%的中间部分，又会像AM Screening，对网点的大小进行改变。但所有网点的位置都具有随机性，因此不需考虑“网线角度”的问题，如图9－10所示。AM/FM混合型网点，不但能够显著地提高印刷质量，而又不影响生产效率，只需要沿用常规的2400dpi/175lpi的生产工序和设备就能实现300lpi高线数网点的印刷质量。

3. 数字加网技术

现在的数字加网技术主要是指采用网点发生器进行加网的技术。网点发生器的典型结构如图9－11所示，由网点模型存贮器SPM与比较电路组成。扫描分析头采集的图像信号P，经彩色计算机进行各种图像处理后，进入比较电路，与来自SPM的加网密度阈值Q相比较，根据比较结果，向曝光头发出激光束on－off控制信号。

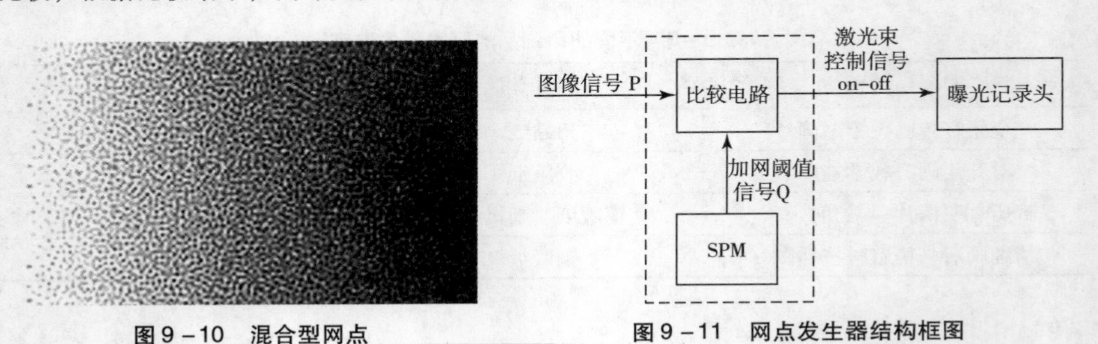

图9－10　混合型网点　　图9－11　网点发生器结构框图

在网点模型存贮器SPM中，按照设计好的网点形状，存贮着和接触网屏相对应的从暗到亮各阶调的密度阈值Q。SPM是由N个存贮单元构成的点阵结构，按扫描记录头的主副扫描方向，将一个网点等分为若干个子网点，每个子网点对应SPM中的一个存贮单元。图9－12为网点生成原理图。为简单起见，图9－12中的SPM由8×8点阵构成，点阵数N＝64，网屏角度取0°，其加网密度阈值Q的取值范围为1≤Q≤64，当图像信号P大于Q时，则产生曝光信号，在胶片（或印版）相应的位置产生一个胞点。图9－12中表示了三种不同的图像信号产生的三个大小不同的网点。

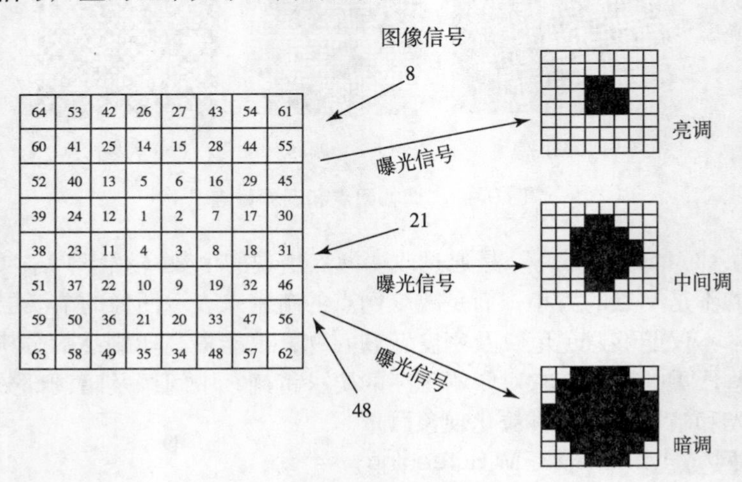

图9－12　网点生成原理图

第二节　色彩的分解与再现

人们之所以看到原稿上千变万化的色彩，是由于原稿上各部位反射出来的、刺激人眼的色光的组成数量是千差万别的。根椐色光加色法理论，所有的色光都可以看成是由红光、绿光和蓝光以不同比例混合而成的。因此，要想对原稿进行忠实地复制，就要把原稿上各部位反射的红光、绿光和蓝光的量真实地记录下来，这个过程有点类似于制造机器前先将机器上各零部件拆下复制的过程一样。对原稿上反射的各单色光记录的过程，就是色彩分解的过程。对三种光线的量分别记录后，就得到三张密度不同的胶片，也就是说机器的零部件复制已完成，组装的过程也就是色彩再现的过程。

一、分色原理

要想准确地记录原稿上各部位分别反射的红光、绿光和蓝光等各单色光的过程和数量，就必须使在记录某种单色光时，完全排除其余的两种色光干扰。根据色料减色法理论，红、绿、蓝滤色（镜）片在透过本色光的同时可以吸收另外两种色光，是理想的分色工具。图 9 – 13 是原稿色彩的分解过程。

分色的过程是依色料减色法理论实施的。首先原稿对入射光线选择性地吸收并反射，通过滤色片时，又被选择性地吸收和通过，最后到达感光胶片的光线分别是红色光或绿色光或蓝色光。

青分色阴片是应用红滤色片获得的，红滤色片透过了原稿中的红光，使感光片产生曝光密度，吸收了它的补色青光，因此，原稿上凡青色或黑色区域均不能使感光片曝光而产生密度。青分色阴片的特征就是红色区域产生了较高的密度而青色和黑色区域是透明的。不同程度的中间色则根据含红光成分的多少而产生了不同的密度值。因此，青分色阴片记录了原稿中红色的数量，而复制后得到的分色阳片就记录了原稿中红色的补色——青色的数量。

品红分色阴片是用绿滤色片获得的。绿滤色片透过绿光而吸收了品红光，因此，原稿上品红或黑色区域均不曝光产生密度。品红分色阴片上绿色区域的密度最高而品红和黑色区域均是透明的。因此，品红分色阴片记录了原稿中绿色的数量，而复制后得到的分色阳片就记录了原稿中绿色的补色——品红色的数量。

黄分色阴片是用蓝滤色片获得的。蓝滤色片透过蓝光而吸收了黄光，因此原稿上黄色或黑色区域均不能使感光片曝光产生光密度，黄分色阴片上蓝色区域的密度最高而黄和黑色区域均是透明的。因此，黄分色阴片记录了原稿中蓝色的数量，而复制后得到的分色阳片就记录了原稿中蓝色的补色——黄色的数量。

二、色彩的再现

色彩再现的过程是各色版在一块套合的过程，即印刷的过程。图 9 – 14 是图 9 – 13 分色后的色彩套合即色彩再现过程。

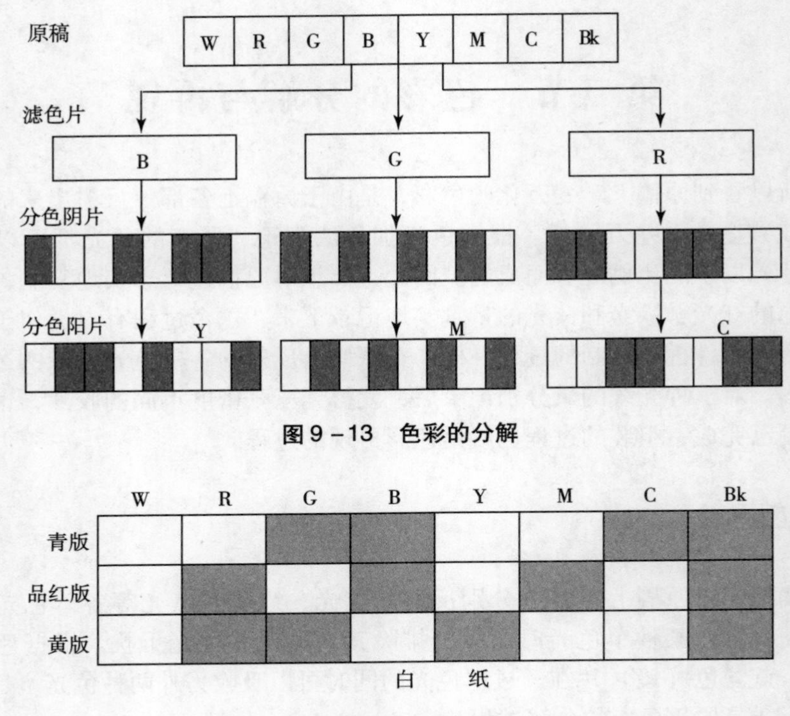

图 9－13　色彩的分解

图 9－14　色彩的再现

（一）网点在色彩再现中的作用

在色彩再现中，由于各部位上各色网点的大小不一，也就是说，各部位上三原色的墨量多少不一，因此，混合色的色相各异。彩色印刷品上各色网点存在的状况是与原稿的调子有关的。

1. 网点并列与色光加色法

彩色印刷品的高调部位，三色网点的分布比较稀疏，又因为三块印版相互间有一定的网点角度差，致使这里的网点大都处于并列状态。高调部位的色彩再现，正是借助于这种网点并列的现象实现的。图 9－15 是网点并列的色彩合成图。

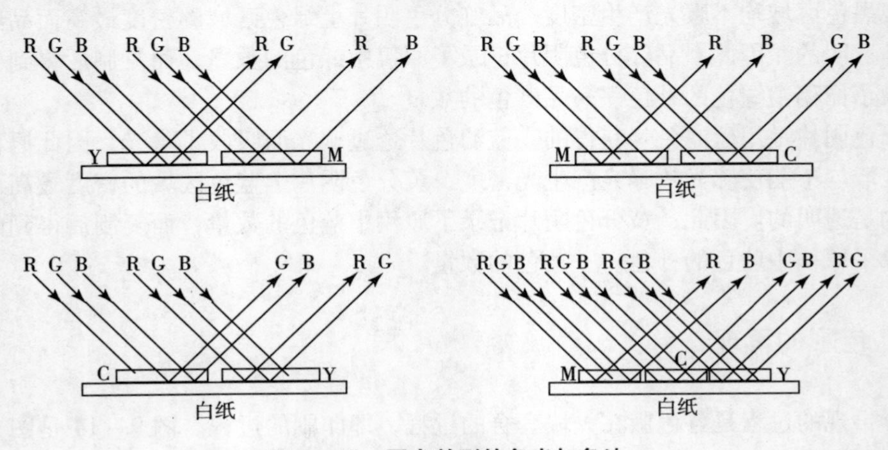

图 9－15　网点并列的色光加色法

设有一个黄色网点和一个品红色网点并列，当白光照射到这一对并列的网点时，黄色网点便吸收了蓝光，反射了红光和绿光，而品红色网点却吸收了绿光，反射了蓝光和红光。由于这对网点间的距离很小，彼此十分靠近，人眼看到的色彩效果便按色光加色法合成红色。其表达式是：

$$Y \Rightarrow R + G$$

$$M \Rightarrow B + R$$

$$Y + M \Rightarrow R + G + B + R = (R + G + B) + R = W + R$$

式中　“⇒”——表示色料反射出的色光。

同样的道理，品红色网点和青色网点并列时，相应的表达式是：

$$M \Rightarrow B + R$$

$$C \Rightarrow G + B$$

$$M + C \Rightarrow B + R + G + B = B + (R + G + B) = W + B$$

因而呈现蓝色。

青色网点和黄色网点并列时，相应的表达式是：

$$C \Rightarrow G + B$$

$$Y \Rightarrow R + G$$

$$C + Y \Rightarrow G + B + R + G = (G + B + R) + G = W + G$$

因而呈现绿色。

如果有一组并列网点，由黄色网点、品红色网点、青色网点三个网点组成，表达式将是：

$$Y \Rightarrow R + G$$

$$M \Rightarrow B + R$$

$$C \Rightarrow G + B$$

$$Y + M + C \Rightarrow R + G + B + R + G + B = (R + G + B) + (R + G + B) = W$$

因而呈现白色。但是，由于三种颜色的网点都不同程度地吸收了原色光，所以实际上呈现的不是白色而是灰色。

从以上的讨论中可以看到，在印刷品的高调部位，由于网点的并列，按着色光加色法的原理，会呈现出红色、绿色、蓝色的颜色效果。如果改变各色网点在高调部位的网点百分比，便可相应地改变这里红、绿、蓝各色的呈色程度，并由此得到丰富的色彩效果。例如，若增大高调部位品红色网点的百分比，这里的颜色就偏近于品红；若同时增大高调部位品红色网点和黄色网点的百分比，这里的颜色就趋近于大红色了。网点并列色彩的方式还有一个优点，就是由于这时网点极少叠合，再现色彩不受油墨透明度的影响。

2. 网点叠合与色料减色法

胶印印刷品的暗调部位与高调部位不同，三色网点的分布密集且叠合在一起的居多。所以这里的色彩再现，依靠的不再是网点的并列，而是网点的叠合。网点叠合再现色彩的方式要求油墨具有足够的透明度，光线通过透明的油墨与通过滤色片的情形是相同的。这里色彩的合成是按色料减色法的原理实现的。图 9－16 是网点叠合的色彩合成图，图中给出三原色油墨吸收与反射色光的情形。

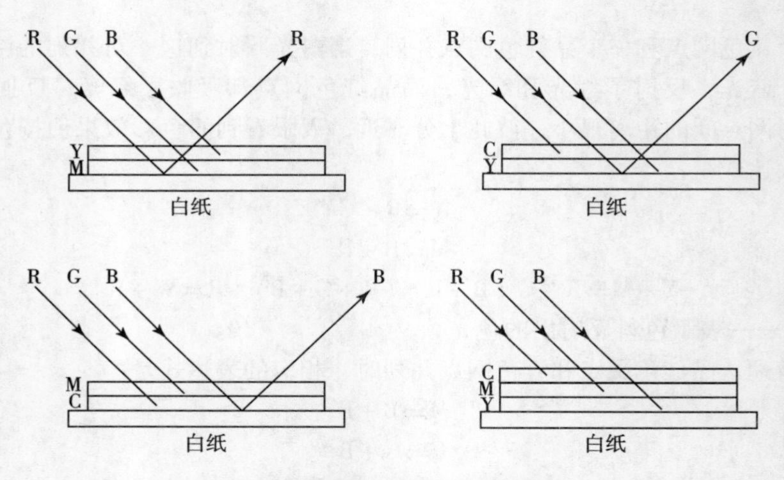

图 9-16　网点叠合的色料减色法

设有一个黄色网点叠合在一个品红色网点上。白光照射到叠合在上面的黄色网点上时，白光中的蓝光便被吸收了，只有红光和绿光通过这个网点照射到下面的品红色网点上了。照射到品红色网点上的绿光又被吸收，穿过品红色网点照到纸面上的就只有红光了。从纸面上反射出来的红光就是人眼看到的颜色。这个过程的表达式如下：

$$Y \Rightarrow W - B$$

$$M \Rightarrow W - G$$

$$Y + M \Rightarrow W - B - G = R$$

同样的道理，一个品红色网点叠合在一个青色网点上，相应的表达式是：

$$M \Rightarrow W - G$$

$$C \Rightarrow W - R$$

$$M + C \Rightarrow W - G - R = B$$

因而呈现蓝色。

一个青色网点叠合到一个黄色网点上，相应的表达式是：

$$C \Rightarrow W - R$$

$$Y \Rightarrow W - B$$

$$C + Y \Rightarrow W - R - B = G$$

因而呈现绿色。

从上列三组方程中，可以明显地看到，网点叠合所呈现的颜色与网点叠合的次序并无关系。所以，如果有黄色、品红色、青色三个网点叠合在一起，无论按什么样的次序叠合，都会呈现黑色，表达式是：

$$Y \Rightarrow W - B$$

$$M \Rightarrow W - G$$

$$C \Rightarrow W - R$$

$$Y + M + C \Rightarrow W - B - G - R = W - (B + G + R) = 0\text{（即黑色）}$$

从以上的讨论中容易看出，在印刷品的暗调部位，由于网点的叠合，按色料减色法的原理，同样会呈现出红色、绿色、蓝色的颜色效果来。改变各色网点在暗调部位的网点百分比，就能得到丰富的色彩效果，这与网点并列的情形，道理上是一样的。网点叠合再现色彩的方式要受到油墨透明度的影响，透明度弱的油墨呈色效果不佳，完全不透明的油墨只能作为第一色印刷。

（二）色彩再现的色彩计算（Neugebauer 方程）

在彩色印刷品上，无论是网点并列部位还是网点叠合部位，我们最多可以看到八种颜色。

1. 单位面积上八种颜色面积的比例

彩色印刷品是采用黄（Y）、品红（M）、青（C）三种油墨，以大小不同的网点组合形式印刷的。设在单位面积上，着黄色油墨的面积为 y，着品红色油墨的面积为 m，着青色油墨的面积为 c，这些不同颜色的网点分布，或互相之间部分重叠或单独成点。叠印几率的观点最早是由德米切尔（Demichel）提出的。

设第一次印刷的油墨为黄色，着黄色油墨处的面积占单位面积的 y 份，经第一次印刷后，白纸上一部分未着墨处仍然为白色，一部分着黄色油墨，其面积覆盖率是：

白　　　　黄

$1-y$　　　　y

第二次印刷青色油墨，则青色印在上述白纸（$1-y$）面积上，所占的比例为$(1-y)c$，印在上述黄色油墨点上的比例是 yc。设在黄色油墨点上叠印上青色油墨的颜色为绿色，只代表黄色油墨和青色油墨叠在一起所呈颜色的名称，这时白纸上色光的比例为：

白

$$(1-y)-(1-y)c=(1-y)(1-c),$$

绿　　　　青　　　　黄

cy　　　　$(1-y)c$　　　　$(1-c)y$

第三次再叠印品红色油墨 m，则品红印在已经印了黄和青色的白纸上 $(1-y)(1-c)$，这时单位面积上所占的比例为 $(1-y)(1-c)m$。品红印在黄网点上的比例为 $(1-c)ym$ 称为红色 R。品红印在绿网点上的比例为 cym，称为黑色 K。品红印在青网点上的比例为 $(1-y)cm$，称为蓝色 B。因此，经三种颜色印刷后，纸上共有八种不同的颜色，它们在单位面积上所占的比例分别为：

白 W　　　　品红 M

$(1-c)(1-y)(1-m)$　　　　$(1-c)(1-y)m$

黄 Y　　　　红 R

$(1-c)(1-m)y$　　　　$(1-c)ym$

绿 G　　　　青 C　　　　蓝 B　　　　黑 K

$cy(1-m)$　　　　$(1-y)(1-m)c$　　　　$(1-y)cm$　　　　cmy

2. 单位面积上八种色光混合相加

由于各色网点之间的距离很近，所以从它们各自发出的色光同时投射到视网膜上混合成为某种混合的颜色。20 世纪 30 年代纽格保尔（*H. E. Neugebauer*）提出了八种色光混合相加的纽格保尔方程。在一定的光照条件下，这八种颜色各自的三刺激值（X、Y、Z）分别是：白纸为 X_W、Y_W、Z_W；白纸上的黄色为 X_y、Y_y、Z_y；品红为 X_M、Y_M、Z_M；青为 X_C、Y_C、Z_C；红色为 X_R、Y_R、Z_R；绿色为 X_G、Y_G、Z_G；蓝色为 X_B、Y_B、Z_B；黑色为 X_K、Y_K、Z_K。混合后色光的三刺激值可以由加法定律按照 N 氏方程进行计算：

$$
\begin{aligned}
X =& (1-c)(1-y)(1-m)X_W + (1-c)(1-y)mX_M \\
&+ (1-c)(1-m)yX_Y + (1-y)(1-m)cX_C \\
&+ (1-c)ymX_R + (1-m)cyX_G \\
&+ (1-y)cmX_B + cymX_K
\end{aligned} \tag{9-4}
$$

$$
\begin{aligned}
Y =& (1-c)(1-y)(1-m)Y_W + (1-c)(1-y)mY_M \\
&+ (1-c)(1-m)yY_Y + (1-y)(1-m)cY_C \\
&+ (1-c)ymY_R + (1-m)cyY_G \\
&+ (1-y)cmY_B + cymY_K
\end{aligned} \tag{9-5}
$$

$$
\begin{aligned}
Z =& (1-c)(1-y)(1-m)Z_W + (1-c)(1-y)mZ_M \\
&+ (1-c)(1-m)yZ_Y + (1-y)(1-m)cZ_C \\
&+ (1-c)ymZ_R + (1-m)cyZ_G \\
&+ (1-y)cmZ_B + cymZ_K
\end{aligned} \tag{9-6}
$$

图 9－17 所示，为典型的三原色油墨和由它们重叠的显色范围。从理论上讲，三原色油墨印刷不仅完全可以复制在它们的显色范围内的一切彩色，而且还能叠印出各种层次的中性灰（黑）色。但实际上既要叠印出彩色，又要叠印出中性色，完全兼顾有一定困难。因而，一般在黄、品红、青三块印刷版之外，再加一块黑色印刷版，使黑版起着控制画面明、暗，“勾画”轮廓的作用，而彩色的重现则由黄、品红和青来承担。

由于以上原因，三原色印刷目前均采用加黑色版的四色印刷来进行。四色印刷中，有四个可以控制的变数（C，Y，M，K）。四色印刷方程的导出与三色的完全相同。

三、溢色

色域是一个彩色系统能够显示或打印的颜色范围。人眼看到的色谱比任何颜色模型中的色域都宽，它包括 RGB 和 CMYK 色域中的所有颜色。通常，RGB 色域包含能在计算机显示器或电视屏幕（它们发出红、绿和蓝光）上所有能显示的颜色，如图 9－17 所示。因而，一些诸如纯青或纯黄等颜色不能在显示器上精确显示。

CMYK 色域较窄，仅包含使用印刷（打印）油墨能够打印的颜色。当不能被打印的颜色在屏幕上显示时，它们称为溢色——即超出 CMYK 色域之外。

在 Photoshop 信息调板中，如果将指针移到溢色上面，CMYK 值旁边会出现一个惊叹号。当选择了一种溢色时，在“拾色器”和颜色调板中都会出现一个警告三角形，并显示最接近的 CMYK 等量值。

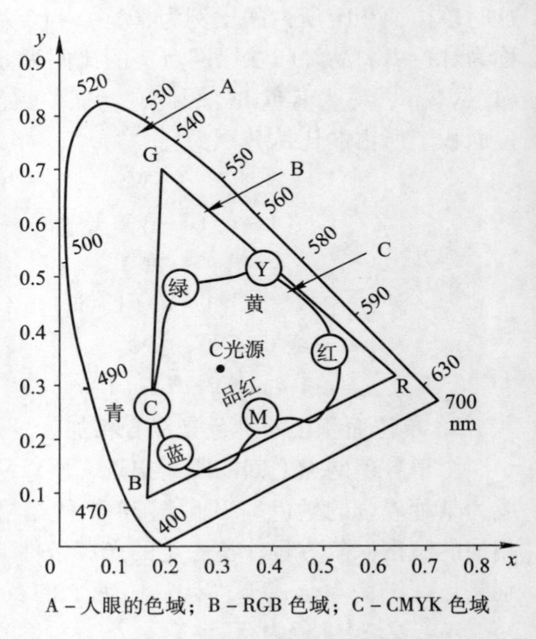

A－人眼的色域；B－RGB 色域；C－CMYK 色域

图 9－17 彩色印刷的色域

第三节 色彩管理

由于显示器显示的色域 B 和印刷品呈现的色域 C 是不同的（图 9－17），如果要在显示器上呈现出和印刷品一样的色彩效果，就需要压缩显示器显示的色域范围，使之与印刷品呈现的色域相一致，因此，需要进行色彩管理。

色彩管理系统（CMS）是关于与彩色图文相关的设备（媒介）间颜色特性转换关系的一种管理系统。其目标是形成一个环境，使支持这一环境的各种设备（扫描仪、显示器、打样机、印刷机等），在色彩信息的传递方面相互匹配，实现色彩不失真再现，达到“所见即所得”。其基本思路是：选择一个与设备无关的参考空间，然后对整个系统的各个设备进行特征化描述，最后在各个设备的色空间与标准的与设备无关的色空间建立确定的对应关系（见图 9－18）。国际彩色联盟（International Color Consortion）为了能使多设备环境中色彩信息的共享，制定了一个跨平台系统的色彩管理标准（ICC 标准）。在这一标准中，制定了设备色彩描述文件（ICC Profile）的格式和类型。

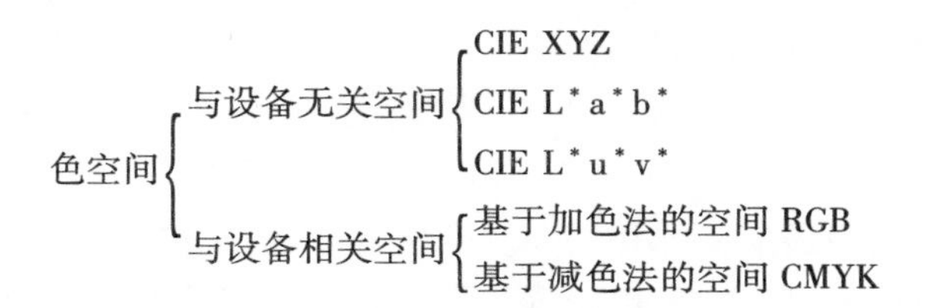

图 9－18 颜色空间分类

色彩管理的内容包括校正、特征描述和转换。校正（Calibration），也称定标，使各有关的设备达到其出厂规定的标准参数。特征描述（Charat terization），确定输入设备和输出设备的颜色范围，建立设备特征描述文件（Profile 文件）。转换（Conversion 或 Transformation），将图像从一个设备的色空间转换到另一个设备的色空间，建立在不同颜色空间的一一对应的映射关系。

ICC 规范的制定，明确了色彩管理的组成要素：

① 一个设备无关的色空间 PCS（Profile Connection Space）。

② 设备特征描述文件（Profile 文件）。Profile 文件用于描述设备的颜色特征和色域范围。颜色复制系统中的所有设备（如扫描仪、显示器、打印机等）都要有自己的特征文件。

色彩管理系统根据设备特征文件提供的信息，建立特定设备色空间与设备无关色空间 PCS 之间的映射关系。

③ 色彩管理模块 CMM（Color Management Module）。在进行色彩空间转换时，色彩管理模块 CMM 用于解释设备特征描述 Profile 文件，根据特征文件所描述的设备颜色特征进行不同设备间的颜色数据转换。

一、特征描述文件 ICC Profile 的建立

1. 扫描仪

彩色扫描仪是 CTP 系统中最常用的输入设备，每种专业扫描仪都带有对颜色进行校正和处理的扫描软件。

① 准备 IT8 透射及反射原稿，该原稿上包含多个色块（280 多个），且各色块的 CIE 色度数据都是已知的（购买时附送）。图 9－19 为 IT8. 7/2 标准色靶，该色靶由四个部分组成。

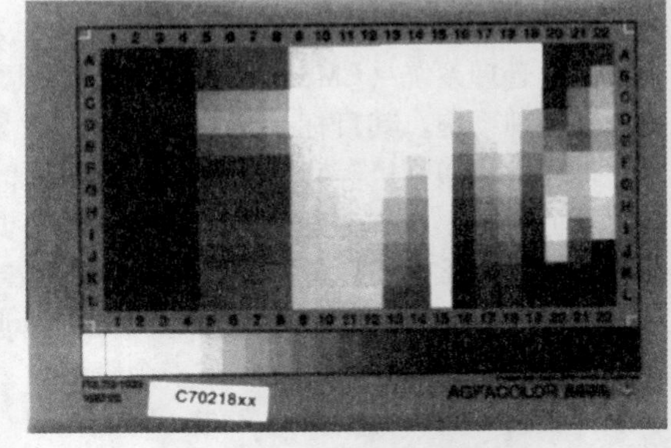

图 9－19 IT8. 7/2 标准色靶

A. 取样颜色区：该部分由 12×12 的色块组成，12 行按色相角度均匀分布在色相环中，每行有三个亮度变化，每个亮度变化中有四个饱和度变化，这样选取的好处是可以用这些色块代表整个色彩空间区域。

B. 彩色梯尺：该部分共 7 列，其中三列分别代表青、品红、黄，另外三列分别代表青品红黄的两两组合红、绿、蓝，中间的一列为中性色。

C. 中性色梯尺：色靶最下面的是按亮度变化的 24 级中性梯尺。

D. 可选区域：不同的制造商可以根据自已的需要安排 3 列，每列为 12 个色块。色靶一共 288 个色块，完整地表达整个颜色空间。

② 将扫描仪调到正常状态，用扫描仪扫描色标原稿，获得色标关于此扫描仪的 RGB 数据。

③ 根据原稿色度数据，利用 IT8 色标中的按亮度变化的 24 级中性梯尺，设定为 R＝G＝B＝Y，分别建立 R 值与 Y 值、G 值与 Y 值、B 值与 Y 值的关系，得到灰平衡曲线，建立这种关系的目的是为了线性化扫描 RGB 值。

④ 建立 IT8 色标中所有色块的扫描 RGB 值和灰平衡 RGB 值的关系，用多项式建立灰平衡 RGB 与标准 XYZ 之间的关系。重复此步骤，将扫描 RGB 空间转换到标准 XYZ 空间。

⑤ 完成空间转换后，便可以利用求得的参数来建立该扫描仪的 ICC 描述文件了，在下次使用该扫描仪时，不用对其进行再次校正。

2. 显示器

从扫描仪得到的图像会首先在显示器上显示，显示器的校准及模拟软打样（所见即所得）是色彩管理系统的重要组成部分。目前，大多数的印前制作人员都是靠色标或信息板显示的 CMYK 值来确定所选用的颜色，但这样做，在很大程度上需要靠经验，而且，当后工序发生改变时，又要花费许多时间来积累经验，这也大大限制了创意者能力的发挥。因此，人们越来越希望显示器上显示的色彩能与打样和印刷系统复制的效果相同。因此，需要调节显示器的显色效果，步骤如下：

① 调节显示器到正常状态，启动色彩管理软件。

② 按照软件提示将色度计吸在屏幕的指定位置上，软件将控制显示器按一定的时间

间隔有规律地显示不同的色块，并给出这些色块的RGB值。

③ 将色度计测得的数据输入计算机，管理软件根据输入的色度数据和已知的RGB值计算出显示器的γ值和白点等相关数据，并生成显示器的Profile文件，在下次使用显示器时不用进行校正。

这时建立的描述文件是在一定的外界环境和设置时创建的。当外界环境和设置发生变化，或经过很长一段时间后，都应该重新建立该显示器描述文件。

3. 彩色输出设备

彩色输出设备是用来输出彩色硬拷贝的设备（如打印机、打样机、印刷机）。与彩色扫描仪和彩色显示器的颜色管理相比，彩色输出设备的色彩管理具有许多难点：

① 油墨本身的复杂性。彩色输出设备的颜色复制是基于青、品红、黄和黑四种原色的减色混合，输入和输出之间是一种非常复杂的非线性关系，很难得到CIE XYZ或CIE LAB三刺激值与输入、输出之间的转换关系。

② 黑墨带来的问题。由于工艺的需要，图像中的部分灰色要用黑墨来代替，这样，由于同色异谱现象的存在，使得从三刺激值到青、品红、黄和黑四种原色的映射不是一一对应的关系，也就是说，同一种颜色可能对应几种青、品红、黄和黑油墨的组合。因此，我们必须要在分色中考虑底色去除（UCR）、灰成分替代（GCR）和油墨总量限制等问题。

③ 色域映射问题。色域指的是彩色设备能够表现的色彩范围。当两个彩色设备具有不同的色域时，便会出现色域不匹配的问题。现在，彩色输出设备的色彩范围还受到很大的限制，无法将扫描仪获取的所有色彩和显示器上显示的所有色彩完全复制出来。因此，如何将色域外的色彩映射到彩色输出设备的色域，便成为分色时必须要考虑的问题。

④ 网点增大和损失问题。网点增大和损失是在印刷复制过程中，由于机械的或光学的原因而引起的网点面积变大或缩小的现象。从照排机输出胶片到从印刷机印出印刷品还需要经过拼版、拷贝、晒版等工序，每个工序都可能引起网点的变化，特别是在印刷机上，压力及纸张对油墨的渗透情况都能影响网点的变化。

⑤ 彩色印刷系统的多样性。彩色输出设备包括的种类特别多，有各种各样的打印机，还有胶印设备、柔性版印刷设备等。而且，不同印刷系统采用的工艺也不同，如胶印系统有电分出片、照排出片、直接制版等工艺；有些需要手工拼版，有些则是整页输出。

上述的难点，有些在色彩管理系统中已经得到了一定程度的解决，而有些还没有好的解决之策，或许只有通过改进印刷工艺才能得到令人满意的结果。

在对彩色输出设备进行颜色管理时，首先要创建一个CMYK测试文件，该测试文件是由一系列均匀分布在输出空间的色块组成的。这些的色块的四色数据在ISO12642标准中有明确规定，所以这些色块的四色网点面积率数据都是已知的。然后，按照下述步骤进行颜色管理。

① 将RIP和各种输出设备及工艺条件调节并保持在正常状态。

② 将已经做好的CMYK测试文件，通过发排，经RIP和各种输出设备进行打样或印刷，得到各种输出设备的样张。

③ 用色度计逐块测量样张上的色块，获得其色度数据。

④ 将测得的数据和已知的四色数据输入软件，找出它们之间的对应关系，并生成各种输出设备的色彩特征描述文件。

二、色彩匹配

1. 色彩的转换和匹配

建立设备的色彩特征描述文件（Profile）之后，将进行色彩的转换和匹配。

① 假设彩色原稿的颜色正常，先用扫描仪对其进行扫描。由于扫描仪 Profile 提供了从扫描仪 RGB 数据向 PCS 空间转换的对应关系，因此，操作系统可以按照这一转换关系获得原稿的色度值。

② 扫描的图像需要在彩色显示器屏幕上显示，由于系统已经掌握了色度值与显示器 RGB 驱动信号的对应关系。因此在显示时，并不是直接使用扫描仪获得的 RGB 数据，而是上一步获得的原稿的色度数据。按照显示器 Profile 给出的转换关系，得到能在屏幕上正确显示原稿色彩的 RGB 数据，这就确保了显示器色彩与原稿色彩的匹配。

③ 由于有印刷复制设备的 Profile 文件存在，可以在显示器上观察到印刷以后的正确色彩（见图 9－20）。根据客户的要求，依照屏幕色进行图像调节处理。

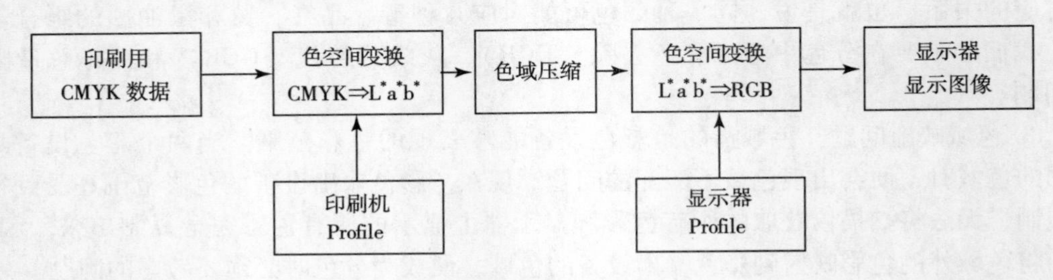

图 9－20　所见即所得

④ 当操作人员对图像的色彩满意以后，就对图像进行分色并存储。分色时，按照印刷复制 Profile 携带的色彩转换关系，得到正确的 CMYK 四色网点面积率数据，经过图文组版、RIP、制版、印刷，获得印刷复制品，印刷复制品的色彩应与显示器屏幕预示的色彩相匹配。

2. ICC 规定的四种复制方案

不同设备或复制方法的色域是不同的，因此，在不同的设备之间进行色彩转换时，经常会遇到色域范围不匹配的问题，要根据复制的内容和要求，选择适当的复制方案。CMM 根据不同的复制方案进行设备色空间之间的映射，复制方案决定了 CMM 的映射方法。ICC 规定了四种复制方案（Rendering Intent）。

（1）感性压缩（Perceptual）

从一种设备空间映射到另一种设备空间时，如果图像上的某些颜色超出了目标设备空间的色域范围，这种复制方案将原设备的色域空间压缩到目的设备空间的大小。这种收缩整个色彩空间的方案会改变图像上所有的色彩，包括那些位于目标设备空间色域范围之内的颜色，但能保持色彩之间的视觉关系。它适用于摄影类原稿的复制。

（2）饱和度优先（Optimized For Saturation）

当转换到目标设备的色彩空间时，这种方案主要是保持图像色彩的相对饱和度，溢出色域的颜色被转换为具有相同色相但刚好落入色域之内的颜色。它适用于那些颜色之间的视觉关系不太重要，希望以亮丽、饱和的颜色来表现内容的图像的复制，比如商用图示等。

（3）相对色度匹配（Colorimetrically Relative）

采用这种方案进行色空间映射时，位于目标设备色彩空间之外的颜色将被替换成目标设备色彩空间中色度值与它尽可能接近的颜色，位于目标设备色彩空间之内的色彩将不受影响。采用这种复制方案可能会引起原图像上两种不同的色彩在经转换之后得到的图像上色彩一样。这就是所谓色彩“裁剪”。这种方案是 Photoshop 4.0 及其以前版本进行色彩转换时采用的缺省方法。

（4）绝对色度匹配（Colorimetrically Absolute）

这种方案在转换颜色时，精确地匹配色度值，不会影响图像明亮程度的白场、黑场调整。在复制某些标志色时，比如对于柯达公司商标中的黄色或可口可乐公司商标中的红色，这种复制方案是有价值的。但一般情况不建议选用这个方案。

第四节　配色理论

一、概述

（一）计算机配色简史

20 世纪 30 年代是计算机配色的奠基阶段，当时，CIE 创建了三刺激值表色体系，哈代制成了自动记录式反射率分光光度计，库贝尔卡—芒克（Kubelka—Munk）发表了光线在不透明介质中被吸收和散射的理论。20 世纪 40 年代是计算机配色的萌芽阶段。美国派克（Park）和斯坦恩（Stearns）发表了著名论文，提出了两组求解拼染时染料浓度的公式。20 世纪 50 年代是计算机配色的初创时期，1958 年，在美国舍温—威拉姆地方安装了第一台由戴维逊和海门丁哲开发的模拟式专用配色计算机 COMIC。20 世纪 60 年代是计算机配色的兴起时期，由于数字计算机飞速发展，迫使 COMIC 等模拟系统很快告终。用数字计算机为配色服务，成了计算机配色史上的又一里程碑，从此计算机配色蓬勃兴起。20 世纪 70 年代由高潮到低潮，“无人化”落空。当时人们对计算机配色要求过高，希望计算预告的处方能个个命中，不需要再打小样试色，结果在实用过程中遭到破灭，以后反过来又认为毫无意义，20 世纪 80 年代后，计算机配色又因科技进步而中兴。所谓不“百发百中”便“毫无用处”的风潮已悄然消失。计算机配色诚然不能使配色“无人化”，但却完全可以使配色“省力化”。目前计算机配色已由染料厂、印染厂向涂料厂、印刷厂、塑料厂蔓延。

尽管现在的各种计算机配色系统与 20 世纪 60 年代相比在算法原理上变化不大，但分光光度计的测定速度、重复精度等已非昔日旧貌。再由计算机的性能和外围设备的进步，使得操作不断简易化，现在提供一个处方的配色速度已可以秒计。当前市场上的设备，大部分包括分光光度计，带大容量外存的小型计算机，以及 CRT、打印、绘图等数据输出装置。

为了适应中小型厂的购买能力，已有人研究用微型计算机配色。计算机配色还出现了另一分支，即在线颜色检测系统。

（二）计算机配色的方式

计算机配色大致有以下几种方式：色号归档检索、反射光谱匹配、三刺激值匹配和密度值匹配。所谓色号归档检索就是把以往生产的品种按色度值分类编号，并将色料处方、工艺条件等一起汇编成文件后存入机内，需要时凭借输入标样的测色结果或直接输入代码而将色差小于某值的所有处方全部输出。较之人工配色，具有可避免实样保存时的变退色问题，及检索更全面等优点。但对许多新的色样往往只能提供近似色的处方，遇到此种情况仍需凭经验调整。

最终决定反射物体颜色的乃是反射光谱。因此使产品的反射光谱能匹配标样的反射光谱，就是最完善的配色，它又称无条件匹配。这种配色只有在试样与标样的颜色相同，原材料也相同时才能办到。但这在实际生产中能实现的机会却不多。所谓“反射光谱”一般采用的是 400 ~ 700nm 波长范围，每隔 20nm 取一个数据点。

计算机配色的几种方式中最普遍和最实用的是三刺激值匹配。尽管按这种方式所得配色结果在反射光谱上和标样并不相同，但因三刺激值相等，也仍然可以得到等色。由于三刺激值须由一定的照明体和观察者色觉特点决定，因此所谓的三刺激值相等事实上是有条件的（同色异谱）。反之如果照明体和观察者两个条件中有一个与达到等色时的前提不符，那么等色即被破坏，从而出现色差。这也正是此种配色方式被称为条件配色的由来。计算机配色运算时大多是以 CIE 标准照明体 D_{65} 和 CIE 标准观察者为基础。所输出的处方是指能在这两个条件下取得与标准同样色泽的处方，但为了把各处方在照明体改变后可能出现的色差预告出来，还同时提供 CIE 标准照明体 A，冷白荧光灯 F 或三基色荧光灯 TL－84 等条件下的色差数据，由此可衡量每只处方的条件等色程度。

密度值匹配与三刺激值匹配方式有相同之处，也是有条件的。这可以从光谱分析来加以说明。例如，在 GB7705—87 规定，测色所用的彩色密度计应采用雷登蓝 47（或 47B）、绿 58 和红 25 号滤色片。它们的光谱特性如图 9－21 所示。它们的光谱组合，覆盖了从 400 ~ 700nm 的整个可见光光谱区，因而能够获得在整个可见光区域内的信息。与 *CIE*1931$\bar{x}(\lambda)$，$\bar{y}(\lambda)$，$\bar{z}(\lambda)$ 颜色匹配函数（见图 5－6）相比较，虽然其数值与含义（没有包含心理与生理因素的转换）不同，但从所获得的光谱信息量来说，其作用与效果是相同的。在密度配色中采用了四个滤色片，除红、绿、蓝三滤色片外，还增加了雷登琥珀 85 滤色片，或雷登 106 号滤色片，其目的是增加配色时光谱信息量。根据史泰鲁斯和威泽斯基发现：“两个异谱颜色刺激如要同色，则它们的光谱反射率 $\rho_1(\lambda)$ 与 $\rho_2(\lambda)$ 在可见光谱的至少三个不同波长必须具有相同的值，也就是两者的光谱反射率因数曲线至少在三处相互交叉。”多一个光谱的约束条件，可以提高配色效果。

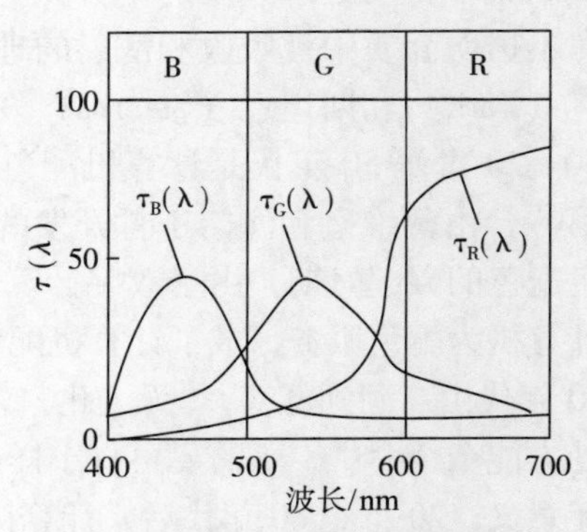

图 9－21 红、绿、蓝滤色片的光谱透射率

（三）计算机配色的优缺点

色料的配色以往都依赖配色人员的经验，具体过程如图 9－22 所示。

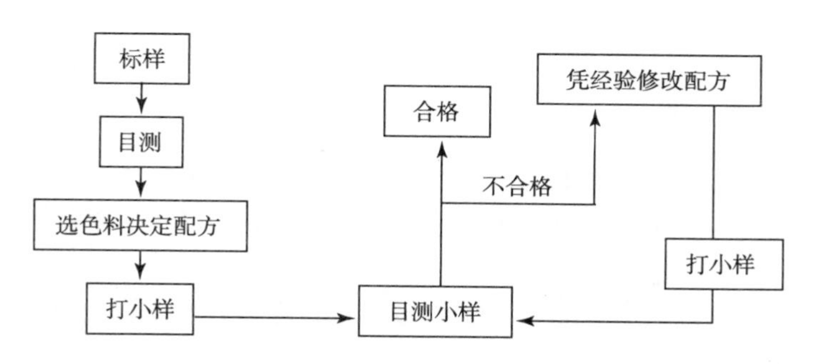

图 9－22　色料的人工配色过程

这种方法缺点有：①打样次数多，劳动量大，浪费色料、原材料。②配方单一，所得配方仅在颜色上达到目的样，往往不是最经济的配方。③有可能在某一特定光源下等色，而在其他光源下与标样产生较大的色差，即往往不是最合理的配方。因此人工配色不能在色料成本、条件等多方面权衡和挑选。而计算机配色的优点是：①能够提供众多配方及价格供用户根据成本、性能、色光等要求作出选择。②配方从用料上往往是最经济合理的，能够取得较好的经济效益。③减少打样次数，具体过程如图 9－23 所示。

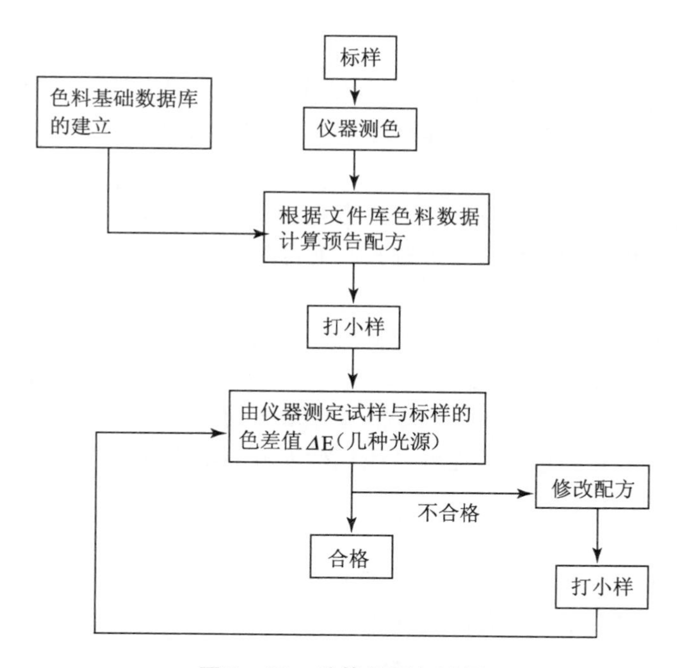

图 9－23　计算机配色过程

计算机配色对缺乏熟练配色人员的企业作用更为明显，一般说来，它是配色人员的优秀助手。按目前国际、国内软件系统的水平，第一次预告处方合格率为 30%～40%，一次修正后为 70%～90%。除了可以在很短时间内给出一套经济合理的处方报告，还能把多余的色料合理利用，并具有对色料作库存管理的程序，可避免积压。当然计算机配色也存在一些缺点：①仪器价格昂贵；②配色精度受到多方面的影响，例如：色料的质量要求比较高，着色工艺需要有良好的重现性，操作人员的专业技术水平要求较高，从称量到着色要求都很严格。

（四）计算机配色功能

计算机测色配色系统的功能主要由软件来实现。测色配色软件是一个相当复杂和庞大的系统。就其功能和内容来讲，几乎包括了颜色科学在内的有关着色工业中的所有实际应用。

测色配色软件一般包括两大部分：配色部分和测色、色度计算及质量控制部分。

1. 配色部分

配色软件部分包括一系列相当复杂的程序，所完成的任务：建立库存色料基础光学数据库，色料基础光学数据处理，配色计算，配方修正，颜色配方库，整个配色系统所使用的数据文件管理等。包括以下几个功能模块。

（1）库存色料基础光学数据库的建立及文件管理

色料的基础光学数据库是配色的基础，其原始数据来自每只库存色料在不同浓度下的色样。这一功能模块可对这些基础色样进行测量、存储、计算（K/S）值，并输入色料的单价，形成数据库文件供其他程序使用。同时具有修改、增加、删除、开列清单等功能。另一个重要的功能是可以在屏幕上或打印机上绘出基础色样的光谱曲线，这对于检查色样是否正常非常有用。

（2）基础光学数据的处理和优化

这一功能模块将上述建立的基础光学数据库进行数字处理，形成一个专用的数据文件，供配色时调用。如果色料基础色样打样不准，可以从曲线上看出来，并用人工加以调整优化。

上述工作均是一次性基础工作，所有库存色料一经入档便可在配色工作中长期使用。色料批次之间的差异可通过该模块输入进去，配色时自动加以校正。

（3）配色计算

配色程序是从库存的候选单色色料中自动计算出符合标准色样的配方。拼色数可以从2拼色到6拼色，也可以计算出单拼配方，最后给出的结果包括所有可能的配方，其数目取决于给定的候选色料数量的多少。程序能够在众多的可能配方中自动挑选出最佳配方和最便宜配方。每个配方除了色料浓度外，还包括配方的价格，配方的同色异谱情况以及在不同光源下与标样的理论色差。

（4）配方修正程序

一般说来，计算机配色多数情况下还须进行一次配方修正计算。不仅可对预报的配方进行修正，也可对凭经验的配方进行修正。

（5）颜色配方库

无论哪一个工厂都有大量的经验配方档案，对指导生产起很重要的作用。颜色配方库软件将使这些配方档案的色样“永不退色”，因为色样的颜色经测量已以数据的形式存在库中，所有配方档案存入库内后，管理、查找、索引均十分方便。这样一经测量，软件几秒钟后可以从库中找出几个与来样颜色最接近的经验配方，并注明来样的色差。还可以在索引中找出的配方基础上进行修正计算。

（6）配色系统数据文件管理

无论在测色质量控制部分还是在配色部分，都涉及到众多的数据文件，例如基础色度学常数文件，存放标样或配方的数据文件等。这些文件必须有一个程序加以管理，因此数据文件管理功能模块是必不可少的。

2. 测色、色度计算及质量控制部分

这部分软件包括很多的功能，其中包括对颜色传感机头的控制和基本色度参数的计算，色差计算，着色剂质量分析，白度计算，异谱同色指数求取，颜色分类质量控制，色牢度评级等。包括以下几个功能：

① 有色样品的测量，数据存储及色度参数计算。色度参数包括在 D_{65}（平均昼光）、A（白炽灯光）、CWF（荧光灯光）及 TL_{84}（三基色荧光灯光）等不同光源下的三刺激值和色度坐标。

② 有色样品之间的色差计算。考虑到不同行业及场合的需要，既给出了国标、国内标准中所规定的色差计算方法（CIE LAB 色差公式），也给出了其他几个最常用的色差公式。可由操作菜单任选其中的一种色差公式求取色差。每种色差计算结果不仅有总色差，而且给出尽可能详细的各分项差值。

③ 白度计算。软件以 CIE 推荐的白度评价公式作为白度评价的基础，自动算出样品的白度值 W 和浅色调值 T。这是 CIE、ISO 以及我国国标所规定的标准方法。

④ 色牢度评级。色牢度试验后的沾色和变色经测量后自动给出牢度级别。这一方法由 ISOTC38 技术委员会推荐试用。（国家纺织部标准：FZ/T01023—93，贴衬织物沾色程度的仪器评级方法；FZ/T01024—93，试样变色程度的仪器评级方法）。

⑤ 产品分类。当工厂生产同一品种或同一色号的产品时，批与批之间总会产生一些波动、一些偏黄、另一些偏蓝等。产品分类软件以标样为基础将每一批产品按颜色分类，把颜色相近的批次挑出来归成一类，发往某一用户。而另一类则全发往另一位用户。这样就某一用户来讲，采购的色料颜色波动就很小，保证了一级产品的质量要求。这种产品质量控制和销售艺术在工业先进国家是普遍采用的一种手段。

二、色度配色原理

（一）染料的计算机配色原理及计算

计算机配色原理依据库贝尔卡－芒克理论作为光学理论基础，即：

$$(K/S)_{\lambda}=\frac{[1-\rho(\lambda)]^{2}}{2\rho(\lambda)} \tag{9-7}$$

式中　K——吸收系数；

S——散射系数；

$\rho(\lambda)$——光谱反射率。

根据着色剂在介质中的混合遵循下列线形关系：

$$\begin{aligned}K&=C_1K_1+C_2K_2+\cdots+C_NK_N+K_0\\S&=C_1S_1+C_2S_2+\cdots+C_NS_N+S_0\end{aligned} \tag{9-8}$$

式中　K_i、S_i——分别为单位浓度下单一着色剂的吸收和散射系数；

C_i——为单着色剂浓度；

K_0、S_0——分别为被着色材料本身固有的吸收和散射系数；

K、S——分别为拼色后材料总吸收和总散射系数。

对于染料的配色，由于染料是以分子形态存在纤维上，可认为散射全由材料所致。而染料的散射作用可近似认为0，即 $S_i=0$。把式（9-8）改写成：

$$(K/S)_\lambda=(C_1K_1+C_2K_2+\cdots+C_NK_N+K_0)/(C_1S_1+C_2S_2+\cdots+C_NS_N+S_0)$$
$$=(C_1K_1+C_2K_2+\cdots+C_NK_N+K_0)/S_0$$

即：
$$\frac{K}{S}(\lambda)=\frac{K_0}{S_0}(\lambda)+C_1\left(\frac{K}{S}\right)_1(\lambda)+C_2\left(\frac{K}{S}\right)_2(\lambda)+\cdots+C_n\left(\frac{K}{S}\right)_n(\lambda) \quad (9-9)$$

式中 C_i——为单色料浓度；

$\left(\frac{K}{S}\right)_i(\lambda)$——为单位浓度的单色染料染样所具有的（K/S）值，即各种单色染料的基础数据；

$\left(\frac{K}{S}\right)_0(\lambda)$——为织物本身的（K/S）值；

$\left(\frac{K}{S}\right)(\lambda)$——为样品的（K/S）值。

式（9-9）为库贝尔卡-芒克双常数理论在染色工业上单常数应用。

1. 反射光谱匹配法

对式（9-9）如果考虑16波长，将可得到16个式子的联立方程组：

$$\begin{cases}\left(\frac{K}{S}\right)_{m,400}=\left(\frac{K_0}{S_0}\right)_{400}+C_1\left(\frac{K}{S}\right)_{1,400}+C_2\left(\frac{K}{S}\right)_{2,400}+C_3\left(\frac{K}{S}\right)_{3,400}\\ \left(\frac{K}{S}\right)_{m,420}=\left(\frac{K_0}{S_0}\right)_{420}+C_1\left(\frac{K}{S}\right)_{1,420}+C_2\left(\frac{K}{S}\right)_{2,420}+C_3\left(\frac{K}{S}\right)_{3,420}\\ \cdots\cdots\\ \left(\frac{K}{S}\right)_{m,700}=\left(\frac{K_0}{S_0}\right)_{700}+C_1\left(\frac{K}{S}\right)_{1,700}+C_2\left(\frac{K}{S}\right)_{2,700}+C_3\left(\frac{K}{S}\right)_{3,700}\end{cases} \quad (9-10)$$

光谱匹配要求配色结果的光谱反射率与标样相同，即 $\left(\frac{K}{S}\right)_{m,\lambda}=\left(\frac{K}{S}\right)_{s,\lambda}$，其中脚注 m 代表试样，*s* 代表标样。式（9-10）中，左边的数值可用分光光度计测标样的光谱反射率，由式（9-8）求出 $\left(\frac{K}{S}\right)_s$ 值，从而得到 $\left(\frac{K}{S}\right)_{m,\lambda}$ 值。式右边各染料的单位浓度（K/S）值则可利用各染料单独染色后求得，可以预先准备好，叫做基础数据。至于染色底坯的 $(K/S)_0$ 我们可由经过空白染色处理的材料测得。因此可用式（9-10）求解拼色所需的各染料浓度 C_i。

2. 三刺激值匹配法

根据同色异谱的概念，只需配出三刺激值相同的颜色（对几种标准光源，使异谱同色差异减到最小），即所谓条件色。

以三种染色为例：

① 设选配的三种染料有：

$$(K/S)_{试配}=C_1(K/S)_1+C_2(K/S)_2+C_3(K/S)_3 \quad (9-11)$$

式中 $(K/S)_1$、$(K/S)_2$、$(K/S)_3$——是事先测定的基础数据；

C_1、C_2、C_3——为估算浓度，于是试配的反射率 ρ 可以根据公式（9-12）求出。

$$\rho(\lambda)_{试配}=1+\left(\frac{K}{S}\right)_{试配}-\sqrt{\left(\frac{K}{S}\right)^2 试配+\left(2\frac{K}{S}\right)_{试配}} \qquad (9-12)$$

若标样的反射率为 ρ_1，则两者的三刺激值之差为：

$$\left.\begin{aligned}\Delta X&=\sum(\rho_1-\rho)_\lambda S(\lambda)\bar{x}(\lambda)\Delta\lambda=\sum(\Delta\rho)_\lambda S(\lambda)\bar{x}(\lambda)\Delta\lambda\\ \Delta Y&=\sum(\Delta\rho)_\lambda S(\lambda)\bar{y}(\lambda)\Delta\lambda\\ \Delta Z&=\sum(\Delta\rho)_\lambda S(\lambda)\bar{z}(\lambda)\Delta\lambda\end{aligned}\right\} \qquad (9-13)$$

又因为 $\Delta\rho=\frac{d\rho}{d\ (K/S)}\cdot\Delta\ (K/S)$

且 $\frac{d(K/S)}{d\rho}=\frac{d}{d\rho}\left[\frac{(1-\rho)^2}{2\rho}\right]=\frac{1}{2}\left(1+\frac{1}{\rho^2}\right)$ 能够求出。

式（9－13）变为式（9－14）：

$$\begin{cases}\Delta X=\sum\limits_1^n S(\lambda)\bar{x}\frac{d\rho}{d(K/S)}\left[\left(\frac{K}{S}\right)_{标样}-C_1\left(\frac{K}{S}\right)_1-C_2\left(\frac{K}{S}\right)_2-C_3\left(\frac{K}{S}\right)_3\right]\Delta\lambda\\ \Delta Y=\sum\limits_1^n S(\lambda)\bar{y}\frac{d\rho}{d(K/S)}\left[\left(\frac{K}{S}\right)_{标样}-C_1\left(\frac{K}{S}\right)_1-C_2\left(\frac{K}{S}\right)_2-C_3\left(\frac{K}{S}\right)_3\right]\Delta\lambda\\ \Delta Z=\sum\limits_1^n S(\lambda)\bar{z}\frac{d\rho}{d(K/S)}\left[\left(\frac{K}{S}\right)_{标样}-C_1\left(\frac{K}{S}\right)_1-C_2\left(\frac{K}{S}\right)_2-C_3\left(\frac{K}{S}\right)_3\right]\Delta\lambda\end{cases} \qquad (9-14)$$

用计算机算出△X、△Y、△Z。

② 如果△X≠0，△Y≠0，△Z≠0，则再计算一次：

$$\Delta X=X_{标样}-X_{第一次试配}=\sum S(\lambda)\bar{x}(\lambda)\frac{d\rho}{d(K/S)}\left[\left(\frac{K}{S}\right)_1\Delta C_1+\left(\frac{K}{S}\right)_2\Delta C_2+\left(\frac{K}{S}\right)_3\Delta C_3\right]\Delta\lambda$$

$$\Delta Y=\sum S(\lambda)\bar{y}(\lambda)\frac{d\rho}{d(K/S)}\left[\left(\frac{K}{S}\right)_1\Delta C_1+\left(\frac{K}{S}\right)_2\Delta C_2+\left(\frac{K}{S}\right)_3\Delta C_3\right]\Delta\lambda$$

$$\Delta Z=\sum S(\lambda)\bar{z}(\lambda)\frac{d\rho}{d(K/S)}\left[\left(\frac{K}{S}\right)_1\Delta C_1+\left(\frac{K}{S}\right)_2\Delta C_2+\left(\frac{K}{S}\right)_3\Delta C_3\right]\Delta\lambda$$

如此进行下去，直到△X＝0，△Y＝0，△Z＝0 为止。

③ 这样配出的颜色与标样颜色对 D_{65} 光源是同色异谱色，还需对标准照明体 A 和典型荧光灯 CWF 的 S(λ) 进行重复计算，最后确定具有最小异谱同色指数的染料配方。

（二）颜料的计算机配色原理及计算

颜料的计算机配色原理适用于塑料、涂料、油墨等行业。

颜料的计算机配色不同于染料/纺织品，由于下述两个原因，使问题大大复杂化。

① 颜料是以粒子形态存在于被着色物质中，因而颜料粒子的散射作用在配色中起着极其重要的作用。

② 颜料可应用于塑料、涂料、油墨等多种方面，其着色介质多种、多样。有的要求有完全的遮盖力，有的却对透明度有一定的要求。因此，可用于染料/纺织品配色的较为简单的库贝尔卡－芒克理论的单常数方法就不再适用。

颜料计算机配色原理的光学理论基础是库贝尔卡－芒克理论的双常数法：

$$\frac{K}{S}=\frac{(1-\rho_\infty)^2}{2\rho_\infty} \qquad (9-15)$$

式中　K——是吸收系数；

S——是散射系数；

ρ_∞——是当着色薄层的厚度进一步增大而反射值不再变化的最终值。

当几种颜料混合时，总的吸收与散射应为各个颜料的吸收与散射之和。如果各颜料间不起化学作用，则混合物的 K 与 S 为各种颜料的 K_i 和 S_i 之和：

$$\begin{cases} K = C_1K_1 + C_2K_2 + \cdots + C_nK_n \\ S = C_1S_1 + C_2S_2 + \cdots + C_nS_n \end{cases} \tag{9-16}$$

式中　C_i——为单色颜料浓度。

式（9-15）可改写为：

$$\frac{K}{S} = \frac{C_1K_1 + C_2K_2 + C_3K_3 + \cdots}{C_1S_1 + C_2S_2 + C_3S_3 + \cdots} = \frac{(1-\rho_\infty)^2}{2\rho_\infty} = a(\lambda) \tag{9-17}$$

求一种试样应符合与标样给出的光谱反射率曲线，可先从曲线形状估计所需要的颜料。由所需要的遮盖力决定所需要的白颜料的大致分量，再从（9-17）式计算所需要的 C_i：

$$C_1(K_1 - \alpha S_1) + C_2(K_2 - \alpha S_2) + C_3(K_3 - \alpha S_3) + \cdots = 0 \tag{9-18}$$

以符合曲线上几个波长的 $\alpha(\lambda)$。如果估计用四种颜料可以解决，则可使式（9-18）符合三个波长，求出 C_1/C_4、C_2/C_4、C_3/C_4，如果得出的数值中有负值，或表示四种色料的混合不能符合这三处的 ρ_∞，则需另换颜料，或另选三点使之符合，或用最小二乘法使选择的 C_1、C_2、C_3、C_4 尽量地与曲线符合。如果其中出现负值，则需另换颜料。这样配出的颜色与标样具有相同的三刺激值，为条件等色匹配。即：

$$\begin{cases} X_{试} = \sum_\lambda \varphi_{试}(\lambda)\bar{x}(\lambda)\Delta\lambda = \sum_\lambda \varphi_{标}(\lambda)\bar{x}(\lambda)\Delta\lambda = X_{标} \\ Y_{试} = \sum_\lambda \varphi_{试}(\lambda)\bar{y}(\lambda)\Delta\lambda = \sum_\lambda \varphi_{标}(\lambda)\bar{y}(\lambda)\Delta\lambda = Y_{标} \\ Z_{试} = \sum_\lambda \varphi_{试}(\lambda)\bar{z}(\lambda)\Delta\lambda = \sum_\lambda \varphi_{标}(\lambda)\bar{z}(\lambda)\Delta\lambda = Z_{标} \end{cases} \tag{9-19}$$

其中

$$\begin{cases} \varphi_{试}(\lambda) = \rho_{试}(\lambda) \cdot S(\lambda) \\ \varphi_{试}(\lambda) = \rho_{标}(\lambda) \cdot S(\lambda) \\ \rho_{试}(\lambda) \neq \rho_{标}(\lambda) \end{cases}$$

三、密度配色原理

（一）密度的光谱特征

"光密度"在物理学中的概念是表征物体表面对光的吸收性质。由式（6-6）：

$$D = \lg\frac{1}{\rho} = \lg\frac{\phi_0}{\phi}$$

式中　D——为光密度；

ρ——为光反射率。

如果进一步将 ϕ_0 和 ϕ 写成光谱波长函数表达式，则有：

$$\phi_0 = K\int_\lambda S(\lambda) \cdot V(\lambda) \cdot d\lambda$$

$$\phi = K\int_{\lambda} S(\lambda) \cdot V(\lambda) \cdot \rho(\lambda) \cdot d\lambda$$

所以

$$D = \lg \frac{\int_{\lambda} S(\lambda) \cdot V(\lambda) \cdot d\lambda}{\int_{\lambda} S(\lambda) \cdot V(\lambda) \cdot \rho(\lambda) \cdot d\lambda} \tag{9-20}$$

式中　$S(\lambda)$——照射光源的相对能量分布，密度计通常用标准光源 A；

$V(\lambda)$——人眼的明视觉光谱光视效率函数；

$\rho(\lambda)$——物体表面的光谱反射率；

K——调整系数；

D——因为是用 $V(\lambda)$ 加权计算，故称为视觉密度。

如果密度计中光电接收器的光谱灵敏度为 $e(\lambda)$，则可写成：

$$D = \lg \frac{\int_{\lambda} S(\lambda) \cdot e(\lambda) \cdot d\lambda}{\int_{\lambda} S(\lambda) \cdot e(\lambda) \cdot \rho(\lambda) \cdot d\lambda} \tag{9-21}$$

在印刷中常用的彩色密度计中，有红（R）、绿（G）、蓝（B）三个彩色滤色片和一个测量明暗亮度用的视觉色片（L）。因此，对任一物体的表面色，都可以用彩色密度计上的四个滤色片分别测得四个密度值，记为：

$$\left.\begin{aligned}
D_B &= \lg \frac{\int_{\lambda} S(\lambda) \cdot e(\lambda)_{\mathrm{B}} \cdot d\lambda}{\int_{\lambda} S(\lambda) \cdot e(\lambda)_{\mathrm{B}} \cdot \rho(\lambda) \cdot d\lambda} \\
D_G &= \lg \frac{\int_{\lambda} S(\lambda) \cdot e(\lambda)_{\mathrm{G}} \cdot d\lambda}{\int_{\lambda} S(\lambda) \cdot e(\lambda)_{\mathrm{G}} \cdot \rho(\lambda) \cdot d\lambda} \\
D_R &= \lg \frac{\int_{\lambda} S(\lambda) \cdot e(\lambda)_{\mathrm{R}} \cdot d\lambda}{\int_{\lambda} S(\lambda) \cdot e(\lambda)_{\mathrm{R}} \cdot \rho(\lambda) \cdot d\lambda} \\
D_L &= \lg \frac{\int_{\lambda} S(\lambda) \cdot e(\lambda)_{\mathrm{L}} \cdot d\lambda}{\int_{\lambda} S(\lambda) \cdot e(\lambda)_{\mathrm{L}} \cdot \rho(\lambda) \cdot d\lambda}
\end{aligned}\right\} \tag{9-22}$$

式中　$e_{\mathrm{B}}(\lambda)$、$e_{\mathrm{G}}(\lambda)$、$e_{\mathrm{R}}(\lambda)$、$e_{\mathrm{L}}(\lambda)$——密度计光电接收器对红（R）、绿（G）、蓝（B）和亮度（L）的光谱灵敏度。

从上式（9－22）中可以看到 $S(\lambda)$ 与 $e_{\mathrm{B}}(\lambda)$、$e_{\mathrm{G}}(\lambda)$、$e_{\mathrm{R}}(\lambda)$ 和 $e_{\mathrm{L}}(\lambda)$ 均是已知的，只有物体表面的光谱反射率 $\rho(\lambda)$ 为未知量。所以，密度测量的实质仍然是取决于物体表面的光谱反射率。上述四个密度值测量的是各光谱区间的反射与吸收的总和，而不是各波长上的反射率。作为客观定量表示颜色的特征参数，彩色密度 D_{B}、D_{G}、D_{R} 和 D_{L} 仍然是有效数据。

（二）密度配色原理

光照射到彩色印刷品时，光的吸收主要由油墨所致，不同的油墨选择性吸收的光谱不同，导致印刷品形成各种色彩。同时，对于专色实地印刷，油墨密度（原桶装油墨的浓度C为100%）越大，冲淡剂越少，则吸收得越强烈，反射出来的光越少，可见在油墨浓度（油墨厚度保持不变）和印刷品的反射率之间必然存在某种关系。实验发现反射率与浓度的关系比较复杂，不是简单的比例关系。因此，要通过计算定量匹配所需要油墨的浓度，最好能在反射率和浓度之间建立一个过渡的函数，该函数既与反射率成简单的关系，又与油墨浓度成线形关系。

对于透明的胶印油墨，当油墨膜层厚度为常数时，根据朗伯－比尔定律，密度与浓度具有比例性与相加性。

1. 根据朗伯－比尔定律，着色剂浓度增加，其密度与浓度成正比。由式（6－8）可得：

$$D = a_\lambda \cdot C \cdot l = K \cdot C \tag{9-23}$$

式中 C——着色剂所含色料浓度的百分比；

l——油墨膜层厚度；

a_λ——油墨的吸光指数；

K——D/C 着色剂的比例常数，或称为单位浓度的密度值。

2. 多种色料混合，其混合后的密度值等于各组成着色料密度之和。即：

$$D = \sum_{i=1}^{n} D_i = \sum_{i-1}^{n} K_i \cdot C_i \tag{9-24}$$

式中 C_i——着色剂中各组成色料的浓度百分比；

K_i——着色剂中各组成色料的单位浓度密度。

如果着色剂是油墨，将其印刷在纸张上，而纸张的密度为 D_W，则可将式（9－24）写成：

$$D = D_W + \sum_{i=1}^{n} D_i$$

或

$$D = D_W + \sum_{i=1} K_i \cdot C_i \tag{9-25}$$

式（9－25）就是密度配色的基本方程式，或称为密度平衡方程式。若采用现行彩色密度计，它具有蓝（B）、绿（G）、红（R）及亮度（L）四个滤色片，而通常所用的配色油墨为黄（Y）、品红（M）和青（C），即采用三配色的方法，则式（9－25）可以写成为：

$$\left.\begin{aligned} D_B &= D_{WB} + K_{YB} \cdot C_Y + K_{MB} \cdot C_M + K_{CB} \cdot C_C \\ D_G &= D_{WG} + K_{YG} \cdot C_Y + K_{MG} \cdot C_M + K_{CG} \cdot C_C \\ D_R &= D_{WR} + K_{YR} \cdot C_Y + K_{MR} \cdot C_M + K_{CR} \cdot C_C \\ D_L &= D_{WL} + K_{YL} \cdot C_Y + K_{ML} \cdot C_M + K_{CL} \cdot C_C \end{aligned}\right\} \tag{9-26}$$

或将上式简写为：

$$\left.\begin{aligned} D_B &= D_{WB} + \sum_{i=3}^{n} K_{iB} \cdot C_i \\ D_G &= D_{WG} + \sum_{i=3}^{n} K_{iG} \cdot C_i \\ D_R &= D_{WR} + \sum_{i=3}^{n} K_{iR} \cdot C_i \\ D_L &= D_{WL} + \sum_{i=3}^{n} K_{iL} \cdot C_i \end{aligned}\right\} \tag{9-27}$$

写成矩阵形式，则为：

$$[D]=[D_W]+[K]\cdot[C] \tag{9-28}$$

式（9－25）、（9－26）、（9－27）中就是采用传统的具有四个滤色片的彩色密度计作为计算机配色测试仪器的数学模型。上述方程可用最小二乘法等方法，借助计算机获得数值解。

从配色原理来说，最根本的方法是采用分光光谱配色法。也可以用颜色特性参数X、Y、Z三刺激值来匹配颜色，如纽格保尔网点呈色方程。从理论上来说，用X、Y、Z三刺激值和用D_B、D_G、D_R、D_L四密度值来匹配颜色，均不能反映出颜色匹配中的异谱现象。但是在任何配色理论与方法中，异谱现象总是存在的，只要能满足所要求的色差范围即可。因此，同色异谱配色理论是具有很大实际意义的。

1. 网点的作用是什么？
2. 什么是网目调图像？
3. 在图像复制时为什么常常要进行阶调压缩？
4. 加网的要素有哪些？试分别说明。
5. 什么是龟纹？常用的网点角度有哪些？如何科学地选择网点角度？
6. 在Photoshop上改变加网角度，观察各色版叠合时出现龟纹的情况。
7. 什么是密度跃升？常见的网点形状有哪几种？
8. 简要说明网点线数的选取依据。
9. 简述调幅加网和调频加网的区别及优缺点。
10. 画图说明数字加网技术中网点生成原理。
11. 简述分色的原理和过程。
12. 画图说明网点在再现色彩中的作用。
13. Neugebauer方程的意义是什么？
14. 为什么要进行色彩管理？色彩管理的内容有哪些？
15. 简述计算机配色的方式。

附　表

附表1　国际 R. G. B 坐标制（CIE 1931 年标准色度观察者）

λ/nm	光谱三刺激值			色度坐标		
	$\bar{r}(\lambda)$	$\bar{g}(\lambda)$	$\bar{b}(\lambda)$	r(λ)	g(λ)	b(λ)
380	0. 00003	-0. 00001	0. 00117	0. 0272	-0. 0115	0. 9843
385	0. 00005	-0. 00002	0. 00189	0. 0268	-0. 0114	0. 9846
390	0. 00010	-0. 00004	0. 00359	0. 0263	-0. 0114	0. 9851
395	0. 00017	-0. 00007	0. 00647	0. 0256	-0. 0113	0. 9857
400	0. 00030	-0. 00014	0. 01214	0. 0247	-0. 0112	0. 9865
405	0. 00047	-0. 00022	0. 01969	0. 0237	-0. 0111	0. 9874
410	0. 00084	-0. 00041	0. 03707	0. 0225	-0. 0109	0. 9884
415	0. 00139	-0. 00070	0. 06637	0. 0207	-0. 0104	0. 9897
420	0. 00211	-0. 00110	0. 11541	0. 0181	-0. 0094	0. 9913
425	0. 00266	-0. 00143	0. 18575	0. 0142	-0. 0076	0. 9934
430	0. 00218	-0. 00119	0. 24769	0. 0088	-0. 0048	0. 9960
435	0. 00036	-0. 00021	0. 29012	0. 0012	-0. 0007	0. 9995
440	-0. 00261	0. 00149	0. 31228	-0. 0084	0. 0048	1. 0036
445	-0. 00673	0. 00379	0. 31860	-0. 0213	0. 0120	1. 0093
450	-0. 01213	0. 00678	0. 31670	-0. 0390	0. 0218	1. 0172
455	-0. 01874	0. 01046	0. 31166	-0. 0618	0. 0345	1. 0273
460	-0. 02608	0. 01485	0. 29821	-0. 0909	0. 0517	1. 0392
465	-0. 03324	0. 01977	0. 27295	-0. 1281	0. 0762	1. 0519
470	-0. 03933	0. 02538	0. 22991	-0. 1821	0. 1175	1. 0646
475	-0. 04471	0. 03183	0. 18592	-0. 2584	0. 1840	1. 0744
480	-0. 04939	0. 03914	0. 14494	-0. 3667	0. 2906	1. 0761
485	-0. 05364	0. 04713	0. 10968	-0. 5200	0. 4568	1. 0632
490	-0. 05814	0. 05689	0. 08257	-0. 7150	0. 6996	1. 0154
495	-0. 06414	0. 06948	0. 06246	-0. 9459	1. 0247	0. 9212
500	-0. 07173	0. 08536	0. 04776	-1. 1685	1. 3905	0. 7780
505	-0. 08120	0. 10593	0. 03688	-1. 3182	1. 7195	0. 5987
510	-0. 08901	0. 12860	0. 02698	-1. 3371	1. 9318	0. 4053
515	-0. 09356	0. 15262	0. 01842	-1. 2076	1. 9699	0. 2377

续表

λ/nm	光谱三刺激值			色度坐标		
	$\bar{r}(\lambda)$	$\bar{g}(\lambda)$	$\bar{b}(\lambda)$	r(λ)	g(λ)	b(λ)
520	-0. 09264	0. 17468	0. 01221	-0. 9830	1. 8534	0. 1296
525	-0. 08473	0. 19113	0. 00830	-0. 7386	1. 6662	0. 0724
530	-0. 07101	0. 20317	0. 00549	-0. 5159	1. 4761	0. 0398
535	-0. 05136	0. 21083	0. 00320	-0. 3304	1. 3105	0. 0199
540	-0. 03152	0. 21466	0. 00146	-0. 1707	1. 1628	0. 0079
545	-0. 00613	0. 21487	0. 00023	-0. 0293	1. 0282	0. 0011
550	0. 02279	0. 21178	-0. 00058	0. 0974	0. 9051	-0. 0025
555	0. 05514	0. 20588	-0. 00105	0. 2121	0. 7919	-0. 0040
560	0. 09060	0. 19702	-0. 00130	0. 3164	0. 6881	-0. 0045
565	0. 12840	0. 18522	-0. 00138	0. 4112	0. 5932	-0. 0044
570	0. 16768	0. 17807	-0. 00135	0. 4973	0. 5067	-0. 0040
575	0. 20715	0. 15429	-0. 00123	0. 5751	0. 4283	-0. 0034
580	0. 24526	0. 13610	-0. 00108	0. 6449	0. 3579	-0. 0028
585	0. 27989	0. 11686	-0. 00093	0. 7071	0. 2952	-0. 0023
590	0. 30928	0. 09754	-0. 00079	0. 7617	0. 2402	-0. 0019
595	0. 33184	0. 07909	-0. 00063	0. 8087	0. 1928	-0. 0015
600	0. 34429	0. 06246	-0. 00049	0. 8475	0. 1537	-0. 0012
605	0. 34756	0. 04776	-0. 00038	0. 8800	0. 1209	-0. 0009
610	0. 33971	0. 03557	-0. 00030	0. 9059	0. 0949	-0. 0008
615	0. 32265	0. 02583	-0. 00022	0. 9265	0. 0741	-0. 0006
620	0. 29708	0. 01828	-0. 00015	0. 9425	0. 0580	-0. 0005
625	0. 26348	0. 01253	-0. 00011	0. 9550	0. 0454	-0. 0004
630	0. 22677	0. 00833	-0. 00008	0. 9649	0. 0354	-0. 0003
635	0. 19233	0. 00537	-0. 00005	0. 9730	0. 0272	-0. 0002
640	0. 15968	0. 00334	-0. 00003	0. 9797	0. 0205	-0. 0002
645	0. 12905	0. 00199	-0. 00002	0. 9850	0. 0152	-0. 0002
650	0. 10167	0. 00116	-0. 00001	0. 9888	0. 0113	-0. 0001
655	0. 07857	0. 00066	-0. 00001	0. 9918	0. 0083	-0. 0001
660	0. 05932	0. 00037	0. 00000	0. 9940	0. 0061	-0. 0001
665	0. 04366	0. 00021	0. 00000	0. 9954	0. 0047	-0. 0001
670	0. 03149	0. 00011	0. 00000	0. 9966	0. 0035	-0. 0001
675	0. 02294	0. 00006	0. 00000	0. 9975	0. 0025	0. 0000
680	0. 01687	0. 00003	0. 00000	0. 9984	0. 0016	0. 0000
685	0. 01187	0. 00001	0. 00000	0. 9991	0. 0009	0. 0000

续表

λ/nm	光谱三刺激值			色度坐标		
	$\bar{r}(\lambda)$	$\bar{g}(\lambda)$	$\bar{b}(\lambda)$	r(λ)	g(λ)	b(λ)
690	0. 00819	0. 00000	0. 00000	0. 9996	0. 0004	0. 0000
695	0. 00572	0. 00000	0. 00000	0. 999 9	0. 0001	0. 0000
700	0. 00410	0. 00000	0. 00000	1. 0000	0. 0000	0. 0000
705	0. 00291	0. 00000	0. 00000	1. 0000	0. 0000	0. 0000
710	0. 00210	0. 00000	0. 00000	1. 0000	0. 0000	0. 0000
715	0. 00148	0. 00000	0. 00000	1. 0000	0. 0000	0. 0000
720	0. 00105	0. 00000	0. 00000	1. 0000	0. 0000	0. 0000
725	0. 00074	0. 00000	0. 00000	1. 0000	0. 0000	0. 0000
730	0. 00052	0. 00000	0. 00000	1. 0000	0. 0000	0. 0000
735	0. 00036	0. 00000	0. 00000	1. 0000	0. 0000	0. 0000
740	0. 00025	0. 00000	0. 00000	1. 0000	0. 0000	0. 0000
745	0. 00017	0. 00000	0. 00000	1. 0000	0. 0000	0. 0000
750	0. 00012	0. 00000	0. 00000	1. 0000	0. 0000	0. 0000
755	0. 00008	0. 00000	0. 00000	1. 0000	0. 0000	0. 0000
760	0. 00006	0. 00000	0. 00000	1. 0000	0. 0000	0. 0000
765	0. 00004	0. 00000	0. 00000	1. 0000	0. 0000	0. 0000
770	0. 00003	0. 00000	0. 00000	1. 0000	0. 0000	0. 0000
775	0. 00001	0. 00000	0. 00000	1. 0000	0. 0000	0. 0000
780	0. 00000	0. 00000	0. 00000	1. 0000	0. 0000	0. 0000

附表 2　国际 XYZ 坐标制（CIE 1931 年色度观察者）

λ/nm	光谱色度坐标			光谱三刺激值		
	x(λ)	y(λ)	z(λ)	$\bar{x}(\lambda)$	$\bar{y}(\lambda)$	$\bar{z}(\lambda)$
380	0. 1741	0. 0050	0. 8209	0. 00145	0. 0000	0. 0065
385	0. 1740	0. 0050	0. 8210	0. 0022	0. 0001	0. 0105
390	0. 1738	0. 0049	0. 8213	0. 0042	0. 0001	0. 0201
395	0. 1736	0. 0049	0. 8215	0. 0076	0. 0002	0. 0362
400	0. 1733	0. 0048	0. 8219	0. 0143	0. 0004	0. 0679
405	0. 1730	0. 0048	0. 8222	0. 0232	0. 0006	0. 1102
410	0. 1726	0. 0048	0. 8226	0. 0435	0. 0012	0. 2074
415	0. 1721	0. 0048	0. 8231	0. 0776	0. 0022	0. 3713
420	0. 1714	0. 0051	0. 8235	0. 1344	0. 0040	0. 6456
425	0. 1703	0. 0058	0. 8239	0. 2148	0. 0073	1. 0391
430	0. 1689	0. 0069	0. 8242	0. 2839	0. 0116	1. 3856
435	0. 1669	0. 0086	0. 8245	0. 3285	0. 0168	1. 6230

续表

λ/nm	光谱色度坐标			光谱三刺激值		
	x(λ)	y(λ)	z(λ)	$\bar{x}(\lambda)$	$\bar{y}(\lambda)$	$\bar{z}(\lambda)$
440	0. 1644	0. 0109	0. 8247	0. 3483	0. 0230	1. 7471
445	0. 1611	0. 0138	0. 8251	0. 3481	0. 0298	1. 7826
450	0. 1566	0. 0177	0. 8257	0. 3362	0. 0380	1. 7721
455	0. 1510	0. 0227	0. 8263	0. 3187	0. 0480	1. 7441
460	0. 1440	0. 0297	0. 8263	0. 2908	0. 0600	1. 6692
465	0. 1355	0. 0399	0. 8246	0. 2511	0. 0739	1. 5281
470	0. 1241	0. 0578	0. 8181	0. 1954	0. 0910	1. 2876
475	0. 1096	0. 0868	0. 8036	0. 1421	0. 1126	1. 0419
480	0. 0913	0. 1327	0. 7760	0. 0956	0. 1390	0. 8130
485	0. 0687	0. 2007	0. 7306	0. 0580	0. 1693	0. 6162
490	0. 0454	0. 2950	0. 6596	0. 0320	0. 2080	0. 4652
495	0. 0235	0. 4127	0. 5638	0. 0147	0. 2586	0. 3533
500	0. 0082	0. 5384	0. 4534	0. 0049	0. 3230	0. 2720
505	0. 0039	0. 6548	0. 3413	0. 0024	0. 4073	0. 2123
510	0. 0139	0. 7502	0. 2359	0. 0093	0. 5030	0. 1582
515	0. 0389	0. 8120	0. 1491	0. 0291	0. 6082	0. 1117
520	0. 0743	0. 8338	0. 0919	0. 0633	0. 7100	0. 0782
525	0. 1142	0. 8262	0. 0596	0. 1096	0. 7932	0. 0573
530	0. 1547	0. 8059	0. 0394	0. 1655	0. 8620	0. 0422
535	0. 1929	0. 7816	0. 0255	0. 2257	0. 9149	0. 0298
540	0. 2296	0. 7543	0. 0161	0. 2904	0. 9540	0. 0203
545	0. 2658	0. 7243	0. 0099	0. 3597	0. 9803	0. 0134
550	0. 3016	0. 6923	0. 0061	0. 4334	0. 9950	0. 0087
555	0. 3373	0. 6589	0. 0038	0. 5121	1. 0000	0. 0057
560	0. 3731	0. 6245	0. 0024	0. 5945	0. 9950	0. 0039
565	0. 4087	0. 5896	0. 0017	0. 6784	0. 9786	0. 0027
570	0. 4441	0. 5547	0. 0012	0. 7621	0. 9520	0. 0021
575	0. 4788	0. 5202	0. 0010	0. 8425	0. 9154	0. 0010
580	0. 5125	0. 4866	0. 0009	0. 9163	0. 8700	0. 0017
585	0. 5448	0. 4544	0. 0008	0. 9786	0. 8163	0. 0014
590	0. 5752	0. 4242	0. 0006	1. 0263	0. 7570	0. 0011
595	0. 6029	0. 3965	0. 0006	1. 0567	0. 6949	0. 0010
600	0. 6270	0. 3725	0. 0005	1. 0522	0. 6130	0. 0008

续表

λ/nm	光谱色度坐标			光谱三刺激值		
	x(λ)	y(λ)	z(λ)	$\bar{x}(\lambda)$	$\bar{y}(\lambda)$	$\bar{z}(\lambda)$
605	0.6482	0.3514	0.0004	1.0456	0.5668	0.0006
610	0.6658	0.3340	0.0002	1.0026	0.5030	0.0003
615	0.6801	0.3197	0.0002	0.9384	0.4412	0.0002
620	0.6915	0.3083	0.0002	0.8544	0.3810	0.0002
625	0.7006	0.2993	0.0001	0.7514	0.3210	0.0001
630	0.7079	0.2920	0.0001	0.6424	0.2650	0.0000
635	0.7140	0.2859	0.0001	0.5419	0.2170	0.0000
640	0.7219	0.2809	0.0001	0.4479	0.1750	0.0000
645	0.7230	0.2770	0.0000	0.3608	0.1382	0.0000
650	0.7260	0.2740	0.0000	0.2835	0.1070	0.0000
655	0.7283	0.2717	0.0000	0.2187	0.0816	0.0000
660	0.7300	0.2700	0.0000	0.1649	0.0610	0.0000
665	0.7311	0.2689	0.0000	0.1212	0.0446	0.0000
670	0.7320	0.2680	0.0000	0.0874	0.0320	0.0000
675	0.7327	0.2673	0.0000	0.0636	0.0232	0.0000
680	0.7334	0.2666	0.0000	0.0468	0.0170	0.0000
685	0.7340	0.2660	0.0000	0.0329	0.0119	0.0000
690	0.7344	0.2656	0.0000	0.0227	0.0082	0.0000
695	0.7346	0.2654	0.0000	0.0158	0.0057	0.0000
700	0.7347	0.2653	0.0000	0.0114	0.0041	0.0000
705	0.7347	0.2653	0.0000	0.0081	0.0029	0.0000
710	0.7347	0.2653	0.0000	0.0058	0.0021	0.0000
715	0.7347	0.2653	0.0000	0.0041	0.0015	0.0000
720	0.7347	0.2653	0.0000	0.0029	0.0010	0.0000
725	0.7347	0.2653	0.0000	0.0020	0.0007	0.0000
730	0.7347	0.2653	0.0000	0.0014	0.0005	0.0000
735	0.7347	0.2653	0.0000	0.0010	0.0004	0.0000
740	0.7347	0.2653	0.0000	0.0007	0.0002	0.0000
745	0.7347	0.2653	0.0000	0.0005	0.0002	0.0000
750	0.7347	0.2653	0.0000	0.0003	0.0001	0.0000
755	0.7347	0.2653	0.0000	0.0002	0.0001	0.0000
760	0.7347	0.2653	0.0000	0.0002	0.0001	0.0000
765	0.7347	0.2653	0.0000	0.0001	0.0000	0.0000

续表

λ/nm	光谱色度坐标			光谱三刺激值		
	$x(\lambda)$	$y(\lambda)$	$z(\lambda)$	$\bar{x}(\lambda)$	$\bar{y}(\lambda)$	$\bar{z}(\lambda)$
770	0. 7347	0. 2653	0. 0000	0. 0001	0. 0000	0. 0000
775	0. 7347	0. 2653	0. 0000	0. 0001	0. 0000	0. 0000
780	0. 7347	0. 2653	0. 0000	0. 0000	0. 0000	0. 0000
按 5nm 间隔求和：$\sum\bar{x}(\lambda)=21.3714$；$\sum\bar{y}(\lambda)=21.3711$；$\sum\bar{z}(\lambda)=21.3715$						

参考文献

[1] 胡成发．印刷色彩与色度学．北京：印刷工业出版社，1993.

[2] 汤顺青．色度学．北京：北京理工大学出版社，1990.

[3] 汪兆良．印刷色彩学．上海：上海交通大学出版社，1991.

[4] 高志侠，卢恒坤，刘丽君．印刷色彩学．沈阳：辽宁教育出版社，1992.

[5] 安宁．色彩原理与色彩构成．杭州：中国美术学院出版社，1999.

[6] 约翰内斯·伊顿（瑞士）著．杜定宇译．色彩艺术．上海：上海人民美术出版社，1978.

[7] 城一夫（日）著．亚健，徐漠译．色彩史话．杭州：浙江人民美术出版社，1990.

[8] 杜功顺．印刷色彩学．北京：印刷工业出版社，1995.

[9] 王化斌．绘画色彩学．北京：人民美术出版社，1996.

[10] 辛华泉．形态构成学．杭州：中国美术学院出版社，1999.

[11] 周世生．印刷色彩学．北京：印刷工业出版社，2005.

[12] 色彩学编写组．色彩学．北京：北京科学出版社，2001.

[13] 张福昌．视错觉在设计上的应用．北京：中国轻工业出版社，1983.

[14] 吴惠兰，郝青霞．平版制版工艺设计．上海：上海交通大学出版社，1993.

[15] 马桃林．包装技术．武汉：武汉测绘科技大学出版社，1999.

[16] 武兵．印刷色彩．北京：中国轻工业出版社，2002.

[17] 琳达·霍茨舒（美）著．李慧娟译．设计色彩导论．上海：上海人民美术出版社，2006.

[18] 曹田泉，王可．设计色彩．上海：上海人民美术出版社，2005.

[19] 久野尚美．カラーインスピレーション．东京：（フォルムス色彩情報研究所）講談社，1992.

[20] 下川美知瑠．図解でわかるカラーマーケティング．东京：日本能率協会マネジメントセンター，2003.

[21] 文涛，文峰．色彩设计．北京：中国青年出版社，2008.

[22] 陈磊．包装设计．北京：中国青年出版社，2006.

[23] 尹章伟等．包装色彩设计．北京：化学工业出版社，2005. 03.

[24] 汪兰川．包装色彩设计．北京：印刷工业出版社，2009. 08.

[25] 陈飞虎．建筑色彩学．北京：中国建筑工业出版社，2006.

[26] 尹章伟，熊文飞，何方．包装造型与装潢设计．北京：化学工业出版社，2006. 05.

[27] 内藤久干．日本包装百例．武汉：湖北美术出版社，2001.

[28] 河村·博．最佳日本包装设计．北京：世界图书出版公司，1999.

[29] 董艳会，刘岱安．色彩在装饰性陈设设计中的应用研究．包装工程，2008，(12).

[30] 吕新广，黄灵阁，曹国华．包装色彩学．北京：印刷工业出版社，2001.

[31] 吕新广，庞冬梅，王雷，郭新华，张元标．包装色彩学．北京：印刷工业出版社，2007.

[32] 吕新广．计算机直接制版（CTP）技术．北京：化学工业出版社，2004.

[33] 吕新广，杨林平，宋兵．墨层厚度对呈色效果的影响．中国包装，2003，(5).

[34] 吕新广．对光谱三刺激值概念的理解．包装工程，2002，(5).

[35] 吕新广，赵美京．视觉大小错觉．中国包装，2002，(2).

[36] 吕新广，赵美京，贺成．试论三原色．印刷技术，2001，(8).

[37] 吕新广．间色混合现象．印刷技术，2002，(5).